国家出版基金资助项目

Projects Supported by the National Publishing Found

国家出版基金项目
NATIONAL PUBLICATION FOUNDATION

钢铁工业协同创新关键共性技术丛书

主编 王国栋

热轧钢材高温氧化行为及氧化铁皮控制技术开发与应用

刘振宇 曹光明 著

U0314980

北 京

冶 金 工 业 出 版 社

2024

内 容 提 要

本书围绕热轧全流程中合金、温度、气氛、工艺等因素对钢材高温氧化的影响规律进行系统论述，明确热轧钢材氧化铁皮控制原理及核心技术，全面提升我国热轧钢材表面质量。具体内容包括合金元素对钢材高温氧化行为的影响、热轧全流程的氧化铁皮演变行为、氧化铁皮形态精准预测及智能控制、热轧板带材氧化铁皮控制技术开发及应用、热轧线材氧化铁皮控制技术等。

本书可供从事钢材生产的技术开发和科研人员阅读，也可供相关专业的大专院校师生参考。

图书在版编目 (CIP) 数据

热轧钢材高温氧化行为及氧化铁皮控制技术开发与应用/刘振宇，曹光明著 . —北京：冶金工业出版社，2021.3（2024.3 重印）

（钢铁工业协同创新关键共性技术丛书）

ISBN 978-7-5024-6151-5

Ⅰ.①热… Ⅱ.①刘… ②曹… Ⅲ.①热轧—钢—氧化—研究 ②铁—氧化—研究 Ⅳ.①TG178.1

中国版本图书馆 CIP 数据核字（2021）第 043287 号

热轧钢材高温氧化行为及氧化铁皮控制技术开发与应用

出版发行　冶金工业出版社　　　　　　　　电　　话　(010)64027926
地　　址　北京市东城区嵩祝院北巷 39 号　　邮　　编　100009
网　　址　www.mip1953.com　　　　　　　电子信箱　service@ mip1953.com

责任编辑　卢　敏　美术编辑　彭子赫　版式设计　孙跃红
责任校对　李　娜　责任印制　窦　唯
北京捷迅佳彩印刷有限公司印刷
2021 年 3 月第 1 版，2024 年 3 月第 2 次印刷
710mm×1000mm　1/16；21.5 印张；418 千字；329 页
定价 106.00 元

投稿电话　(010)64027932　投稿信箱　tougao@cnmip.com.cn
营销中心电话　(010)64044283
冶金工业出版社天猫旗舰店　yjgycbs.tmall.com
（本书如有印装质量问题，本社营销中心负责退换）

《钢铁工业协同创新关键共性技术丛书》
总　序

　　钢铁工业作为重要的原材料工业，担任着"供给侧"的重要任务。钢铁工业努力以最低的资源、能源消耗，以最低的环境、生态负荷，以最高的效率和劳动生产率向社会提供足够数量且质量优良的高性能钢铁产品，满足社会发展、国家安全、人民生活的需求。

　　改革开放初期，我国钢铁工业处于跟跑阶段，主要依赖于从国外引进产线和技术。经过40多年的改革、创新与发展，我国已经具有10多亿吨的产钢能力，产量超过世界钢产量的一半，钢铁工业发展迅速。我国钢铁工业技术水平不断提高，在激烈的国际竞争中，目前处于"跟跑、并跑、领跑"三跑并行的局面。但是，我国钢铁工业技术发展当前仍然面临以下四大问题。一是钢铁生产资源、能源消耗巨大，污染物排放严重，环境不堪重负，迫切需要实现工艺绿色化。二是生产装备的稳定性、均匀性、一致性差，生产效率低。实现装备智能化，达到信息深度感知、协调精准控制、智能优化决策、自主学习提升，是钢铁行业迫在眉睫的任务。三是产品质量不够高，产品结构失衡，高性能产品、自主创新产品供给能力不足，产品优质化需求强烈。四是我国钢铁行业供给侧发展质量不够高，服务不到位。必须以提高发展质量和效益为中心，以支撑供给侧结构性改革为主线，把提高供给体系质量作为主攻方向，建设服务型钢铁行业，实现供给服务化。

　　我国钢铁工业在经历了快速发展后，近年来，进入了调整结构、转型发展的阶段。钢铁企业必须转变发展方式、优化经济结构、转换增长动力，坚持质量第一、效益优先，以供给侧结构性改革为主线，推动经济发展质量变革、效率变革、动力变革，提高全要素生产率，使中国钢铁工业成为"工艺绿色化、装备智能化、产品高质化、供给服务化"的全球领跑者，将中国钢铁建设成世界领先的钢铁工业集群。

2014 年 10 月，以东北大学和北京科技大学两所冶金特色高校为核心，联合企业、研究院所、其他高等院校共同组建的钢铁共性技术协同创新中心通过教育部、财政部认定，正式开始运行。

自 2014 年 10 月通过国家认定至 2018 年年底，钢铁共性技术协同创新中心运行 4 年。工艺与装备研发平台围绕钢铁行业关键共性工艺与装备技术，根据平台顶层设计总体发展思路，以及各研究方向拟定的任务和指标，通过产学研深度融合和协同创新，在采矿与选矿、冶炼、热轧、短流程、冷轧、信息化智能化等六个研究方向上，开发出了新一代钢包底喷粉精炼工艺与装备技术、高品质连铸坯生产工艺与装备技术、炼铸轧一体化组织性能控制、极限规格热轧板带钢产品热处理工艺与装备、薄板坯无头/半无头轧制+无酸洗涂镀工艺技术、薄带连铸制备高性能硅钢的成套工艺技术与装备、高精度板形平直度与边部减薄控制技术与装备、先进退火和涂镀技术与装备、复杂难选铁矿预富集-悬浮焙烧-磁选（PSRM）新技术、超级铁精矿与洁净钢基料短流程绿色制备、长型材智能制造、扁平材智能制造等钢铁行业急需的关键共性技术。这些关键共性技术中的绝大部分属于我国科技工作者的原创技术，有落实的企业和产线，并已经在我国的钢铁企业得到了成功的推广和应用，促进了我国钢铁行业的绿色转型发展，多数技术整体达到了国际领先水平，为我国钢铁行业从"跟跑"到"领跑"的角色转换，实现"工艺绿色化、装备智能化、产品高质化、供给服务化"的奋斗目标，做出了重要贡献。

习近平总书记在 2014 年两院院士大会上的讲话中指出，"要加强统筹协调，大力开展协同创新，集中力量办大事，形成推进自主创新的强大合力"。回顾 2 年多的凝炼、申报和 4 年多艰苦奋战的研究、开发历程，我们正是在这一思想的指导下开展的工作。钢铁企业领导、工人对我国原创技术的期盼，冲击着我们的心灵，激励我们把协同创新的成果整理出来，推广出去，让它们成为广大钢铁企业技术人员手中攻坚克难、夺取新胜利的锐利武器。于是，我们萌生了撰写一部系列丛书的愿望。这套系列丛书将基于钢铁共性技术协同创新中心系列创新成果，以全流程、绿色化工艺、装备与工程化、产业化为主线，结合钢铁工业生产线上实际运行的工程项目和生产的优质钢材实例，系统汇集产学研协同创新基础与应用基础研究进展和关键共性技术、前沿引领技术、现代工程技术创新，为企业技术改造、转型升级、高质量发展、规划未来发展蓝图提供参考。这一想法得到了企业广大同仁的积极响应，全力支持及密切配合。冶金工业出版社的领导和编辑同志特地来到学校，热心指导，提出建议，商量出版等具体事宜。

国家的需求和钢铁工业的期望牵动我们的心，鼓舞我们努力前行；行业同仁、出版社领导和编辑的支持与指导给了我们强大的信心。协同创新中心的各位首席和学术骨干及我们在企业和科研单位里的亲密战友立即行动起来，挥毫泼墨，大展宏图。我们相信，通过产学研各方和出版社同志的共同努力，我们会向钢铁界的同仁们、正在成长的学生们奉献出一套有表、有里、有分量、有影响的系列丛书，作为我们向广大企业同仁鼎力支持的回报。同时，在新中国成立 70 周年之际，向我们伟大祖国 70 岁生日献上用辛勤、汗水、创新、赤子之心铸就的一份礼物。

中国工程院院士 王国栋

2019 年 7 月

前　言

　　热轧钢材是海洋、交通、能源等行业的支柱性原材料，力学性能与尺寸精度一直是衡量其质量的最重要指标。随着我国制造行业的快速发展，对钢材表面状态的要求迅速提高，对产品表面色差、麻坑、压入、花斑等要求近乎严苛，倒逼钢铁企业把产品表面质量作为衡量产品质量的一项至关重要指标，甚至达成了"表面质量不达标，性能再好也不用"的行业共识。我国热轧钢材表面问题突出，高强产品表面色差、起粉及压入等普遍存在，进入高端制造领域的阻力越来越大，已成为阻碍我国钢材转型升级的共性问题之一。钢材氧化在热轧过程中贯穿始终，并受到合金元素及诸多工艺参数的交互影响，实现结构、厚度、均匀性的精准控制是一项世界性难题。因此需要深入研究热轧钢材表面状态控制原理及核心技术来全面提升热轧钢材表面质量很有必要。

　　本书所述研究工作是在国家"十二五""十三五"支持及自然科学基金和企业系列技术攻关项目的持续资助下，通过对合金高温氧化过程的深入研究，分析热轧生产全流程的氧化进程，并通过理论与实验相结合的方式，对各个生产环节中涉及的氧化行为进行了详细研究与分析，根据氧化物的特性及转变规律，对工艺参数进行优化，得到最优氧化物结构，有效降低热轧后续加工工艺控制难度，研发出生产高表面质量产品的工艺技术；同时对目前存在的表面质量问题进行追根溯源并提出合理有效的工艺控制方案。

　　本书的第 1 章阐述了钢铁材料高温氧化基本理论和国内外氧化行为控制技术发展现状。第 2 章围绕典型合金元素的选择性氧化行为开展研究，明确合金元素对钢材高温氧化行为的影响规律。第 3 章围绕热轧及冷却过程氧化铁皮的演变行为开展研究，明确热轧全流程氧化铁皮演变行为及 FeO 相变进程。第 4 章采用数值模拟方法建立了热轧带钢温度场模型，在此基础之上，采用变温氧化动力学与 FeO 相变模型，结合人工智能与数据驱动算法实现了热轧全流程氧化铁皮厚度与结构演变过程模拟与预测。第 5 章围绕热轧过程典型的氧化缺陷，从产生机理出发，给出提升热轧钢材表面质量的关键技术和实施效果。第 6 章对热轧线材的高温氧化行为进行研究，明确了高、中碳钢热轧过程中氧化铁皮演变行为及吐丝温度与冷却工艺对热轧线材氧化铁皮厚度与结构影响规律，开发出了热轧线材表面氧化行为控制技术并在工业生产中应用。

本书第 1 章、第 2 章和第 4 章由刘振宇撰写，第 3 章、第 5 章、第 6 章由曹光明撰写。全书由刘振宇进行统稿、修改和审定。在成书过程中得到了东北大学崔春圆、王皓、高欣宇、周忠祥、于聪、单文超、潘帅、贾泽伟等研究生的协助，在此表示谢意。感谢国家出版基金对本书出版的资助。

由于水平有限，书中不足之处，敬请读者批评指正。

作　者

2020 年 7 月

目　　录

1 概　　述

1.1　金属高温氧化基本理论

氧化是自然界中最基本的化学反应之一，金属的氧化是指金属与氧化性介质反应生成氧化物的过程。除极少数贵金属外，几乎所有的金属都会发生氧化。金属氧化的概念有狭义和广义之分，狭义的氧化指金属 M 与氧气形成氧化物 M_mO_n 的反应，可用如下反应式表示：

$$mM(s) + \frac{n}{2}O_2(g) == M_mO_n(s) \tag{1-1}$$

金属的高温氧化过程是非常复杂的，首先发生氧在金属表面的吸附，其后发生氧化物形核，晶核沿横向生长形成连续的薄氧化膜，氧化膜沿着垂直于金属表面方向生长使其厚度增加。其中，氧化物晶粒长大是由正、负离子不断通过已形成的氧化物的扩散提供保证的。许多因素会影响这一过程，内在的因素有金属的成分、微观结构、表面处理状态等，外在的因素有温度、气体成分、压力、流速等，尽管各种金属的氧化行为千差万别，但对氧化过程的研究都是从热力学和动力学两方面入手。通过热力学分析可判断氧化反应的可能性，而通过动力学测量来确定反应的速率。

1.1.1　氧化热力学概述

1.1.1.1　氧化热力学基本原理

氧化过程中，金属与氧发生反应的速度相对于动力学生长速度往往要快得多，体系多处于热力学平衡状态。热力学分析是研究氧化的重要步骤。由于氧化反应大都发生在恒温恒压下，因此涉及体系的热力学参数最重要的有温度（T）、压力（p）和吉布斯自由能（G）。金属的氧化反应的吉布斯自由能的变化为：

$$\Delta G = G^{\ominus} - RT\ln K \tag{1-2}$$

式中　　　　　　　　K——反应的平衡常数：

$$K = \frac{a_{M_mO_n}}{a_M a_{O_2}} \tag{1-3}$$

$G^{\ominus}$——所有物质处于标准状态（对于气态反应物及生成物是以

其分压为一个大气压时的状态为其标准状态；而对于液体和固体，则以其在一个大气压下的纯态作为标准状态）时吉布斯自由能的变化；

R——气体常数；

T——绝对温度；

a——活度；

下标 M，O_2，M_mO_n——金属、氧气和氧化物。

由于 M 和 M_mO_n，均为固态纯物质，它们的活度都等于 1，而 $a_{O_2} = p_{O_2}$，p_{O_2} 为氧分压，故：

$$\Delta G = G^{\ominus} - RT\ln p_{O_2} \qquad (1-4)$$

当反应平衡时，$\Delta G = 0$，$G^{\ominus} = RT\ln p'_{O_2}$，$p'_{O_2}$ 为给定温度下反应平衡时的氧分压或者氧化物的分解压。则存在下式：

$$\Delta G = G^{\ominus} - RT\ln \frac{p'_{O_2}}{p_{O_2}} \qquad (1-5)$$

当 $p_{O_2} > p'_{O_2}$ 时，$\Delta G < 0$，反应向生成氧化物方向进行；

当 $p_{O_2} = p'_{O_2}$ 时，$\Delta G = 0$，反应处于平衡状态；

当 $p_{O_2} < p'_{O_2}$ 时，$\Delta G > 0$，反应向氧化物分解方向进行。

1.1.1.2　Ellingham-Richacdson 图

从 ΔG 便可以判断一个反应进行方向。在实际应用时，由于反应的温度、气体介质的种类、气体分压等都可能不同，应用热力学公式进行计算比较繁琐，在 1911 年 Ellingham 绘制了氧化物标准生成自由能与温度的 ΔG-T 图，这样就可以利用图解的方法直接判定反应发生的可能性。1948 年 Richacdson 和 Jeffes 对 ΔG-T 图进行了改进，构成所谓的 Ellingham-Richacdson 图，如图 1-1 所示。Ellingham-Richacdson 图使用更为便捷，并有更广泛的用途[2]。

对 Ellingham-Richacdson 图有以下几点说明：

（1）为便于比较，图中规定所有氧化物的 ΔG 都是以 1mol 氧的消耗量为标准。所有凝聚相（金属和氧化物）都为纯物质，它们各自独立存在，不互溶。

（2）依据热力学原理，$\Delta G^{\ominus} = \Delta H^{\ominus} - T\Delta S^{\ominus}$，$\Delta H^{\ominus}$ 为标准状态下的焓变，$\Delta S^{\ominus}$ 为标准状态下的熵变，除相变点外，$\Delta H^{\ominus}$ 和 $\Delta S^{\ominus}$ 随温度没有显著变化，$\Delta G^{\ominus}$ 随 T 呈直线变化。

（3）在 ΔG-T 图的最下面和最右边各画三条直线，分别为 p_{O_2}、p_{H_2}/p_{H_2O}、p_{CO}/p_{CO_2} 的辅助坐标。从标有 p_{O_2} 的直线上可直接读出任意给定温度下氧的平衡分压（或氧化物的分解压），从另两条直线上可直接读出任意给定温度下混合气氛中反应平衡时的气相组分的分压比。

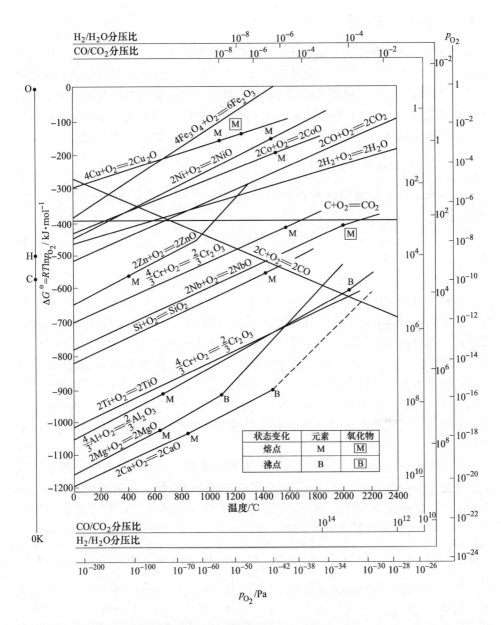

图 1-1　Ellingham-Richacdson 图

（4）在 $\Delta G\text{-}T$ 图的左边所画直线上标注有 O 点、H 点和 C 点，它们分别为采用图解法求平衡状态下的 p_{O_2}、p_{H_2}/p_{H_2O}、p_{CO}/p_{CO_2} 时对应的坐标原点。

通过 Ellingham-Richacdson 图，能够得到任意温度下金属氧化反应的标准自由能变化值，判断各种金属氧化物的化学稳定性。

1.1.2　氧化动力学概述

氧化热力学只在描述金属氧化的可能性，为了描述氧化反应的进程，则需要借助于氧化动力学。不同的金属或同一金属在不同的温度下，其遵循的氧化规律不同。氧化规律是将氧化增重或氧化膜厚度随时间的变化用数学式表达的一种形式。而氧化速度则是单位时间内氧化增重或氧化膜厚度的变化。总结众多的金属和合金的氧化规律，可以分为多种类型，下面对其进行简单介绍[2]。

1.1.2.1　线性速率规律

在某种条件下金属的氧化在恒定的速率下进行，称为遵守"线性速率规律"，即：

$$x = k't \tag{1-6}$$

式中　x——膜厚度；

k'——线性速率常数。

当相界过程为反应的速率控制步骤时，一般会观察到线性速率规律，当然氧化机制中其他步骤为控制步骤时也可得到同样的结果。从理论上来讲，当氧化膜很薄时，即氧化初始阶段，氧化膜内扩散不会成为速率控制步骤，这时金属-氧化物和氧化物-气相界面不能假设为热力学平衡状态，但没有发现金属-氧化物界面的反应为速率控制步骤的情况，因此可假设在金属-氧化物界面发生的反应，即阳离子传导情况下的金属电离以及阴离子传导情况下金属的离化，其氧化物的形成非常快，因此应把注意力放在用氧化膜-气相界面的反应来解释线性速率规律。

在氧化膜-气相界面，反应过程可分为若干步骤。反应气体分子必须接近氧化膜表面并吸附在上面，然后吸附的分子分解成为吸附氧，吸附氧从氧化物晶格中获取电子变成化学吸附，最后进入晶格，而电子从氧化膜中移走则引起氧化膜-气相界面附近氧化膜中电子缺陷浓度的变化。此过程可由式（1-7）表示：

$$\frac{1}{2}O_2(g) \xrightarrow{(1)} \frac{1}{2}O_2(ad) \xrightarrow{(2)} O(ad) \xrightarrow{(3)} O^-(chem) \xrightarrow{(4)} O^-(latti) \tag{1-7}$$

除了在氧分压非常低的情况下，上述气氛中的反应不会保持恒定的动力学速率，因此可假设发生在氧化膜表面的反应步骤（1）～（4）是快速反应。符合这种规律的金属和合金氧化时，其氧化速度恒定。例如，碱金属和碱土金属氧化时都符合直线规律。可以想象，如果金属以恒定的速度氧化，这种金属必然不具备抗氧化性能。

1.1.2.2　抛物线速率规律

当氧化膜厚度不断增加时，离子在氧化膜中的扩散通量必须等于表面反应速率。为了保持这一通量，氧化膜-气相界面金属活度必然降低，最后等于其在气氛平衡时的数值。由于金属的活度不能低于此平衡值，氧化膜的进一步增厚必然引起氧化膜中金属活度梯度的降低，继而引起离子通量和反应速率的降低，这时Fe^{2+}和O^{2-}通过氧化膜中的扩散成为反应速率的控制步骤，在此阶段氧化膜厚度与时间之间的关系为：

$$x^2 = 2k''t \tag{1-8}$$

式中　x——膜厚度；

　　　k''——氧化反应速率。

抛物线速率规律适合描述由扩散控制的氧化反应，Wagner 进一步对其进行了机理性分析。如图 1-2 总结了 Wagner 氧化理论成立的前提条件：

（1）氧化膜是致密的和完整的，且与基体结合良好。

（2）氧化膜内离子或电子的迁移是氧化速率的控制步骤。

（3）在金属膜界面和氧化膜-气相界面已建立起热力学平衡。

（4）氧化物与化学计量比只有微小偏离，离子通量与在膜中的位置无关。

（5）氧化膜任意局部区域都建立起热力学平衡。

（6）氧化膜的厚度大于发生空间电荷效应的层厚（双电层）。

（7）氧在金属中的溶解可以忽略。

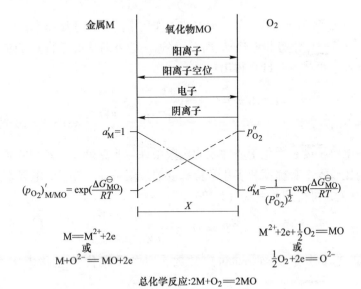

图 1-2　按照 Wagner 模型形成氧化膜的示意图

由于假设在金属-氧化膜界面和氧化膜-气体界面已建立了热力学平衡，那么在氧化膜中就建立起金属和非金属（氧、硫等）的活度梯度，随之金属离子和氧离子倾向于在氧化膜中向相反方向迁移。因为离子是带电荷的，其迁移将导致氧化膜中电场的建立，因此造成氧化膜中电子从金属到气氛的传输，从而阳离子、阴离子和电子的相对迁移速率达到平衡，氧化膜中没有因离子迁移造成净电荷的传输。

已经带电的离子会对化学势梯度和电位梯度做出反应，而由化学势梯度和电势梯度对阳离子迁移共同提供净驱动力。

一个粒子 i，带电荷 Z_i，处于化学势梯度为 $\frac{\partial \mu_i}{\partial x}$ 和电势梯度为 $\frac{\partial \varphi}{\partial x}$ 的位置，受到 $\left(\frac{\partial \mu_i}{\partial x} + Z_i F \frac{\partial \varphi}{\partial x} \right)$ 电场力的作用，可用式（1-9）表示：

$$\frac{1}{N_A} \left(\frac{\partial \mu_i}{\partial x} + Z_i F \frac{\partial \varphi}{\partial x} \right) \tag{1-9}$$

式中　N_A——Aegadro 常数；

　　　F——Faraday 常数。

力作用在粒子 i 上产生一个迁移速率 v_i（cm/s），其与作用力成正比，对于式（1-9）中的力，有：

$$v_i = -\frac{B_i}{N_A} \left(\frac{\partial \mu_i}{\partial x} + Z_i F \frac{\partial \varphi}{\partial x} \right) \tag{1-10}$$

式中　B_i——粒子的迁移率，它表示单位力作用下的平均迁移速率；

　　　——负的化学势和电势梯度，迁移速率的方向是沿正的 x 方向。

粒子的通量由式（1-11）得出：

$$j_i = C_i v_i = -\frac{C_i B_i}{N_A} \left(\frac{\partial \mu_i}{\partial x} + Z_i F \frac{\partial \varphi}{\partial x} \right) \tag{1-11}$$

式中　C_i——i 的浓度。

比较零电势梯度和零化学势梯度的极限条件与菲克第一定律和欧姆定律，迁移率可能与比较零电势梯度和零化学势梯度的极限条件、粒子的电导率 κ_i、自扩散系数 D_i 有关，可得到关系式（1-12）：

$$k_B T B_i = D_i = \frac{RT\kappa_i}{C_i (Z_i F)^2} \tag{1-12}$$

其中，k_B 是玻耳兹曼（Boltzmann）常数。用电导率代替迁移率 B_i，得到式（1-13）：

$$j_i = -\frac{\kappa_i}{Z_i^2 F^2} \left(\frac{\partial \mu_i}{\partial x} + Z_i F \frac{\partial \varphi}{\partial x} \right) \tag{1-13}$$

式（1-13）用来描述通过氧化膜的阳离子、阴离子或电子通量。由于具有不同的迁移率，不同的物质趋向于以不同的速率移动，但是这也将导致电场的建立，使它们相对独立的迁移受限。事实上，这三种物质的迁移速率限定在使整个膜保持电中性，也就是使氧化膜中的净电荷为零。由于电子或电子缺陷的迁移率非常高，这个条件通常能够得到满足。

Wagner 的原始处理包括阳离子、阴离子和电子，但是大多数氧化物和硫化物的电子迁移率很高，阳离子和阴离子的迁移率与其相差几个数量级，因此忽略移动较慢的离子的迁移，在一定程度上可简化处理。

最经常遇到的是阳离子和电子是迁移物质的氧化物和硫化物，阳离子和电子所带的电荷分别写成 Z_c 和 Z_e，由式 (1-13) 可得到式 (1-14) 和式 (1-15) 的通量：

$$j_c = -\frac{\kappa_c}{Z_c^2 F^2}\left(\frac{\partial \mu_c}{\partial x} + Z_c F \frac{\partial \varphi}{\partial x}\right) \tag{1-14}$$

$$j_e = -\frac{\kappa_e}{Z_e^2 F^2}\left(\frac{\partial \mu_e}{\partial x} + Z_e F \frac{\partial \varphi}{\partial x}\right) \tag{1-15}$$

电中性的条件由式 (1-16) 给出：

$$Z_c j_c + Z_e j_e = 0 \tag{1-16}$$

由式 (1-14) ~式 (1-16)，得到 $\frac{\partial \varphi}{\partial x}$ 的表达式 (1-17)：

$$\frac{\partial \varphi}{\partial x} = -\frac{1}{F(\kappa_c + \kappa_e)}\left(\frac{\kappa_c}{Z_c}\frac{\partial \mu_c}{\partial x} + \frac{\kappa_e}{Z_e}\frac{\partial \mu_e}{\partial x}\right) \tag{1-17}$$

将式 (1-17) 代入式 (1-14)，得到阳离子通量的表达式 (1-18)：

$$j_c = -\frac{\kappa_c \kappa_e}{Z_c^2 F^2(\kappa_c + \kappa_e)}\left(\frac{\partial \mu_c}{\partial x} - \frac{Z_c}{Z_e}\frac{\partial \mu_e}{\partial x}\right) \tag{1-18}$$

由于电子所带电荷 $Z_e = -1$，式 (1-18) 变成式 (1-19)：

$$j_c = -\frac{\kappa_c \kappa_e}{Z_c^2 F^2(\kappa_c + \kappa_e)}\left(\frac{\partial \mu_c}{\partial x} + Z_c \frac{\partial \mu_e}{\partial x}\right) \tag{1-19}$$

金属 M 的离化用式 $M = M^{Z_c+} + Z_c e$ 表示，在平衡时，有式 (1-20) 所示的关系式：

$$\mu_M = \mu_c + Z_c \mu_e \tag{1-20}$$

因此，从式 (1-19) 和式 (1-20)，得式 (1-21)：

$$j_c = -\frac{\kappa_c \kappa_e}{Z_c^2 F^2(\kappa_c + \kappa_e)}\frac{\partial \mu_M}{\partial x} \tag{1-21}$$

式 (1-21) 是膜中任意位置阳离子通量的表达式，κ_c、κ_e 和 $\frac{\partial \mu_M}{\partial x}$ 是那个位置的瞬时值。由于所有这些值都会随着在膜中的位置而改变，因此有必要对式 (1-21) 进行积分，使 j_c 用膜厚以及可测的金属在金属-膜界面的化学势 μ_M' 和膜-气体界面的化学势 μ_M'' 来表示。对于与化学计量比只有微小偏离的相，可以假设 j_c 与 x

无关，因此有式（1-22a）或式（1-22b）：

$$j_c \int_0^x \mathrm{d}x = -\frac{1}{Z_c^2 F^2} \int_{\mu_M'}^{\mu_M''} \frac{\kappa_c \kappa_e}{\kappa_c + \kappa_e} \mathrm{d}\mu_M \tag{1-22a}$$

$$j_c = -\frac{1}{Z_c^2 F^2 x} \int_{\mu_M'}^{\mu_M''} \frac{\kappa_c \kappa_e}{\kappa_c + \kappa_e} \mathrm{d}\mu_M \tag{1-22b}$$

再利用式（1-16），得到式（1-23）：

$$j_e = -\frac{1}{Z_c^2 F^2 x} \int_{\mu_M'}^{\mu_M''} \frac{\kappa_c \kappa_e}{\kappa_c + \kappa_e} \mathrm{d}\mu_M \tag{1-23}$$

如果氧化膜中金属的浓度是 C_M（$\mathrm{mol/cm^3}$），那么通量也可由式（1-24）表示：

$$j_c = C_M \frac{\mathrm{d}x}{\mathrm{d}t} \tag{1-24}$$

式中　x——氧化膜厚度。

抛物线速率规律中 k'' 是抛物线速率常数，单位为 $\mathrm{cm^2/s}$。抛物线速率常数由式（1-25）表示：

$$k'' = -\frac{1}{Z_c^2 F^2 C_M} \int_{\mu_M'}^{\mu_M''} \frac{\kappa_c \kappa_e}{\kappa_c + \kappa_e} \mathrm{d}\mu_M \tag{1-25}$$

对于阴离子比阳离子更易迁移的情形，即阳离子的迁移可忽略，做类似处理可得式（1-26）：

$$k'' = -\frac{1}{Z_c^2 F^2 C_X} \int_{\mu_M'}^{\mu_M''} \frac{\kappa_a \kappa_e}{\kappa_a + \kappa_e} \mathrm{d}\mu_X \tag{1-26}$$

式中　κ_a——阴离子的电导率；

　　　X——非金属，氧或硫。

一般来讲，电子或者电子空穴的传输数接近于 1，与之相比阳离子或阴离子的传输数很小，可忽略，这时式（1-25）和式（1-26）分别可简化为式（1-27）和式（1-28）：

$$k'' = -\frac{1}{Z_c^2 F^2 C_M} \int_{\mu_M''}^{\mu_M'} \kappa_c \mathrm{d}\mu_M \tag{1-27}$$

$$k'' = -\frac{1}{Z_a^2 F^2 C_X} \int_{\mu_M''}^{\mu_M'} \kappa_a \mathrm{d}\mu_X \tag{1-28}$$

由式（1-22）和式（1-27），得式（1-29）和式（1-30）中的抛物线速率常数：

$$k'' = -\frac{1}{RT} \int_{\mu_M''}^{\mu_M'} D_M \mathrm{d}\mu_M \tag{1-29}$$

$$k'' = -\frac{1}{RT} \int_{\mu_M''}^{\mu_M'} D_X \mathrm{d}\mu_X \tag{1-30}$$

式中 D_M，D_X——金属 M 和非金属 X 在膜中的扩散系数。

式（1-29）和式（1-30）写成了相对容易测量的变量形式，由于假设相关物质的扩散系数是化学势的函数，因此为了计算抛物线速率常数，必须知道迁移物质的扩散系数与化学势之间的关系，而这种数据经常是没有或不完整的。同时，直接测量抛物线速率常数通常比测量扩散数据更容易。因此，Wagner 分析的真正价值在于为设定条件下的高温氧化过程提供完整的机理性的解释。

1.1.2.3 其他类型的速率规律

A 立方规律

氧化增重或氧化膜厚度的立方与时间成正比，即：

$$x^3 = 3kt \tag{1-31}$$

式中 k——速度常数。

式（1-31）微分后得出：

$$\frac{\mathrm{d}x}{\mathrm{d}t} = \frac{k}{x^2} \tag{1-32}$$

氧化速度与增重或膜厚的平方成反比，和抛物线规律相比，符合立方规律的金属氧化时氧化速度随膜厚增加以更快的速度降低，可以说这类金属具有更好的抗氧化性。但实际上，这种规律较少见，仅出现在中温范围和氧化膜较薄（5~20mm）的情况下，例如，镍在 400℃左右、钛在 350~600℃氧化时都符合立方生长规律。

B 对数规律

当金属在低温（300~400℃或更低）氧化时或在氧化的最初始阶段，这时氧化膜很薄（小于 5nm），氧化动力学有可能遵从对数规律。表达式可以写成：

$$x = k\ln(t + c_1) + c_2 \tag{1-33}$$

式中 k，c_1，c_2——常数。

对于符合对数规律的氧化反应，反应的初始速度很快，但随后降至很低。铜、铁、锌、镍、铝、钛和钽等的初始氧化行为符合对数规律。

C 反对数规律

反对数规律和对数规律发生的情况相同，动力学表达式如下：

$$\frac{1}{x} = c - k\ln t \tag{1-34}$$

式中 k，c——常数。

室温下，铜、铁、铝、银的氧化符合反对数规律。需要说明的一点是，有时要区分对数规律和反对数规律是困难的。原因是，对于短时间内在薄氧化膜上所获得的数据，无论用哪种方程处理，都可能符合得很好。

1.2　钢材高温氧化行为研究现状

1.2.1　钢材高温氧化理论概述

对于纯铁的高温氧化行为，国内外研究人员进行了大量细致的研究，对纯铁的氧化铁皮结构和生长机理有比较深入的了解。纯铁在氧化气氛中且一定温度条件下会发生氧化反应，生成 FeO、Fe_3O_4 和 Fe_2O_3 等氧化产物，氧化产物的结构由氧化温度和钢的化学成分决定。氧化产物的稳定性导致它在 570℃ 以上和以下有截然不同的形态。

当氧化温度低于 570℃ 时，氧化产物中 FeO 属于不稳定相。Bertrand[3] 研究了氧化温度为 260~400℃ 时纯铁在干燥空气和潮湿气氛中的氧化过程，发现该条件下生成的氧化铁皮具有如图 1-3 所示的三层结构，其最外层为极薄的 Fe_2O_3 等轴晶，中间层是较厚的 Fe_3O_4 柱状晶，最内层为较薄的 Fe_3O_4 等轴晶。对氧化层生长机理研究表明，Fe 基体/氧化层界面产生的 Fe^{2+} 和 Fe^{3+} 向外扩散是氧化层生长的原因，Fe^{2+} 和 Fe^{3+} 在氧化层中扩散并将 Fe_2O_3/Fe_3O_4 层界面处的 Fe_2O_3 还原为 Fe_3O_4，同时氧化层内部的 O^{2-} 扩散至 Fe/Fe_3O_4 界面与 Fe 反应生成 Fe_3O_4。Pujilaksono[4] 研究了 400~600℃ 条件下纯铁分别在干燥氧气和潮湿氧气条件下氧化行为，结果指出：最内侧靠近铁基体的等轴 Fe_3O_4 层的生长是 O^{2-} 的扩散控制的；此外，在 400℃ 时，水蒸气抑制了纯铁的氧化；在 400~600℃ 时，水蒸气促进了纯铁的氧化。Goswami[5] 分析了氧化温度为 350~450℃ 时纯铁薄膜上氧化产物

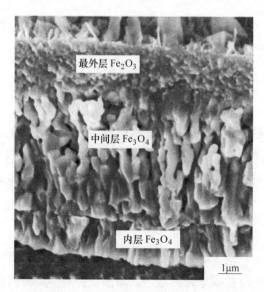

最外层 Fe_2O_3

中间层 Fe_3O_4

内层 Fe_3O_4

1μm

图 1-3　纯铁在 400℃ 潮湿气氛中氧化 25h 氧化铁皮形态

的生成与演变过程，研究表明：氧化过程中 Fe 首先被氧化为 Fe_3O_4，最后转变为 $\alpha\text{-}Fe_2O_3$；该项研究发现，Fe 在被氧化成 Fe_3O_4 期间应该有 FeO 生成，而 Fe_3O_4 应该先被氧化为 $\gamma\text{-}Fe_2O_3$，最后转变为 $\alpha\text{-}Fe_2O_3$，但作为过渡产物的 FeO 和 $\gamma\text{-}Fe_2O_3$ 由于存在时间太短或体积分数太少而未被实验观测到。

当温度高于570℃时，根据 N. Birks[6] 和 G. H. Meier[7] 对氧化物结构、物理特性及扩散性能的研究结果，可以用如图 1-4 所示的机制来描述纯铁的氧化。在铁-氧化亚铁界面上，铁丢失电子发生电离：

$$Fe == Fe^{2+} + 2e \tag{1-35}$$

Fe^{2+} 和电子分别通过 FeO 层中的铁空位与电子空穴向外扩散，到达 FeO-Fe_3O_4 界面上，此时 Fe_3O_4 被 Fe^{2+} 和电子还原：

$$Fe^{2+} + 2e + Fe_3O_4 == 4FeO \tag{1-36}$$

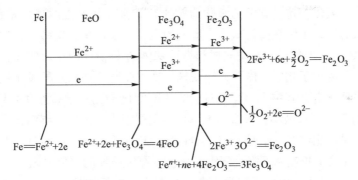

图 1-4 在570℃以上纯铁氧化机理

反应剩余的 Fe^{2+} 和电子分别经过 Fe_3O_4 中的四面体和八面体上的铁离子空位和电子空穴，继续向外穿过 Fe_3O_4 层，在 Fe_3O_4-Fe_2O_3 界面上形成 Fe_3O_4：

$$Fe^{n+} + ne + 4Fe_2O_3 == 3Fe_3O_4 \tag{1-37}$$

这里的 n 分别为 2 或 3，即对应 Fe^{2+} 或 Fe^{3+}。

如果 Fe_2O_3 中的铁离子是可扩散的，它们将通过铁离子空位和电子一起通过该相向外迁移，在 Fe_2O_3-气相界面生成新的 Fe_2O_3：

$$2Fe^{3+} + 6e + \frac{3}{2}O_2 == Fe_2O_3 \tag{1-38}$$

与此同时，界面处将发生 O_2 的电离：

$$O_2 + 4e == 2O^{2-} \tag{1-39}$$

如果 Fe_2O_3 层中的氧离子是可迁移的，当把 Fe_2O_3 还原成 Fe_3O_4 所需要的铁离子以及电子有剩余时，氧离子就会通过氧空位向内迁移穿过 Fe_2O_3 层与剩余的铁离子反应生成新的 Fe_2O_3：

$$2Fe^{3+} + 3O^{2-} == Fe_2O_3 \tag{1-40}$$

在570℃以上时铁的氧化速率极快，容易形成较厚的氧化铁皮。由于FeO中缺陷较多，FeO相中铁离子的扩散系数远远大于Fe_3O_4和Fe_2O_3相中铁离子的扩散系数，因此FeO层的生长速度快于Fe_3O_4与Fe_2O_3层。事实上，在1000℃时[8]，三者的相对厚度可以认为是FeO：Fe_3O_4：Fe_2O_3=95：4：1。在Fe_3O_4中，铁的自扩散系数远远大于氧的自扩散系数，说明Fe_3O_4的生长是铁向外扩散传质完成的。在Fe_2O_3中，当氧化温度较低时，氧的自扩散系数大于铁的自扩散系数，故氧离子向里扩散占优势，新的Fe_2O_3在Fe_3O_4/Fe_2O_3相界面生成；高温则相反，新的Fe_2O_3在Fe_2O_3/O_2界面生成。当铁中含有微量杂质如碳或氢时，甚至环境气相中的碳与氢，都会影响铁氧化膜与铁基体之间的黏附性。杂质主要是在界面有空位凝聚形成空洞，减小了氧化膜与铁基体间的接触面而导致黏附性降低。

与纯铁的氧化相比，碳钢的氧化通常比纯铁慢，并且温度越高差别越明显。与纯铁相似的是，碳钢在高温氧化中形成的氧化铁皮也是三层结构，包括最外层较薄的Fe_2O_3、较厚的Fe_3O_4中间层和靠近基体的$Fe_{1-y}O$内层。然而，碳钢氧化铁皮的整体厚度小于相同温度下的纯铁氧化铁皮厚度，并且三种氧化层的厚度比例发生了明显改变，其中Fe_2O_3/Fe_3O_4层的厚度比例仍然维持在1：4左右，但是FeO层的厚度明显减小，大致与Fe_3O_4中间层相当。因此，碳钢在恒温氧化时各氧化层的厚度比例基本上是Fe_2O_3：Fe_3O_4：FeO为1：4：4或10：45：45。可以判定，FeO层生长速率下降是碳钢氧化铁皮厚度减薄的主要原因。

570℃以上钢的氧化过程较为复杂，在570~700℃温度区间内，氧化铁层各物相的体积分数与温度有关。氧化温度越接近570℃，FeO的体积分数越少。Earl[9]研究了570~700℃条件下氧化物的形成过程，发现氧化膜中FeO是由于高价氧化物δFe_3O_4与铁之间的固相反应形成的，即使在真空状态下此反应也能进行。Paidassi研究了570~625℃和700~1250℃下纯铁氧化层的组成，结果表明：FeO层的形成与氧化温度密切相关，在604℃氧化时Fe基体表面很容易产生FeO；而在585℃时，即使氧化24h氧化产物中也不会出现FeO；而在700~1250℃时，氧化膜由Fe_2O_3、Fe_3O_4和FeO三层组成，各层体积比保持恒定，FeO、Fe_3O_4与Fe_2O_3的体积分数比为95：4：1。Jungling[10]用扫描电镜（SEM）观察了1200℃有限氧通量环境下FeO的形成与演变过程，发现氧化物形核的数量是由金属基体晶粒取向决定的，而FeO层的生长是FeO/O_2界面凹坑演变的结果，这些凹坑被表面的螺型位错固定，侧面为低界面能的氧化面，刃型位错通过攀移向表面的移动过程使凹坑出现间歇性活动，活动性凹坑在位错的攀移和滑移过程中消失。此外，他还讨论了不同温度下位错对氧化层生长所起的作用，如图1-5所示，在400℃氧化时，Fe_2O_3螺旋面在氧化物螺旋面上通过中双界面的边界扩散而生长，从而使螺旋面尖端扩展，此机理同样适用于中温氧化条件下氧化物

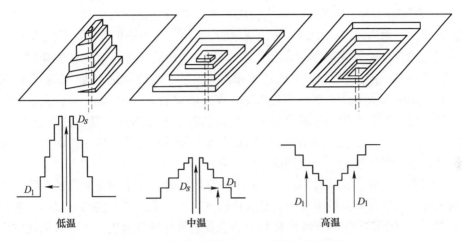

图 1-5　位错在氧化物生长时的作用示意图

的生长。在低温条件下，表面扩散最为迅速，并在螺型位错出现时产生螺旋状晶须，少量的晶格扩散使晶须横向增厚。随着温度的升高，晶格扩散更加明显，横向生长导致了"金字塔型"氧化物螺旋面的形成。然而，在高温下，位错隧道的表面扩散通量与体晶格扩散相比微不足道，因此氧化物颗粒表面迅速生长，但在错位附近，通过形成生长凹坑的方式可以使线位错张力和氧化物表面能最小。

　　对钢的氧化可用 Wagner 理论来分析[2]，在 200℃以上，钢的氧化符合普遍适用的抛物线增厚规律，此时钢的氧化驱动力主要来源于已形成的氧化铁皮的内表面（与铁基体交界）和外表面（与空气交界）之间存在的化学势差与电势差，铁、氧离子在二者的综合作用下发生迁移，从而使钢材表面继续氧化。钢的初始氧化速度呈直线分布，氧化反应取决于气体的量，可由化学反应速度及接触金属的氧化性气体的量来控制。当氧化层达到一定厚度 $4×10^{-3}$~0.1mm 后，氧化机制转换，氧化层内晶格扩散成为控制氧化速度的主导因素，氧化增重符合抛物线规律。

1.2.2　合金元素对钢材氧化行为的影响

1.2.2.1　Si 元素的影响

　　Si 在高温条件下会形成铁橄榄石相（Fe_2SiO_4），在氧化铁皮与基体的界面处以及氧化铁皮的内部富集。Fe_2SiO_4 一方面能够钉扎基体并破坏基体界面的平直度；另一方面钉扎外侧氧化铁皮增加其黏附性，使得氧化铁皮难以去除，最终导致板带钢出现红色氧化铁皮和氧化铁皮压入缺陷，影响板带钢表面质量。

由于 SiO_2 与 FeO 反应形成的 Fe_2SiO_4 熔点较低，当温度低于熔点时，Fe_2SiO_4 能阻碍铁离子由基体向氧化铁皮扩散，抑制氧化铁皮生长，提高了钢材的抗氧化性。而当温度高于熔点时，液化的 Fe_2SiO_4 为离子扩散提供了快速通道，极大地促进合金的氧化速率，合金元素 Si 失去了提高基体抗氧化性的作用。此外，液化的 Fe_2SiO_4 会同时向氧化铁皮和基体扩散，增加氧化铁皮的黏附性。对此，Taniguchi 等人认为，如果氧化铁皮中存在熔化的 Fe_2SiO_4 相，氧化铁皮在后续冷却过程中不会产生明显的热应力，从而加强了氧化铁皮与基体的结合强度。另外，钢中 Si 含量会影响液化的 Fe_2SiO_4 在氧化铁皮和基体中的生长深度，Si 含量越高，生长深度越大，氧化铁皮黏附性越强。

研究表明，Si 含量大于 0.2% 的钢在进行热轧时，完全防止麻点的产生是极度困难的，而造成麻点的主要原因是氧化铁皮压入。于洋等人的研究表明，在较高温度（>1000℃）时，增加 Si 质量分数会促进氧化铁皮起皮。热轧时氧化铁皮起皮会导致破碎的铁皮压入钢板基体中，降低钢板表面质量。

日本住友工业钢铁研究实验室的 Fukagawa[11] 和 Okada 等人[12] 采用含有不同 Si 质量分数的三种带钢作为实验钢种，分析了带钢表面出现红色氧化铁皮现象的成因。研究表明，由于带钢中 Si 元素的存在，在加热炉内加热时氧化铁皮与带钢基体之间会形成 FeO/Fe_2SiO_4 橄榄石化合物，将基体与氧化铁皮牢牢地结合在一起，使氧化铁皮黏附性增加，导致后续除鳞时氧化铁皮不能完全除净，带钢表面残留有大量 FeO，最终因为 FeO 继续氧化生成 Fe_2O_3 造成带钢表面红色氧化铁皮缺陷。通过降低钢种 Si 质量分数和提高除鳞温度（使 FeO/Fe_2SiO_4 橄榄石化合物在进入除鳞机前仍为液相）等方法能有效去除氧化铁皮。

1.2.2.2　Mn 元素的影响

Mn 对氧的亲和力大于 Fe，在钢中会优先发生氧化反应。如果氧向内扩散比 Fe、Mn 向外扩散速度快，则发生内氧化，反之发生选择性氧化。目前，关于 Mn 对钢的高温氧化的影响仍然存在不同的看法，主要分为以下 3 种：

（1）Mn 对钢的高温氧化的影响很小。Swaminathan 等人[13] 认为，由于 Mn^{2+} 与 Fe^{2+} 的化合价相同，因此 Mn 主要在 $Fe_{1-y}O$ 层中富集，比较均匀地掺杂在 $Fe_{1-y}O$ 层中，对 $Fe_{1-y}O$ 层的缺陷类型和浓度不存在明显的影响。Chelyshev 等人[14] 认为，Mn 原子可以取代铁原子在方铁矿和磁铁矿晶格中的点阵位置，因此在钢铁氧化中 Mn 的影响很小。

（2）Mn 元素对抑制钢的高温氧化有利。Rahmel[15] 和 Chang[16] 对低碳钢（$w(C) = 0.065\%$，$w(Si) < 0.01\%$，$w(Mn) = 0.29\%$）和纯铁（$w(C) = 0.006\%$）在空气中的高温（1000℃ 与 1100℃）氧化进行了研究，认为 Mn 或者 C 可能是造成低碳钢比纯铁氧化慢的重要因素。余式昌等人[17] 研究了 6Cr21Mn10MoVNbN 钢的

高温氧化行为发现，Mn 的氧化物有利于提高氧化铁皮致密度，增强合金的抗氧化性。

（3）Mn 能促进氧化。李鑫等人[18]认为，氧化膜中锰离子的减少有利于提高氧化膜的致密性，抑制氧化膜的破裂，从而抑制氧化。认为在 Si 镇静钢的氧化铁皮层中，Mn 和 Si 会与铁氧化物相结合形成连续的 Fe-Mn-SiO$_x$ 相，促进氧化并增加氧化铁皮的黏附性。

1.2.2.3 Cr 元素的影响

由于 Cr 比 Fe 具有更高的氧亲和力，因此在高温氧化中 Cr 会优先发生氧化生成 Cr$_2$O$_3$。Seybolt[19]认为，Cr 易在基体-氧化层界面处富集，当界面处的 Cr 质量分数超过 13% 时，界面处将形成致密的氧化膜 Cr$_2$O$_3$ 并稳定存在，提高钢的抗氧化能力，减缓氧化速度。关于 Cr 抑制氧化的机理存在不同看法。Saeki 等人[20]通过对 304 和 430 两种常见不锈钢在不同气氛中高温氧化行为的研究发现，在氧化的最初阶段，氧化膜形核后孤立而迅速地生长，形成致密的氧化膜后，实验用钢的氧化速率逐渐下降。最初的氧化膜为金刚石结构，而最终得到的氧化膜由富 Cr 的金刚石结构内层和含有 Fe 和 Cr 的尖晶石结构外层组成。Wood 等人[21]认为，靠近基体处的 Fe-Cr 尖晶石氧化物会抑制 FeO 的形成，从而抑制氧化。Tavast 和 Otsuka[23]的研究表明，Cr 质量分数达到一定值（Tavast[22]认为 25%，Otsuka 认为 22%）时，在金属/金属氧化物界面上可很快形成连续的富 Cr 层，减缓铁离子的扩散，抑制 Fe$_3$O$_4$ 在气体/金属界面上形成，进而抑制氧化。

钢中的 Cr 元素一方面和 O$_2$ 发生氧化反应，生成 Cr$_2$O$_3$ 等氧化物；另一方面与 Fe、O$_2$ 共同反应，生成复杂氧化物 FeCr$_2$O$_4$ 等。陈连生等人认为，这些复杂氧化物相使氧化层和基体之间的结合力增强，导致氧化铁皮难以去除。Yang 等人[24]的研究表明，含 Cr 质量分数超过 10% 的不锈钢氧化后，氧化铁皮结构与典型的碳钢氧化铁皮结构不一致，在铁氧化物（FeO、Fe$_2$O$_3$ 和 Fe$_3$O$_4$）与基体中间有一层连续的、基本覆盖基体表面的 Cr$_2$O$_3$ 和 FeCr$_2$O$_4$ 生成。Mortimer[25]、Taylor[26]和 Labun 等人[27]认为，低 Cr 质量分数的 Fe-Cr 合金的氧化行为比较复杂，氧化铁皮由尖晶石型氧化物（Fe，Cr）$_3$O$_4$ 和多种不同组成成分的 Fe-(Cr$_x$O$_y$)组成。

1.2.2.4 Cu 元素的影响

Cu 在高温下与氧的亲和力比 Fe 弱，属于钢材中的难氧化元素。研究表明，钢中的 Cu 在加热过程中容易在基体-氧化铁皮界面处富集，富集的 Cu 可以通过扩散进入钢材或者氧化铁皮内部。Cázares[28]和 Kim 等人[29]研究了含 Cu 钢的高温氧化行为，结果表明：在 1100℃下氧化时 Cu 元素在靠近钢基体的位置富集明显，当温度达到 1180℃时 Cu 元素的富集主要位于试样的表面。杨才福等人[30]对含铜时效钢表面氧化层中 Cu 的富集进行了研究，结果表明：1000℃加热时富 Cu 相不仅沿基体-氧化层的界面处富集，也弥散分布在靠近界面的氧化层内；1100℃与1200℃加热时，富 Cu 相沿基体-氧化层的界面处富集并渗透到基体表面的晶界上；1300℃加热时，晶内氧化剧烈并起主导作用，界面附近的 Cu 富集区中 Cu 的浓度降低，富 Cu 区能够保持固相状态而不形成富 Cu 液相。李丽等人[31]认为，加热温度低于 Cu 的熔点时，富 Cu 相以颗粒状分布在氧化铁皮/基体界面上和靠近基体的氧化层中；当温度超过 1083℃时，颗粒状的富 Cu 相熔化形成富 Cu 液相。研究表明，富 Cu 液相会沿原始奥氏体晶界向基体内渗透，促进 Cu 的晶界偏聚，形成网络状的富铜相；此时氧更容易沿晶界向内扩散，发生晶界氧化，弱化晶界；达到一定程度后，钢材表面在轧制过程中就会出现开裂，形成"铜脆"缺陷，轻则影响表面质量，重则导致钢材报废。李建华[32]和张丽君等人[33]研究发现，氧化铁皮对 Cu 富集有阻断作用，温度越高阻断作用越强，Cu 在界面处的富集程度越低，界面不规则程度变大；实测表明，1000℃、1100℃和1200℃的阻断率分别为 17.28%、34.86%和 63.14%。可见，在条件允许的情况下，适当提高氧化温度对减轻 Cu 富集带来的危害是有利的。

1.2.2.5　Ni 元素的影响

Ni 在钢中难以发生氧化，在高温氧化过程中容易在氧化铁皮-基体界面处富集。加藤对含 Ni 质量分数为 0~4.8%的含 Ni 钢在大气中的高温氧化行为进行了研究，结果表明：在 900~1300℃温度范围内，即使含 Ni<1%也会产生富集。Ni 对抑制氧化有一定贡献。Otsuka[34]和 Fujikawa[35]对 Fe-xNi-9Co-5Mo 合金（Ni 质量分数 6%~18%）的氧化增重的研究结果表明，在 700℃和 800℃氧化时，Ni 质量分数超过 12%的合金增重明显降低，尤其是在 800℃时，12Ni 合金的增重大约为 6Ni 合金的 50%。Ni 会使氧化铁皮黏附性增强，降低氧化铁皮除鳞性。陆关福等人[36]对含少量 Ni、Cr 的低碳钢进行了研究，结果表明：Ni 在 1150℃以上会使氧化铁皮形成强黏附性的富 Ni 金属网丝和楔形侵入金属基体晶界的复杂氧化物。氧化铁皮的黏附性增强的原因有两个方面：一方面，实验用钢的氧化铁皮内层产生 Ni 的富集，形成富 Ni 的金属网丝和颗粒，随着温度的升高，富 Ni 的金属网丝把氧化铁皮与金属基体连接起来；另一方面，钢中产生晶界的选择性氧化，使 FeO、铁橄榄石或其共晶沿晶界呈楔形侵入金属基体，分散了氧化铁皮与金属间的应力。日本神户钢铁公司的 Norio 等人[37]对合金元素 Ni 对氧化铁皮除鳞性的影响做了详细的研究。实验证明，添加微量的 Ni 元素会使氧化铁皮与基体的界面平整度大大减小，降低氧化铁皮的除鳞性。当钢中的 Ni 质量分数达到 0.2%以上时，钢板表面凸凹严重，使氧化铁皮剥离更困难。

1.2.3　氧化气氛对钢材氧化行为的影响

1.2.3.1　炉内气氛对氧化行为的影响

钢坯在炉内氧化过程是钢坯中的铁离子向氧化铁皮-空气界面扩散、炉内的氧化性气体向氧化铁皮/基体界面扩散并产生化学反应的结果。关于钢材在炉内氧化方面的研究很多，研究结果表明：钢坯在炉内加热过程中的氧化主要受钢种成分、加热温度、加热时间以及炉内气氛等方面因素的影响。

加热炉气氛主要由 CO_2、H_2O、N_2 和 O_2 以及少量 SO_2、CO、CH_4 和 H_2 等组分构成，它们都能与金属铁或铁的氧化物发生不同程度的化学反应，其中 O_2、CO_2、H_2O、SO_2 等为氧化性气体[38]，氧化性最强的是 O_2，其次是 SO_2、H_2O 和 CO_2。氧化铁皮的生成过程就是钢坯与这些氧化性气体发生反应的过程。CO、H_2 和 CH_4 等则起还原作用，且其反应是可逆的，CO_2/CO、H_2/H_2O 体积分数的比值将决定气氛发生氧化还原性，如图 1-6 所示。SO_2 与钢坯反应生成的 FeS 会降低氧化铁皮的熔点，加剧氧化铁皮的熔化。

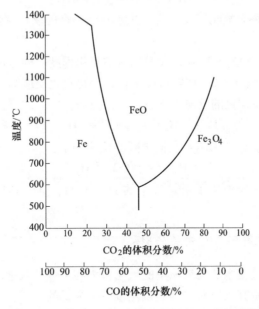

图 1-6　Fe 与 CO、CO_2（体积分数）的平衡曲线

各种气体与钢坯的反应式如下：

（1）O_2：钢在加热的情况下，即使 O_2 浓度很小，也能使钢坯氧化。其反应式为：

$$2Fe + O_2 = 2FeO \tag{1-41}$$

$$3Fe + 2O_2 \Longrightarrow Fe_3O_4 \tag{1-42}$$

$$4Fe + 3O_2 \Longrightarrow 2Fe_2O_3 \tag{1-43}$$

这些反应是不可逆的, 所以炉气中应尽可能除去自由氧离子, 以减少钢坯氧化。

(2) CO 和 CO_2: CO_2 对高温加热的板坯起氧化作用, 而 CO 则起还原作用。其反应式为:

$$Fe + CO_2 \Longrightarrow FeO + CO \tag{1-44}$$

$$3FeO + CO_2 \Longrightarrow Fe_3O_4 + CO \tag{1-45}$$

上述反应决定于 CO 及 CO_2 的化学浓度, 若增大 CO 的浓度, 在一定条件下可使上述两个反应向逆反应方向进行, 即能避免钢的氧化。但在高温的情况下, 一般 CO 的质量分数会很低。

(3) H_2O 和 H_2: H_2O 和 H_2 与钢的反应如下:

$$Fe + H_2O \Longrightarrow FeO + H_2 \tag{1-46}$$

$$3FeO + H_2O \Longrightarrow Fe_3O_4 + H_2 \tag{1-47}$$

$$2Fe_3O_4 + H_2O \Longrightarrow 3Fe_2O_3 + H_2 \tag{1-48}$$

$$3Fe + 4H_2O \Longrightarrow Fe_3O_4 + 4H_2 \tag{1-49}$$

可见水蒸气对钢有氧化作用, 为防止水蒸气对钢的氧化, 炉气中应有足够质量分数的 H_2。

(4) SO_2: 炉气中的 SO_2 可大大增加钢的氧化程度, 因为 SO_2 与 Fe 反应生成 FeS 而使氧化铁皮熔点降低, 加剧铁皮熔化, 使得氧化反应继续深入进行。

(5) CH_4: CH_4 与钢的反应如下:

$$3Fe + CH_4 \Longrightarrow Fe_3C + 2H_2 \tag{1-50}$$

(6) H_2, H_2O, CO, CO_2: 它们之间的反应如下:

$$CO + H_2O \Longrightarrow CO_2 + H_2 \tag{1-51}$$

由此可见, 在一定温度下对炉气中的 H_2、H_2O、CO、CO_2 比值有一定的要求, 如图 1-7 所示。

1.2.3.2 水蒸气对氧化行为的影响

众所周知, 合金在水蒸气环境中的氧化行为与干燥气氛中的氧化行为差异较大, 虽然国内外的研究人员对水蒸气氧化进行了大量的工作, 但对其氧化机制的解释还无法统一。目前, 有多种机制可以用来解释水蒸气对氧化的影响。

(1) 氧化气体渗透机制。通过研究 Fe-Cr 合金 ($w(Cr) = 5\% \sim 30\%$) 在 $750 \sim 900\,℃$ 范围内干燥氧气及 O_2-$10\%H_2O$ (体积分数) 环境下的氧化发现氧气和水蒸气可以通过氧化层中的微裂纹和气泡直接到达金属表面, 从而加速氧化; 然而这种机制还不足以说明更多现象。

(2) $Fe(OH)_2$ 形成与挥发机制。这个机制可以解释含 Cr 钢在水蒸气环境中

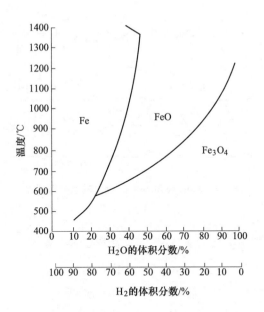

图 1-7 Fe 与 CO/CO$_2$、H$_2$/H$_2$O（体积分数）的平衡曲线

的加速氧化问题，但对含 Ni 钢和含 Co 钢并不适用。

（3）CrO$_2$(OH)$_2$ 形成与挥发机制。Klein 等人[39]对 Ni-20Cr 合金在干燥及潮湿空气中的氧化进行了研究并提出此机制，其认为易挥发的 CrO$_2$(OH)$_2$ 会在晶界处气化，导致氧化铁皮开裂和剥落，从而影响氧化进程。

（4）质子溶解改变氧化缺陷结构机制。这个机制认为控制氧化反应的是氧通过氢氧基缺陷在氧化层中传输，传输速度影响氧化物表面氢氧化物的生成。

（5）水分解机制。这个机制是比较有说服力的，被广泛接受。如图 1-8 所示，界面Ⅱ和Ⅲ反应生成的金属离子在界面Ⅱ处与吸附在此界面的水蒸气发生反应，生成 FeO 和吸附 H$_2$，反应式如下：

$$H_2O\,(g) \longrightarrow H_2O\,(ads) \tag{1-52}$$

$$H_2O\,(ads) + Fe^{2+} + 2e \longrightarrow FeO + V_{Fe} + 2V_e + H_2(ads) \tag{1-53}$$

$$H_2O\,(ads) \longrightarrow H_2(g) \tag{1-54}$$

$$H_2O\,(ads) \longrightarrow 2H^*\,(ox) \tag{1-55}$$

式中，H$_2$O(g) 为气态水蒸气；H$_2$O(ads) 为吸附态水蒸气；V$_{Fe}$ 为铁离子空位；V$_e$ 为电子缺陷，界面Ⅱ处反应生成的 H$_2$ 大部分未被吸附，被吸附的 H$_2$ 中有一些溶解在氧化物中，起到了传递电荷的作用，加速氧化；H* 为溶解在氧化物中的氢。

氢渗入氧化层内部会还原 FeO，生成吸附氧离子，进而形成水蒸气。反应式

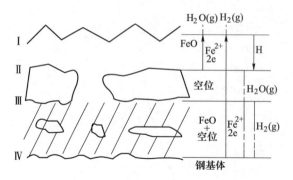

图 1-8　Fujii 与 Meussner 提出的水分解机制

如下：

$$FeO + V_{Fe} + 2V_e + H_2(ads) = Fe^{2+} + O^{2-} \tag{1-56}$$

$$2H^*(ox) = H_2(ads) \tag{1-57}$$

$$H_2(ads) = H_2(g) \tag{1-58}$$

$$H_2(ads) + O^{2-} = H_2O(g) + 2e \tag{1-59}$$

　　形成的水蒸气通过氧化膜内部的孔洞迁移到氧化层-基体界面，腐蚀基体。铁离子空位、电子空穴以及溶入氧化物中的氢穿过外氧化物层，在内氧化物/外氧化物界面聚集形成孔洞，并发生与上述反应相反的过程，生成氢气和水蒸气存留于这些孔洞之中。上述过程周而复始，直至氧化结束。

1.2.4　热轧工艺对钢材氧化行为的影响

1.2.4.1　加热制度对炉生氧化铁皮的影响

　　在常规热连轧生产线，连铸坯在热轧前需要在加热炉中进行加热，加热温度为 1150~1280℃，加热时间为 180~240min，在如此高的温度下长时间保温使得连铸坯表面生成大量氧化铁皮。这一阶段的氧化铁皮厚度可以达到 500μm 以上（见图 1-9），较厚的炉生氧化铁皮不仅使钢材的成材率下降，也会降低除鳞效率，一旦除鳞不净，表面残留氧化物在后续轧制生产过程中被压入基体会产生一系列的质量问题。

　　钢的氧化随着加热温度的升高而加快，表面温度越高，氧化越严重。因为加热温度升高，钢坯中个别成分的扩散加速，炉气和钢发生化学反应的平衡常数也会显著的变化，为钢的急剧氧化创造了条件。从图 1-10 可以看到随着加热温度的升高，钢坯烧损量迅速增加，加热时间越长，氧化生成的铁皮越厚，烧损也就越多，尤其是钢在高温条件下，停留时间越长，氧化铁皮生成量越大。

　　连铸坯过高的出炉温度，会加速表面氧化铁皮的生长速率，不利于后续工艺

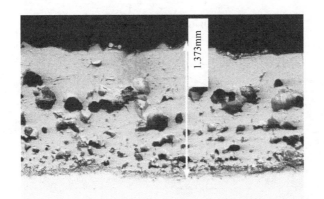

图 1-9 一次氧化铁皮的断面形貌

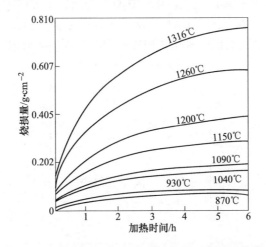

图 1-10 加热温度、时间与氧化烧损量的关系曲线

过程中氧化铁皮厚度的控制。因此，需要通过优化板坯的加热温度和时间，实现改善除鳞性、减少氧化烧损和减薄氧化铁皮厚度的目的。

此外，在加热炉内，一般含有的气氛为 O_2、CO_2、H_2O、N_2、H_2、CO 和 H_2S 等，它们与钢的化学反应各不相同。

（1）O_2 与钢坯的反应。钢在加热的情况下，即使氧的浓度很小也能使钢坯氧化，其反应式见方程式（1-41）~式（1-43）。这些反应是不可逆的，所以炉气中尽可能除去自由氧，以减少钢坯氧化。

（2）CO、CO_2 与钢坯的反应。CO 对钢坯起到还原的作用，而 CO_2 对钢坯起到氧化的作用，它们相互作用的示意图如图 1-11 所示，其反应式见式（1-44）和式（1-45）。上述反应决定于 CO 和 CO_2 的化学浓度，若增大 CO 的浓度，在一定条件下可使反应向逆反应方向进行，就能避免钢的氧化。

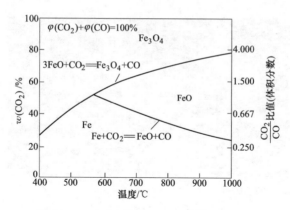

图 1-11　钢的温度与 CO、CO_2 的平衡曲线

（3）H_2、H_2O 与钢坯的反应。H_2、H_2O 与钢坯反应的平衡曲线如图 1-12 所示，其反应见式（1-46）~式（1-49）。从其平衡关系曲线看出，水蒸气对钢有氧化作用，为防止水蒸气对钢的氧化，炉气中应有足够体积分数的 H_2。

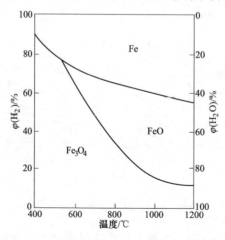

图 1-12　钢坯的温度与 H_2、H_2O 的平衡曲线

此外，部分钢种中 Si 质量分数较高，加热过程中会在钢坯表面形成 Fe_2SiO_4，其在 1170℃ 以上会转变为熔融状态。如图 1-13 所示为 Fe_2SiO_4 钉扎氧化铁皮时的状态，除鳞水很难完全去除基体表面的氧化铁皮，这部分残留的氧化铁皮在后续轧制过程中受力会发生破碎，影响氧化铁皮的致密性。大量的空气进入氧化铁皮中，使得氧化物进一步氧化生成 Fe 的高价氧化物（Fe_2O_3），造成表面红色氧化铁皮的产生。因此，在优化钢坯加热制度时，需要考虑 Fe_2SiO_4 熔融温度，消除 Fe_2SiO_4 对氧化铁皮钉扎作用，避免在钢材表面形成红色氧化铁皮缺陷。针对本节提出的问题，在第 3 章和第 5 章作更详细的分析。

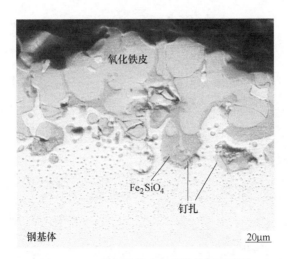

图 1-13　一次氧化铁皮与基体的界面形貌

1.2.4.2　热轧工艺对氧化铁皮的影响

钢材在加热炉内产生的氧化铁皮被高压除鳞水去掉后，由于钢板依然具有很高温度，在粗轧过程中又会生成新的氧化铁皮，但此时氧化铁皮的厚度与炉生氧化铁皮相比要减薄约70%。钢板进入精轧后，由于没有了除鳞装置，在此阶段形成的氧化铁皮会被保留到最后，一般精轧出口钢板的氧化铁皮厚度为成品氧化铁皮厚度的70%~90%，因此精轧过程中轧制工艺对热轧卷板产品最终的氧化铁皮厚度和结构起到决定性作用。目前，国内外的研究主要集中于以下两个方面：

（1）轧制温度和轧制速度对氧化铁皮的厚度和不同氧化物间相比例的影响。一般精轧阶段的温度是750~1100℃，其中精轧入口温度为950~1100℃，终轧温度为750~900℃。精轧过程中生成的三次氧化铁皮冷却至室温的断面显微形貌如图1-14所示。由于精轧速度较快，氧化铁皮生长时间短，所以氧化铁皮的结构以外侧的 Fe_3O_4 和内侧的 FeO 为主。

随着轧制温度的升高，钢板表面氧化铁皮的厚度会增大。Frolish[40]为了对比轧制温度对氧化铁皮破裂程度的影响，分别在750℃和1000℃时对同一成分的钢种进行试轧。当轧制温度为750℃时氧化铁皮发生破碎，而在1000℃轧制时没有发现氧化铁皮破碎的现象。在高温进行轧制变形，氧化铁皮（以 FeO 为主）不会发生破碎，因此，即使表面氧化铁皮较厚时，也不会生成红色氧化铁皮。Asai[41]测定了不同轧制温度与氧化铁皮破碎程度的关系，如图1-15所示。Matsuno[42]在通过三点弯曲法测量 FeO 的屈服强度中发现：随着温度的升高，FeO 的屈服强度呈下降趋势。

Basabe[43]通过对比低碳钢在不同精轧制度下的氧化铁皮厚度，发现随着轧制

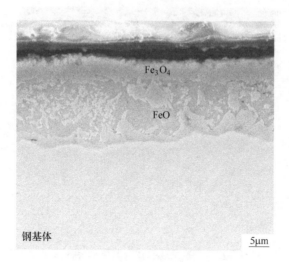

图 1-14　三次氧化铁皮的断面形貌

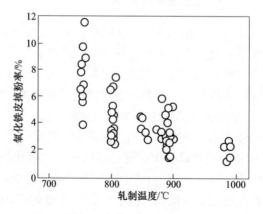

图 1-15　轧制温度与氧化铁皮掉粉率的关系

温度的升高和轧制时间的延长，氧化铁皮的厚度也随之增厚。在氧化初期，环境中的 O_2 可以与基体直接接触，因此氧化铁皮厚度与氧化时间是线性关系。随着氧化时间的延长，氧化铁皮厚度与氧化时间呈现抛物线规律，这是由于基体表面形成了一层完整的氧化铁皮，离子扩散都需要经过氧化铁皮传输，并且随着氧化铁皮厚度的增加，传输距离延长，氧化速率变缓。该钢种在 850℃ 生成的氧化铁皮厚度均匀性最好，并且氧化铁皮中 FeO 比例最高，可为后续轧制过程中氧化铁皮厚度控制和表面缺陷改善提供温度控制策略。此外，Liu[44] 研究了低碳微合金钢在 900~1200℃ 氧化 900~7200s 后氧化铁皮中 Fe_2O_3、Fe_3O_4 和 FeO 厚度比例的变化规律。结果表明，在 900~1050℃ 时氧化铁皮中 FeO 比例随着温度升高而增加，Fe_2O_3 和 Fe_3O_4 的比例则随着温度的升高而减少；在 1100~1200℃时氧化铁皮中三种氧化物比例保持不变，氧化时间越长，氧化铁皮中 FeO 所占比例越高。

（2）变形制度对氧化铁皮变形行为的影响。氧化铁皮对热加工产品表面质量有不利影响，Hidaka Y 等人[45]对氧化铁皮在 600~1250℃条件下不同物相进行了研究，通过对带有氧化层的试样进行拉伸试验，得到了 Fe_2O_3、Fe_3O_4、FeO 的应力-应变曲线。结果表明：随着温度的升高，三种氧化物塑性增加、抗拉强度降低，其中 α-Fe_2O_3 在 1150~1250℃能够表现一定的塑性，但其应变率小于 4%；Fe_3O_4 在温度 800℃以上的条件下能够发生塑性变形，在温度为 1200℃时其伸长率超过了 100%；而 FeO 在 700℃下就能发生塑性变形；氧化物各相应力-应变曲线如图 1-16、图 1-17 所示。

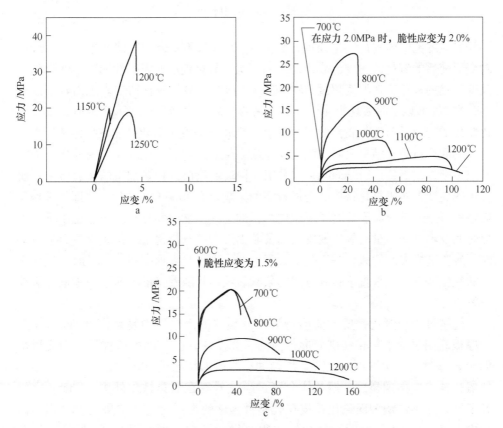

图 1-16 氧化物在高温下应力-应变曲线

a—FeO；b—Fe_3O_4；c—Fe_2O_3

Suárez 等人[46]研究了高温条件下氧化铁皮的变形行为，通过对试样在 950~

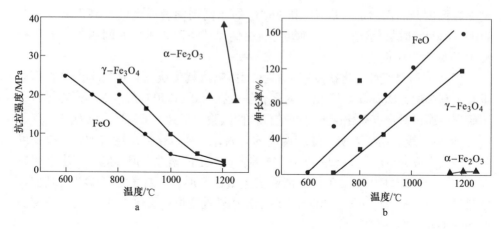

图 1-17　铁氧化物力学性能与温度的关系
a—抗拉强度；b—伸长率

1150℃温度范围内进行氧化处理，然后在 650～1150℃进行压缩变形实验，最后对变形前后的氧化铁皮进行分析，结果表明：氧化铁皮的完整性取决于变形温度及变形量的大小，在温度超过 900℃进行变形时，薄的氧化铁皮表现出较好的塑性，在 700℃以下时表现出脆性变形，在两者温度之间进行变形实验时，发现氧化铁皮的变形是塑性与脆性的混合变形。Nagl[47]研究了氧化铁皮在拉伸和压缩载荷下的变形行为，结果表明：氧化铁皮层在生长过程以及在基体承受外界压力的情况下会发生断裂。Utsunomiya[48]采用一种玻璃涂层进行热加工的实验方法，研究了热轧变形对于氧化铁皮的变形行为的影响，在 1000℃热轧后，立即将玻璃粉撒在钢板上，玻璃涂层抑制了氧化层与钢的进一步氧化和分离。通过对于不同氧化时间及不同变形量的氧化铁皮表面及断面形貌的分析得出，在变形率低于 20%时，实验试样表面的氧化铁皮基本无裂纹的出现；当变形率高于 30%时，试样表面的氧化铁皮出现垂直于轧制方向的条状裂纹，且随着变形率的进一步增加裂纹变宽。

　　轧制过程中氧化铁皮的变形行为以及裂纹的产生更为复杂，Utsunomiya 对中厚板轧制过程中氧化铁皮变形行为的研究发现，在 1000℃条件下，当变形率低于 20%时，氧化铁皮的变形是均匀的；当变形率超过 30%时，不均匀变形会使氧化铁皮中出现裂纹，钢基体会穿过裂纹暴露在氧化铁皮外侧。Cheng[49]研究了铁素体不锈钢表面氧化铁皮在轧制过程中的变形行为，结果表明：当不锈钢中 Fe-Cr 尖晶石较厚时，氧化铁皮很难发生塑性变形，而 Fe-Cr 尖晶石较薄时氧化铁皮韧性较好，因此以 Cr_2O_3 和 Fe_2O_3 为主的较薄的氧化铁皮具有良好的延展性。李志峰研究发现，轧制时氧化铁皮变形率和轧制温度、轧制压下率有关，而在其他温度下轧制变形时，基体变形率与氧化铁皮变形率之间存在一定差异。Sun[50]通过轧制试验发现，一次氧化铁皮在压下量增大或在一定压下量下轧制速度增加时会发生变形，二次氧化铁皮厚度几乎不受压下量和轧制速度的影响，但在变形和新生的"欠晶胞"挤压作用下会产生裂纹。Krzyzanowski[51]基于有限元法分析了二次氧化铁皮在轧制间隙时间内的破碎行为，结果表明：氧化层中裂纹的产生与板坯初始温度有关，当初始温度较低时，氧化铁皮塑性较差，且容易出现贯通裂纹；当初始温度较高且纵向应力较小时，基体与氧化物界面间的滑动能释放氧化铁皮中的残余应力，轧制变形导致的贯通裂纹便会愈合，如图1-18所示。

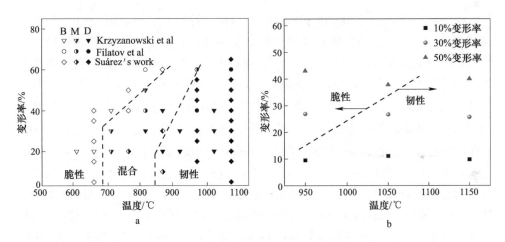

图1-18 氧化铁皮变形率与温度的关系

a—Suárez 等的研究结果；b—李志峰的研究结果

国内关于氧化铁皮的变形行为也进行了较深入的研究。冷茂林等人[52]研究了低碳钢在轧制过程中氧化铁皮的变形行为，发现变形温度在950℃以上时，氧化铁皮的变形量能够大于基体的变形量，而在1050℃条件下氧化铁皮的变形量能够增加1倍以上。这是由于轧制温度较高时，氧化铁皮表面裂纹在产生的瞬间能够快速闭合，致使表面基本没有裂纹的产生；在较低温度轧制时，裂纹在产生后闭合较为缓慢。何永全[53]通过研究热轧低碳钢表面氧化铁皮在冷轧过程中的断裂行为，结果表明：氧化铁皮在常温下轧制易出现垂直于轧制方向的裂纹，在低变形量条件下轧制，氧化铁皮出现脆性断裂；在高变形量条件下发生氧化铁皮破碎剥离现象，由此得出多轧制道次对氧化铁皮的完整性保护十分有利。张弛等人利用热力模拟实验机对铁素体不锈钢进行了模拟压缩试验，通过对带有氧化铁皮以及不带氧化铁皮实验试样进行反复加热冷却以及压缩循环实验，结果表明：氧化铁皮的存在有效减轻了热轧粘辊现象。

1.3　氧化铁皮结构转变行为研究现状

1.3.1　氧化铁皮等温转变规律

热轧过程中氧化铁皮的相变行为决定着氧化铁皮的最终结构，从而决定热轧带钢的表面质量，因此一直以来氧化铁皮的相变行为都是研究的重点。FeO 在 570℃时属于不稳定相，从高温冷却至此温度时会发生共析反应，生成共析组织 α-Fe 和 Fe_3O_4，此过程可以用方程式（1-60）表示。

$$FeO \longrightarrow \alpha\text{-}Fe + Fe_3O_4 \tag{1-60}$$

Gleeson[54] 研究了 570℃以下 FeO 的等温相变过程，得到如图 1-19 所示的等温转变曲线，他发现 FeO 的相变属于扩散型相变，其相变行为受 FeO 过冷度的影响。当等温温度为 350℃时，Fe_3O_4 最先析出，之后 FeO 转变为片层状共析组织。当等温温度处于 220~270℃之间时，FeO 直接转变为 Fe 和 Fe_3O_4 的颗粒状混合物；而在 200℃以下，FeO 不会发生相变。Paidassi[55] 指出，转变过程先共析 Fe_3O_4 的析出是不可避免的，此过程不受 FeO 中离子扩散的控制，而受 Fe_3O_4/FeO 相界迁移的控制。Liu[56] 研究发现，FeO 的等温转变规律与温度、时间有关，先共析 Fe_3O_4 在 350~600℃之间率先析出，其转变鼻尖温度为 475℃；在 350~450℃之间，剩余 FeO 转变为片层状共析组织，转变鼻尖温度为 425℃。Hayashi[57] 研究了纯铁表面 FeO 在 320~560℃之间的等温转变过程，结果表明：转变过程中首先在 FeO 中形成先共析 Fe_3O_4，随后 FeO 与 Fe 基体界面形成 Fe_3O_4 接缝层，共析 Fe_3O_4 的形成使 FeO 层中出现了富铁区，同时 Fe/FeO 界面处的 Fe_3O_4 阻碍了铁离子在 FeO 与铁基体之间的扩散，于是 Fe 在 FeO 中开始析出，进而引发共析转变。Otsuka 等进一步指出，Fe_3O_4、片层状共析组织的形成与 FeO 层中 Fe 的质量分数有关，贫铁 FeO 层中不会出现这些组织，富氧 FeO 的相

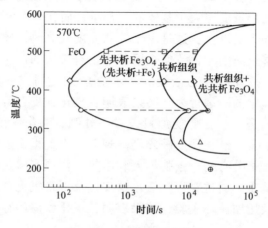

图 1-19　FeO 等温转变曲线

变速率比富铁 FeO 快。Yoneda[58]研究了 Mn 元素对共析反应进程的影响，结果表明：钢中 Mn 元素的存在将 FeO 的相区扩展至更低的温度，因此降低了 FeO 向共析组织转变的驱动力，延迟了 Fe_3O_4 层、先共析 Fe_3O_4 和共析组织的转变时间，进而减少了氧化层中共析组织的体积分数，增加了共析组织的片层间距。Shi-zukuwa[59]研究了 Au 元素对 FeO 相变进程的影响，研究结果表明：FeO/Fe 界面处形成的 Fe/Au 层阻止了 FeO 层中铁离子向铁基体的扩散，从而抑制了 Fe_3O_4 的形成，加速了共析反应进程。Tanei[60]研究发现，原始氧化铁皮对 FeO 相变存在影响，当原始氧化铁皮为 Fe_3O_4/FeO 双层结构时，原始 Fe_3O_4 层为 Fe_3O_4 的形核提供了位置，Fe_3O_4/FeO 界面出现了 Fe_3O_4 析出物而非 Fe_3O_4。当原始氧化铁皮为单层 FeO 结构时，Fe_3O_4/FeO 界面出现了 Fe_3O_4，此外，单层 FeO 结构会延迟 FeO 相变，因此可以通过控制氧化铁皮的初始结构对氧化产物的结构进行控制。Li[61]研究了潮湿气氛对 FeO 相变进程的影响，发现潮湿气氛提高了氧化层中 FeO 的体积分数，氧化层中的孔洞抑制了共析组织的长大，从而延长了共析转变所需的时间。

1.3.2 氧化铁皮连续冷却转变规律

在实际生产中，FeO 的结构转变过程更接近于连续冷却状态，因此 FeO 连续冷却转变行为也是非常重要的。Chen[62]研究了模拟卷取温度和冷却速率对 FeO 转变过程的影响，发现氧化铁皮的最终形态可以划分为三类，如图 1-20 所示。类型 I 结构为大量的残留 FeO 和少量的先共析 Fe_3O_4，类型 II 结构为大量的残留 FeO 以及分布于 FeO/Fe 界面处的先共析 Fe_3O_4，类型 III 结构为极少量残留 FeO、

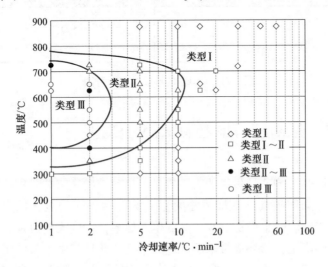

图 1-20 FeO 连续冷却转变曲线

大量的共析组织以及少量分布于原始 FeO 层中先共析 Fe_3O_4。Lin[63] 对不同化学计量数 FeO 的晶体类型进行了深入的分析，发现共析反应受 FeO 稳定性的影响，共析组织的形成可以视为 FeO 晶格类型变化以及单质 Fe 析出行为综合作用的结果。Cao[64] 研究了三次氧化铁皮连续冷却转变过程，指出高冷却速率和低卷取温度会抑制铁离子的扩散，进而抑制 FeO 的分解和共析反应进程。Yu[65] 研究表明，冷却速率对氧化铁皮的最终微观结构和相组成有重要影响，冷却速率的增加导致氧化物相的晶粒尺寸相对较小，表面粗糙度较低；更高的冷却速度促进了氧化层中残留 FeO 的形成和 Fe_3O_4 的析出，但是抑制了 α-Fe 的析出。Zhou[66] 研究了压应力对 FeO 连续冷却转变的影响，发现压应力会促进 FeO 的共析转变过程，当压应力不断增加时，共析组织体积分数也随之增加，而残留 FeO 体积分数不断减少；与 Chen 等人[62] 的研究结果不同，他指出在压应力的作用下，即使在高冷却速率下 FeO 也能分解生成共析组织。

Fe_3O_4 是连续冷却过程中先于共析组织析出的重要氧化物，它的析出行为对共析转变有十分重要的影响。Yu[67] 分析了连续冷却过程中 Fe_3O_4 的形成机理，如图 1-21 所示，Fe_3O_4 是通过 Fe^{2+} 和 O^{2-} 的扩散形成的，首先在靠近 Fe_3O_4 和 FeO 界面的过冷的富氧 FeO 中迅速形成 Fe_3O_4 析出物；在较低温度下 Fe_3O_4 在 FeO 中形核并不断生长，进而形成先共析产物。

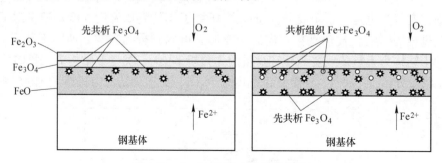

图 1-21　Fe_3O_4 的形成机理示意图

1.4　热轧材"免酸洗"表面控制技术研究现状

热轧产品在进行后续加工（如冷轧、镀锌等工序）时，必须将其表面氧化铁皮去除，否则会影响产品最终的表面质量。目前，酸洗工艺是国内外普遍采用的除鳞技术，即采用酸液（硫酸或盐酸）清除带钢表面的氧化铁皮。酸洗工序在除去氧化铁皮的同时也增加成本，降低生产效率，造成大量废酸、酸雾、残渣和清洗剂废液的产生，给环境带来了严重的污染。此外，由于酸洗工艺控制不合理，经常会造成"欠酸洗""过酸洗"等表面质量问题。随着"节能减排、绿色制造"发展战略的实施，钢铁企业正承受"环境和效益"的双重压力，为此世界各国都在寻找可以替代传统酸洗工艺的免酸洗技术。

1.4.1 机械法除鳞技术

1.4.1.1 铁粒摩擦除鳞技术

铁粒摩擦除鳞技术简称 APO（Attrition Particle Oxides）。该技术首先将热轧钢板通过拉伸矫直机，破坏氧化铁皮的完整性；然后将钢板通过除鳞箱，依靠除鳞箱中铁砂的摩擦作用将带钢表面的氧化铁皮清理干净。1986 年德国克虏伯公司获得该技术的专利，并于 1989 年正式在日列波维茨钢厂上线运行，这也是世界上第一条连续式机械除鳞装置。APO 除鳞装置的优点是节能环保、操作维修和投资成本低，且除鳞质量、环保和生产周期都优于酸洗方式；缺点是宽规格钢板除鳞质量不均匀，同时铁砂摩擦时会出现大量粉尘污染工作环境，因此没有被广泛应用[68]。

1.4.1.2 高速抛丸技术

高速抛丸技术是指利用抛丸器高速旋转的叶轮，将具有一定硬度的丸料加速抛打到钢板表面，通过冲击、刮削的方式除去工件表面的油脂、污物、锈蚀和氧化铁皮等。该技术具有生产效率高、可实现流水线操作、环境污染小的特点，被钢铁和汽车制造业广泛采用。由于冲击作用，钢板表面层会产生一定的塑性变形，从而使钢板表面形成硬化层。在钢材成型过程中，构件需要承受各种复杂条件下交变载荷产生的应力，这时表面众多的缺陷易产生应力集中，进而引起疲劳裂纹的萌发和扩展[69,70]。

1.4.1.3 光滑清洁表面技术

光滑清洁表面技术简称 SCS（Smooth Clean Surface）。美国 TMW 公司于 2003 年申请了 SCS 技术专利，并开始推广应用。SCS 技术原理如图 1-22 所示，在密闭的空间内，根据板卷厚度，通过上下自动调节的研磨辊，由研磨辊研磨洗刷掉钢板表面氧化铁皮中的 Fe_2O_3 和 Fe_3O_4 层，仅留下几微米厚的 FeO 层，并由循环过滤水冲洗掉研磨破碎的氧化铁皮。经研磨及过滤循环水对钢板表面进行冲洗，形成厚度约为 $7\mu m$ 的防锈层。SCS 技术的优点是投资成本低，经研磨处理后的产品表面质量好，表面保持多年不会生锈，可实现替代酸洗工艺的目的。SCS 技术存在一定的局限性，生产的板材不能全部替代热轧板材、酸洗涂油板材和冷轧板材，不能进行强力挤压和变形等加工，因为这种加工会破坏钢材表面防锈层，从而使产品失去防腐功能。因此，SCS 技术不适用于冷轧、深冲等加工，由于研磨速率较慢不能适用于连续热镀锌生产。

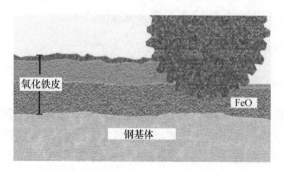

图 1-22　光滑清洁表面技术工作原理

1.4.1.4　表面生态酸洗技术

表面生态酸洗技术简称 EPS (Eco-Pickled Surface)。该技术是由美国 TMW 公司在 SCS 技术上发展而来。2007 年，TMW 公司成功开发出 EPS 专利技术，并建造出首条 EPS 处理线，开始产业化研究、试生产及经济性评估。2010 年，开始推广 EPS 技术核心装备。EPS 的原理是采用磨料（钢砂和水的混合物）对板卷上下表面进行喷射冲击以去除表面污渍和氧化铁皮，从而达到免酸洗的目的[71]，工作原理如图 1-23 所示。EPS 技术的关键是使磨料均匀地喷射到不断移动的带钢表面，并覆盖带钢的幅面宽度。为保证除鳞后的表面质量，应选择合适的磨料。EPS 使用的是特殊且很硬的钢砂和水的混合物，钢砂具有很高的硬度，直径为 0.3~0.7mm，颗粒大小的选择及混合比例根据要获得的表面粗糙度确定。由于有水的柔化作用，同时砂浆抛射速度较低，在 30~60m/s 之间，最佳速度为 40~45m/s，因此可以防止钢砂嵌入带钢表面，获得高表面质量的免酸洗产品。EPS 生产线装备水平高，建设、维护和投入成本高，导致产品的成本提高，因此该生产线在国内外钢铁企业中尚未得到广泛应用。

图 1-23　表面生态酸洗技术工作原理图

1.4.1.5 宝武集团机械除鳞技术

宝武集团机械除鳞技术简称 BMD（Baoshan Steel Mechanism Descaling）。该技术是由宝武集团自主开发研制的新型免酸洗机械除鳞装置，可避免化学酸洗带来的环境污染，同时采用水与磨料混合射流技术，配备除鳞混合悬浮液回收系统，不但可以做到无化学物质、无粉尘和无废水排放，而且使唯一的废弃物（铁泥）也可以实现100%回收。目前，宝武集团已建成 BMD 技术工业试验线，完成深冲钢、汽车大梁钢和车轮钢等钢材产品的多批次试制，均满足了下游客户的使用要求，形成了具有自主知识产权的免酸洗机械除鳞核心技术。

1.4.2 热轧"黑皮钢"技术

"黑皮钢"的概念起源于日本 Sumitomo Metal Corporation 提出的"Tight Scale"钢板，是指钢板表面存在一层黑色的氧化铁皮，该技术最先应用于生产中低强度级别汽车冲压用钢；开发原理是通过优化热轧钢板表面氧化铁皮的厚度和结构，形成以 Fe_3O_4 为主的黑色氧化铁皮，该类型的氧化铁皮与基体间具有较强的结合力，能承受一定的变形且不发生脱落，钢板可以不经过酸洗工序直接使用。此外，"黑皮钢"还需满足下游客户焊接和涂装的使用要求。焊接后要求焊缝性能与外观形貌和酸洗或者抛丸工艺无明显差异，涂装后要求漆膜附着力、耐盐雾腐蚀性能与酸洗或抛丸大梁钢相当。

热轧"黑皮钢"技术无需去除热轧产生的氧化铁皮，生产出的热轧产品可直接使用，从而省去酸洗工艺，明显降低废酸排放，减少环境污染。相比传统的酸洗技术，这项技术是工艺上的创新，不需要额外增加成本。随着国内运输业的快速发展，使得载重汽车的使用量激增，大梁钢又是载重汽车的主要部件，这就为免酸洗大梁钢板的发展提供了有利的契机，让企业看到了增效空间。而在实际生产中热轧钢材氧化铁皮的影响因素较多，控制起来难度大，使得氧化铁皮的厚度和组织控制不合理经常会导致产品降级。鉴于此，东北大学刘振宇教授团队围绕低碳钢和微合金高强钢的高温氧化行为展开了系统的研究工作，结果表明：热轧钢材氧化铁皮的组织变化主要发生在轧制后的冷却过程，经层流冷却后卷取，然后堆放空冷，冷却过程中 FeO 会发生共析反应 $FeO \rightarrow Fe_3O_4 + Fe$，由于钢卷不同位置处的冷却和供氧差异，使得氧化铁皮组织呈现出多样化[72~76]。

1.4.3 气体还原除鳞技术

热轧钢材的气体还原除鳞技术最早源于火法冶炼铁矿石领域，从氧化物中提取金属的工艺，主要工艺过程是在特定还原温度下，可燃气体（H_2 或 CO）做还原剂，将氧化物还原得到粗金属或合金。热轧钢材表面氧化铁皮的气体还原过程与气体还原铁矿石相似，在连续退火炉中，通入还原性气氛，将热轧带钢表面氧化铁皮还原成纯 Fe，达到替代酸洗工序的目的。该工艺具有清洁、高效和优质的特点，一经提出就受到了钢铁行业的广泛关注。意大利 Danieli 开发出一套适用于热轧板卷的免酸洗气体还原除鳞试验线，如图 1-24 所示。该生产线的带钢产品表面洁净度比普通方法清洗的要高，并保证带钢的力学性能不受影响。根据客户的使用需要，可以在生产线后段加入冷轧工序，实现热轧卷板的无酸洗直接冷轧[77,78]。

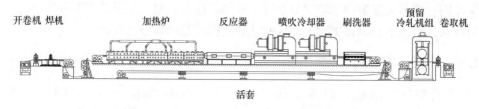

开卷机 焊机　　　　　加热炉　　　　反应器　　喷吹冷却器　　刷洗器　　预留冷轧机组 卷取机

活套

图 1-24　Danieli 公司免酸洗除鳞生产线布置

韩国 POSCO 提出了热轧带钢气体还原除鳞后直接热浸镀锌的生产工艺技术，该技术的控制要点：一是根据氧化铁皮共析转变规律在控制热轧卷板下线后采用快速冷却的方式，将带钢的氧化铁皮结构中 FeO 的相比例控制在 20% 以上。二是设定还原温度为 500~800℃，还原气氛中 H_2 所占比例（体积分数）为 20%~100%，还原时间为 30~300s，氧化铁皮的还原产物为 Fe 和少量的 FeO。残留少量 FeO 的目的是让其在还原产物中起到阻碍基体 Fe^{2+} 向外扩散作用，以防止热浸镀锌时界面处 Fe-Zn 脆性相形成。三是与传统热镀锌工艺相比，根据产品用途的不同，锌液中 Al 的质量分数最高可达到 5%。POSCO 通过免酸洗方法制备出的热基镀锌板断面形貌如图 1-25 所示。残余的 FeO 被镀层覆盖，最终的镀层黏附性和成型性良好。免酸洗还原热基镀锌技术具有社会效益和企业效益等多方面的优势，热轧带钢无需酸洗，经过还原就可进行热浸镀锌，摒弃了酸洗工序，既节

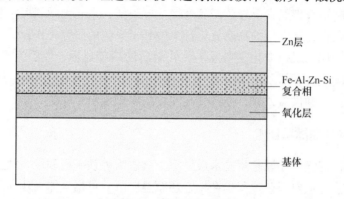

Zn层

Fe-Al-Zn-Si
复合相

氧化层

基体

图 1-25　镀层断面形貌

能环保又降低了生产成本。在工艺技术方面，还原后的氧化铁皮表层粗糙度较大，具有极好的润湿性，为提高镀层厚度提供了有利条件，可满足高耐蚀性镀锌板超厚镀层的涂镀要求。在界面处形成完整、致密的 Fe-Al 抑制层，避免形成 Fe-Zn 爆发组织，改善了镀层组织，大幅度地提高镀层附着力，获得了良好的成型性能。

1.5　氧化铁皮预测技术研究现状

目前氧化铁皮预测技术主要集中在特定条件下氧化铁皮厚度的预测，氧化铁皮结构预测还没有报道。氧化铁皮厚度预测的理论基础是恒温氧化动力学理论，下面简单介绍由恒温氧化动力学理论以及由其扩展出的各种氧化模型。

对于纯铁或钢的恒温氧化过程，基于 Wagner[79] 提出了经典的恒温氧化动力学模型。该模型描述了恒温条件下致密无缺陷的氧化铁皮的生长行为，即氧化增重与氧化时间之间满足以下的函数关系：

$$W^2 = k_p t + C_0 \tag{1-61}$$

式中　W——氧化增重，mg/mm^2；

　　　t——氧化时间，min；

　　　C_0——常数；

　　　k_p——氧化速率常数，$mg^2/(mm^4 \cdot min)$，它是温度的函数，即：

$$k_p = k_0 \exp\left(-\frac{Q}{RT}\right) + C_1 \tag{1-62}$$

式中　k_0——模型常数，$mg^2/(mm^4 \cdot min)$；

　　　Q——氧化激活能，kJ/mol；

　　　T——氧化温度，K；

　　　R——气体常数，$8.314 J/(mol \cdot K)$；

　　　C_1——常数。

Wagner 理论适用于恒温条件下氧化铁皮的生长规律，Hasani 等[80] 给出了式 (1-63) 和式 (1-64) 温度线性变化条件下的氧化动力学模型。

$$W^2 = \frac{k_0 Q}{\alpha R} \int_{z_0}^{z_1} (Z^{-2} + Z^{-1} + Z_0^{-1}) \, dZ \tag{1-63}$$

$$Z = \frac{Q}{RT} \tag{1-64}$$

式中　α——温度变化速率，K/min。

由于在数学推导中采用了多次近似，W-G 模型在预测温度线性变化的氧化铁皮厚度演变时精度较差。为此，Markworth[81] 基于恒温氧化动力学模型重建了温度线性变化条件下的氧化动力学模型，给出了式 (1-65)，该模型极大地提高了温度线性变化条件下氧化铁皮厚度预测的精度。

$$W^2 = \frac{k_0 Q}{\alpha R} \int_{z_0}^{z_1} Z^{-2} \exp(Z^{-2}) \, dZ \tag{1-65}$$

Henshal[82]采用 Euler 方程的向前差分形式建立了氧化温度 300℃ 以下的氧化铁皮生长模型,给出了式(1-66)。基于此模型,他预测了 50~260℃ 氧化条件下氧化铁皮的厚度,并且预测了低碳钢在长时间内的氧化铁皮厚度变化行为。由于热加工条件下钢材的氧化温度都高于 300℃,所以该模型的适用范围很窄。

$$\Delta x_i = \frac{1}{x_i} k_p \exp\left(-\frac{Q}{RT_i}\right) \Delta t_i \tag{1-66}$$

式中　Δt_i——时间间隔,min;

　　　Δx_i——Δt_i 时间内氧化铁皮厚度变化量,mm;

　　　x_i——氧化铁皮厚度,mm;

　　　T_i——氧化温度,K。

针对以上温度线性变化条件下氧化动力学模型的局限性,Liu 和 Gao[83]建立了精确的氧化动力学模型,给出了式(1-67)。该模型与变温氧化结果吻合度很高。

$$\frac{dW}{dT} \approx \frac{W_i - W_{i-1}}{T_i - T_{i-1}} \tag{1-67}$$

式中　T_i,T_{i-1}——在 t_i 和 t_{i-1} 时刻的温度,K;

　　　W_i,W_{i-1}——在 t_i 和 t_{i-1} 时刻的氧化增重,mg/mm^2;

　　　dW——dt 时的氧化增重变化量,mg/mm^2;

　　　dT——dt 时的温度变化量,K。

以上模型都是描述恒温或温度线性变化条件下的氧化动力学模型,在实际的热加工过程中,钢材表面热履历十分复杂,因此以上模型将不再适用。Liu[84]基于变温氧化过程中氧化增重满足 Scheil 可加性法则的基本假设,提出了式(1-68)、式(1-69)和式(1-70)变温氧化动力学模型,该模型适用于任何连续变温条件下的氧化过程。

$$W_i^2 = W_0^2 + \sum_{i=1}^{N} k_T^i dt_i \tag{1-68}$$

$$dt_i = \frac{dT_i}{\alpha T_i} \tag{1-69}$$

$$k_T^i = k_0 \exp\left(-\frac{Q}{RT}\right) \qquad (i = 0,1,2,\cdots,n) \tag{1-70}$$

式中　dt_i——时间步长,min;

　　　dT_i——dt_i 下的温度变化,K;

　　　W_0——初始时刻的氧化增重,mg/mm^2。

基于氧化动力学模型，可以建立氧化铁皮厚度生长模型。由于钢材表面氧化物的存在会影响高温条件下钢材的传热行为，所以目前针对氧化铁皮的厚度预测的研究主要集中在氧化铁皮对钢铁产品传热的影响方面。Purbolaksono[85]利用经验公式和有限元模型对过热器和再热器管壁表面氧化皮的生长进行了预测，采用迭代法确定氧化铁皮厚度随温度和时间的变化规律，并且发现管道的几何形状和传热参数如蒸汽温度、蒸汽流量、烟气温度和管道外表面对流系数等对氧化铁皮的生长有一定的影响。Sun[86]基于管体能量和质量平衡理论预测了铁素体-马氏体钢过热器管壁温度和氧化皮厚度演变规律，较好地预测了氧化皮的生长情况和沿加热面高度方向分布的气体温度场。Zambrano[87]建立了高碳钢在加热过程中脱碳和氧化行为预测的一维有限元模型，较为准确地预测了氧化铁皮的生长趋势，但是该模型存在预测结果偏大的问题。Wikström 和 Kim[88,89]研究了步进梁式加热炉内氧化铁皮的生长对板坯传热的影响，结果表明：氧化铁皮随温度的升高不断变厚，氧化铁皮的低导热系数和高比热容的特性阻止了加热炉内环境与板坯的传热。Jang[90]指出，板坯表面形成的氧化层使板坯的升温速度变慢，板坯内部的温度梯度变大，进而使板坯出加热炉时表面温度较低。Schluckner[91]利用 CFD 模型预测了在加热炉内空气和富氧燃料中中厚板和回火钢表面氧化铁皮的形成过程，该模型具有很高的精度，他指出：低碳钢的内氧化层阻碍了氧化层中离子的扩散，从而使低碳钢的氧化速率略低于回火钢。Torres[92]将氧化铁皮的生长等效为 FeO 层的生长，建立了轧制过程中氧化层厚度的计算模型，并在此基础上计算了低碳钢轧制过程中氧化层内部的温度分布，他指出：在轧制变形过程中，由于高温下 FeO 和 Fe_3O_4 具有良好的塑性，所以近似认为氧化铁皮的变形率与钢相等是合理的，一旦将钢暴露于空气中，氧化铁皮将会快速生长并在氧化层中建立最陡的温度梯度。需要指出，该模型仅考虑了轧制过程中温度和变形率对氧化铁皮厚度演变的影响，忽略了除鳞以及设备运行情况等因素，因此该模型有明显的局限性。Yu[93]假设氧化铁皮间传热行为如图 1-26 所示，利用二维有限元建立了热轧低碳微合金钢在层流冷却过程中表面温度分布与氧化铁皮生长速率模型，研究发现：氧化铁皮间温度梯度的增大显著提高了氧化铁皮生长速率，与三层结构的氧化铁皮相比，同时生长的 Fe_2O_3/Fe_3O_4 双层结构的氧化铁皮抛物线速率常数下降得很快。

Krzyzanowski[94,95]利用有限元法，结合轧制过程中氧化铁皮的断裂特性和黏附性等物理参数，对轧制中氧化铁皮的生长和变形行为进行了大量的研究，建立了轧制过程氧化铁皮有限元预测的基本假设和数值模型，对机械除鳞过程中氧化铁皮的剥落行为的研究指出，由氧化铁皮中原有缺陷发展起来的纵向贯通裂纹是导致氧化铁皮脱落的主要原因，氧化层与基体界面附近裂纹区应力集中会使氧化铁皮沿界面开裂。

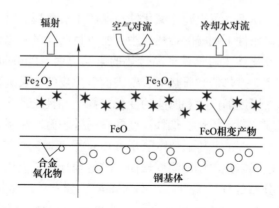

图 1-26　氧化铁皮中的传热行为

　　热轧过程生成的氧化铁皮对带钢表面质量有非常重要的影响，但尚未有著作对钢材轧制过程中氧化铁皮的生长及结构演变行为、钢中合金元素对氧化铁皮的影响以及氧化铁皮控制技术进行系统的阐述。本书阐述了合金元素的选择性氧化行为，明确了合金元素对钢材高温氧化行为的影响规律，描述了热轧全流程氧化铁皮演变行为及 FeO 转变进程；基于热轧带钢温度场模型，通过智能算法以及数据驱动的方法，实现了对热轧全流程氧化铁皮厚度与结构演变过程进行预测；针对热轧过程中典型的氧化缺陷，从机理出发，开发了兼顾表面与性能的合金设计与工艺控制技术、氧化铁皮/基体界面平直度控制技术、高效除鳞技术及高碳线材氧化铁皮控制技术等有效提升钢材表面质量的技术方案，从整体上提高了热轧板带材产品的表面质量。在对热轧线材的高温氧化行为进行研究的基础上，总结了热轧过程中氧化铁皮演变规律以及吐丝温度、冷却工艺对实验钢氧化铁皮影响规律，形成了热轧线材表面氧化行为控制技术并进行了现场应用。

参 考 文 献

[1] 李美栓. 金属的高温腐蚀 [M]. 北京：冶金工业出版社，2001：1~5.

[2] 伯格斯. 金属高温氧化导论 [M]. 北京：高等教育出版社，2010：31~35.

[3] Bertrand N, Desgranges C, Poquillon D, et al. Iron oxidation at low temperature (260-500℃) in air and the effect of water vapor [J]. Oxidation of Metals, 2010, 73 (1-2): 139~162.

[4] Pujilaksono B, Jonsson T, Halvarsson M, et al. Oxidation of iron at 400-600℃ in dry and wet O_2 [J]. Corrosion Science, 2010, 52 (5): 1560~1569.

[5] Goswami A. Oxidation of metals in air and reduced pressure [J]. Indian J Chem, 1965, 3 (9): 385~388.

[6] Birks N, Meier G H, Pettit F S. Introduction to the high temperature oxidation of metals [M]. London: Cambridge University Press, 2006: 43~56.

[7] Birks N, Meier G H, Pettit F S. Introduction to the high temperature oxidation of metals [M]. London: Cambridge University Press, 2006: 43~56.

[8] Paidassi J. The kinetics of the air oxidation of iron in the range 700-1250℃ [J]. Acta Metallurgica, 1958, 6 (3): 184~194.

[9] Earl A, Ruka R. Kinetics and mechanism of solid phase reactions in oxide films on pure iron [J]. Industrial & Engineering Chemistry Research, 1951, 43 (3): 697~703.

[10] Jungling T L, Rapp R A. High temperature oxidation of iron at 1200℃ in a hot-stage environmental scanning electron microscope [J]. Metallurgical Transactions A, 1984, 15 (12): 2231~2240.

[11] Fukagawa T, Okada H, Maehara Y. Mechanism of red scale defect formation in Si-added hot-rolled steel sheets [J]. ISIJ International, 1994, 34 (11): 906~911.

[12] Okada H, Fukagawa T, Ishihara H, et al. Prevention of red scale formation during hot rolling of steels [J]. ISIJ International, 1995, 35 (12): 886~891.

[13] Swaminathan S, Spiegel M. Effect of alloy composition on the selective oxidation of ternary Fe-Si-Cr, Fe-Mn-Cr model alloys [J]. Surface and Interface Analysis, 2008, 40 (4): 268~272.

[14] Chelyshev N A, Ardovskij F I, Shchekurskaya L V. Estimation of allowing elements effect on heat resistance of graphitic steel [J]. Izvestiya Vysshikh Uchebnykh Zavedenij. Chernaya Metallurgiya, 1982: 108~110.

[15] Rahmel A, Tobolski J. Einfluss von wasserdampf und kohlendioxyd auf die oxydation von eisen in sauerstoff bei hohen temperature [J]. Corrosion Science, 1965, 5 (5): 333~340.

[16] Chang Y N, Wei F I. Review high temperature oxidation of low alloy steels [J]. 1989 (24): 14~22.

[17] 余式昌, 吴申庆, 宫友军, 等. 6Cr21Mn10MoVNbN 钢高温氧化行为 [J]. 材料热处理学报, 2006, 27 (4): 61~64.

[18] 李鑫, 舒俊, 毕洪运. 含钼铁素体不锈钢的高温氧化行为 [J]. 钢铁研究学报, 2013, 25 (5): 54~58.

[19] Seybolt A U. Internal oxidation in heat-resisting stainless steels caused by presence of halides [J]. Oxidation of Metals, 1970, 2 (2): 161~171.

[20] Saeki I, Ikeda T, Ohno K, etc. Reduction of oxide scales formed on low carbon steel sheet in synthesized combustion gas [J]. Tetsu to Hagane, Journal of the Iron and Steel Institute of Japan, 2011, 97 (1): 12~18.

[21] Wood G, Whittle D. The mechanism of breakthrough of protective chromium oxide scales on Fe-Cr alloys [J]. Corrosion Science, 1967, 7 (11): 763~782.

[22] Tavast S, Higurashi E, Yamamoto M, et al. Room-temperature gold-gold bonding method based on argon and hydrogen gas mixture atmospheric-pressure plasma treatment for optoelectronic device integration [J]. IEICE Transactions on Electronics, 2016, 99 (3): 339~345.

[23] Otsuka N, Shida Y, Fujikawa H. Internal-external transition for the oxidation of Fe-Cr-Ni auste-

nitic stainless steels in steam [J]. Oxidation of Metals, 1989, 32 (1-2): 13~45.

[24] Yang C W, Kim J H, Triambulo R E, et al. The mechanical property of the oxide scale on Fe-Cr alloy steels [J]. Journal of Alloys and Compounds, 2013, 549 (2): 6~10.

[25] Mortimer D, Sharp W B A. Oxidation of Fe-Cr Binary Alloys [J]. British Corrosion Journal, 1968, 3 (2): 61~67.

[26] Taylor M R, Calvert J M, Lees D G, et al. The mechanism of corrosion of Fe-9%Cr alloys in carbon dioxide [J]. Oxidation of Metals, 1980, 14 (6): 499~516.

[27] Labun P A, Covington J, Kuroda K, et al. Microstructural investigation of the oxidation of an Fe-3 pct Cr alloy [J]. Metallurgical Transactions A, 1982, 13 (12): 2103~2112.

[28] Martínez-Cázares G M, Mercado-Solís R D, Colás R, et al. High temperature oxidation of silicon and copper-silicon containing steels [J]. Ironmaking & Steelmaking, 2013, 40 (3): 221~230.

[29] Kim J H, Kim B K, Kim D I, et al. The role of grain boundaries in the initial oxidation behavior of austenitic stainless steel containing alloyed Cu at 700℃ for advanced thermal power plant applications [J]. Corrosion Science, 2015, 96: 52~66.

[30] 杨才福, 苏航, 李丽, 等. 加热工艺对含铜钢表面氧化的影响 [J]. 钢铁研究学报, 2007 (10): 52~56, 62.

[31] 李丽, 苏航, 杨才福, 等. 含铜钢表面热氧化缺陷及解决办法 [C]//2005 年全国计算材料, 模拟与图像分析学术会议论文集. 2005.

[32] 李建华, 陈士华, 陈方玉. 含铜热轧钢板表面缺陷的研究 [J]. 理化检验 (物理分册), 2006 (12): 606~609, 612.

[33] 张丽君, 施丹昭, 王淑兰. 低碳钢表面氧化过程中铜的富集 [J]. 东北大学学报 (自然科学版), 2001, 22 (2): 232~234.

[34] Otsuka N, Shida Y, Fujikawa H. Internal-external transition for the oxidation of Fe-Cr-Ni austenitic stainless steels in steam [J]. Oxidation of Metals, 1989, 32 (1-2): 13~45.

[35] Otsuka N, Fujikawa H. Scaling of austenitic stainless steels and nickel-based alloys in high-temperature steam at 937K [J]. Corrosion, 1991, 47 (4): 240~248.

[36] 陆关福. 少量 Ni, Cr 元素对低碳钢氧化铁皮粘附性的影响 [J]. 金属学报, 1985, 21 (21): A359~A363.

[37] Norio Imai, Nozomi Komatsubara, Kazutoshi Kunishige. Effect of Cu, Sn and Ni on hot workability of hot-rolled mild steel [J]. ISIJ International, 1997, 37 (3): 217~223.

[38] 高建舟, 徐玉军, 冀志宏. 减少钢坯氧化烧损的探讨 [J]. 河南冶金, 2006, 14 (1): 25~26, 52.

[39] Klein I, Yaniv A E, Sharon J. The oxidation mechanism of Fe-Ni-Co alloys [J]. Oxidation of Metals, 1981, 16 (2): 99~106.

[40] Frolish M F, Krzyzanowski M, Rainforth W M, et al. Oxide scale behaviour on aluminium and steel under hot working conditions [J]. Journal of Materials Processing Technology, 2006, 177 (1-3): 36~40.

[41] Asai T, Nakamura T, Inoue T: CAMP-ISIJ, 1993, 6: 357.

[42] Matsuno F. Blistering and hydraulic removal of scale films of rimmed steel at high temperature

[J]. Trans. Iron Steel Inst. Jpn. , 1980, 20 (6): 413~421.

[43] Basabe V V, Szpunar J A. Growth rate and phase composition of oxide scales during hot rolling of low carbon steel [J]. ISIJ International, 2004, 44 (9): 1554~1559.

[44] Liu S, Tang D, Wu H, et al. Oxide scales characterization of micro-alloyed steel at high temperature [J]. Journal of Materials Processing Technology, 2013, 213 (7): 1068~1075.

[45] Hidaka Y, Anraku T, Otsuka N. Tensile deformation of iron oxides at 600-1250℃ [J]. Oxidation of Metals, 2002, 58 (5-6): 469~485.

[46] Suárez L, Houbaert Y, Eynde X V, et al. High temperature deformation of oxide scale [J]. Corrosion Science, 2009, 51 (2): 309~315.

[47] Nagl M M, Evans W T. The mechanical failure of oxide scales under tensile or compressive load [J]. Journal of Materials Science, 1993, 28 (23): 6247~6260.

[48] Utsunomiya H, Doi S, Hara K, et al. Deformation of oxide scale on steel surface during hot rolling [J]. Cirp Annals-Manufacturing Technology, 2009, 58 (1): 271~274.

[49] Cheng X, Jiang Z, Wei D, et al. Oxide scale characterization of ferritic stainless steel and its deformation and friction in hot rolling [J]. Tribology International, 2015, 84: 61~70.

[50] Sun W, Tieu A K, Jiang Z, et al. High temperature oxide scale characteristics of low carbon steel in hot rolling [J]. Journal of Materials Processing Technology, 2004, 155: 1307~1312.

[51] Krzyzanowski M, Beynon J H, Sellars C M. Analysis of secondary oxide-scale failure at entry into the roll gap [J]. Metallurgical and Materials Transactions B, 2000, 31 (6): 1483~1490.

[52] 冷茂林, 于浩, 孙卫华, 等. 热轧低碳钢氧化铁皮的变形行为研究 [J]. 新技术新工艺, 2008, 27 (12): 100~102.

[53] 何永全, 贾涛, 刘振宇, 等. 氧化铁皮在冷轧过程中的断裂行为 [J]. 东北大学学报 (自然科学版), 2013, 34 (7): 948~951.

[54] Gleeson B, Hadavi S M M, Young D J. Isothermal transformation behavior of thermally-grown wüstite [J]. Materials at High Temperatures, 2000, 17 (2): 311~318.

[55] Paidassi J. The precipitation of Fe_3O_4 in scales formed by oxidation of iron at elevated temperatures [J]. Acta Metallurgica, 1955, 3 (5): 447~451.

[56] Liu S, Tang D, Wu H B, et al. Isothermal transformation of wustite for low carbon micro-alloyed steel [C]//Advanced Materials Research. Trans Tech Publications, 2013, 683: 457~463.

[57] Hayashi S, Mizumoto K, Yoneda S, et al. The mechanism of phase transformation in thermally-grown FeO scale formed on pure-Fe in air [J]. Oxidation of Metals, 2014, 81 (3-4): 357~371.

[58] Yoneda S, Hayashi S, Kondo Y, et al. Effect of Mn on isothermal transformation of thermally grown FeO scale formed on Fe-Mn alloys [J]. Oxidation of Metals, 2016, 87 (1-2): 1~14.

[59] Shizukawa Y, Hayashi S, Yoneda S, et al. Mechanism of magnetite seam formation and its role for FeO scale transformation [J]. Oxidation of Metals, 2016, 86 (3-4): 315~326.

[60] Tanei H, Kondo Y. Effects of initial scale structure on transformation behavior of wüstite [J]. ISIJ International, 2012, 52 (1): 105~109.

[61] Li Z F, Cao G M, Lin F, et al. Characterization of oxide scales formed on plain carbon steels in dry and wet atmospheres and their eutectoid transformation from FeO in inert atmosphere [J]. Oxidation of Metals, 2018, 90 (3-4): 337~354.

[62] Chen R Y, Yuen W Y D. A study of the scale structure of hot-rolled steel strip by simulated coiling and cooling [J]. Oxidation of Metals, 2000, 53 (5-6): 539~560.

[63] Lin S N, Huang C C, Wu M T, et al. Crucial mechanism to the eutectoid transformation of wüstite scale on low carbon steel [J]. Steel Research International, 2017, 88 (11): 1700045.

[64] Cao G M, He Y Q, Liu X J, et al. Tertiary oxide scale structure transition of low carbon steel during continuous cooling after coiling process [J]. Journal of Central South University, 2014, 45 (6): 1790~1796.

[65] Yu X L, Jiang Z Y, Zhao J W, et al. Effect of cooling rate on oxidation behaviour of micro-alloyed steel [C]//Applied Mechanics and Materials. Trans Tech Publications, 2013, 395: 273~278.

[66] Zhou C H, Ma H T, Li Y, et al. Eutectoid magnetite in wüstite under conditions of compressive stress and cooling [J]. Oxidation of Metals, 2012, 78: 145~152.

[67] Yu X L, Jiang Z Y, Yang D J, et al. Precipitation behavior of magnetite in oxide scale during cooling of micro- alloyed low carbon steel [C]//Advanced Materials Research. Trans Tech Publications, 2012, 572: 249~254.

[68] 佳贝. 热轧带钢 APO 除鳞装置 [J]. 钢铁, 1989, 24 (1): 85~86.

[69] 卢永平. 抛丸工艺及其管理 [J]. 汽车工艺与材料, 2008, 23 (9): 24~28.

[70] 赵晓运, 张聚才, 李安铭. 抛丸处理在汽车车架上的应用 [J]. 表面技术, 2004, 33 (4): 58~61.

[71] Kevin V, Alan M. Eco-pickled surface: an environmentally advantageous alternative to conventional acid pickling [J]. Iron and Steel Technology, 2008, 5 (8): 81~96.

[72] 刘振宇, 王国栋. 热轧钢材氧化铁皮控制技术的最新进展 [J]. 鞍钢技术, 2011, 45 (2): 1~5.

[73] 刘振宇, 于洋, 郭晓波, 等. 板带热连轧中氧化铁皮的控制技术 [J]. 轧钢, 2009, 26 (1): 5~11.

[74] 魏兵, 刘洋, 杨奕, 等. 热轧免酸洗汽车大梁钢施工适应性研究 [J]. 上海金属, 2018, 40 (1): 19~22.

[75] 谭文, 韩斌, 杨奕, 等. 武钢 500MPa 级免酸洗汽车大梁钢氧化皮研究 [J]. 轧钢, 2012, 29 (3): 11~16.

[76] 韩斌, 刘振宇, 杨奕, 等. 轧制过程表面氧化层控制技术的研发应用 [J]. 轧钢, 2016, 33 (3): 49~55.

[77] Samways N L. Hydrogen descaling of hot band a competitor to acid pickling [J]. Iron & Steelmaker, 2001, 28 (11): 23~26.

[78] Pavlicevic M, Poloni A, Primavera A, et al. Apparatus and process for the dry removal of the scale found on the surface of the metal products: Italy EP1579036B1 [P]. 2008-10-29.

[79] Wagner, Carl. Beitrag zur Theorie des Anlaufvorgangs [J]. Zeitschrift Für Physikalische

Chemie, 1933, 21B（1）：25~41.

［80］ Hasani S , Panjepour M , Shamanian M . Non-Isothermal Kinetic Analysis of Oxidation of Pure Aluminum Powder Particles ［J］. Oxidation of Metals, 2014, 81（3-4）：299~313.

［81］ Markworth A J. On the kinetics of anisothermal oxidation ［J］. Metallurgical and Materials Transactions A, 1977, 8（12）：2014~2015.

［82］ Henshall G A. Numerical predictions of dry oxidation of iron and low-carbon steel at moderately elevated temperatures ［J］. MRS Online Proceedings Library Archive, 1997, 465：667~673.

［83］ Liu Z Y, Gao W, Gong H. Anisothermal oxidation of micro-crystalline Ni-20Cr-5Al alloy coating at 850-1280℃ ［J］. Scripta Materialia, 1998, 38（7）：1057~1063.

［84］ Liu Z Y, Gao W. A numerical model to predict the kinetics of anisothermal oxidation of metals ［J］. High Temperature Materials and Processes, 1998, 17（4）：231~236.

［85］ Purbolaksono J, Khinani A, Rashid A Z, et al. Prediction of oxide scale growth in superheater and reheater tubes ［J］. Corrosion Science, 2009, 51（5）：1022~1029.

［86］ Sun L, Yan W. Prediction of wall temperature and oxide scale thickness of ferritic-martensitic steel superheater tubes ［J］. Applied Thermal Engineering, 2018, 134：171~181.

［87］ Zambrano P, Guerrero-Mata M P, ArtigasA , et al. Modelling oxidation and decarburisation for steel stock reheating ［J］. International Heat Treatment and Surface Engineering, 2013, 1（4）：171~175.

［88］ Wikström P, Weihong Y, Blasiak W. The influence of oxide scale on heat transfer during reheating of steel ［J］. Steel Research International, 2008, 79（10）：765~775.

［89］ Kim M. Effect of scale on slab heat transfer in a walking beam type reheating furnace ［J］. International Journal of Mechanical, Aerospace, Industrial and Mechatronics Engineering, 2013, 7（7）：410~414.

［90］ Jang J H, Lee D E, Kim M Y, et al. Investigation of the slab heating characteristics in a reheating furnace with the formation and growth of scale on the slab surface ［J］. International Journal of Heat and Mass Transfer, 2010, 53（19-20）：4326~4332.

［91］ Schluckner C, Gaber C, Demuth M, et al. CFD-model to predict the local and time-dependent scale formation of steels in air-and oxygen enriched combustion atmospheres ［J］. Applied Thermal Engineering, 2018, 143：822~835.

［92］ Torres M, Colás R. A model for heat conduction through the oxide layer of steel during hot rolling ［J］. Journal of Materials Processing Technology, 2000, 105（3）：258~263.

［93］ Yu X, Jiang Z, Wei D, et al. Modelling of temperature-dependent growth kinetics of oxide scale on hot-rolled steel strip ［J］. Journal of Computational and Theoretical Nanoscience, 2012, 13（1）：219~223.

［94］ Krzyzanowski M, Rainforth W M. Oxide scale modelling in hot rolling: assumptions, numerical techniques and examples of prediction ［J］. Ironmaking and Steelmaking, 2010, 37（4）：276~282.

［95］ Krzyzanowski M, Yang W, Sellars C M, et al. Analysis of mechanical descaling: experimental and modelling approach ［J］. Materials Science and Technology, 2003, 19（1）：109~116.

2 合金元素对钢材高温氧化行为的影响

在钢中添加适量的合金元素如 Si、Ni 和 Cr 等，能够使其硬度、强度、韧性、耐磨性、耐热性、耐蚀性等特性得到大幅度提高。但是，现有的钢材成分体系，通常是以钢材的力学性能为标准进行设计，往往忽视了合金元素对表面状态的影响。在钢材热加工过程中，这些合金元素会向钢板表层扩散，在基体表层发生选择性氧化，并形成稳定的氧化膜。钢板表面的合金元素在热轧生产过程中容易沿界面甚至晶界形成选择性氧化产物，如果在轧制过程中处理不当，极易造成后续一系列钢材的表面质量问题[1~3]。因此，如何在合金体系设计时兼顾钢材的力学性能与表面质量，便成为提升表面质量的一个重要的关键点。本章对钢中典型合金元素的氧化行为进行系统性研究，为后续的工艺设计及表面质量控制提供理论依据[4,5]。

2.1 Si 元素对钢材高温氧化行为的影响

2.1.1 Fe-Si-O 的热力学计算

利用 Thermo-Calc 绘制 Fe-Si-O 三元相图，900℃和 1200℃时相图的等温截面如图 2-1 所示，从图 2-1a 可以发现，该体系中可能存在的氧化物有 FeO、Fe_3O_4 和 Fe_2O_3、SiO_2 以及 Fe_2SiO_4。随着 O 含量的升高，相图中依次出现了 SiO_2、Fe_2SiO_4、FeO、Fe_3O_4 和 Fe_2O_3，这与实验用钢的氧化铁皮由内层到外层的结构相似。Fe_2SiO_4 是由 FeO 与 SiO_2 通过固相反应形成的尖晶石型氧化物，能阻碍铁离子由基体向氧化铁皮扩散，抑制氧化铁皮生长，但熔点较低。从图 2-1b 可以看出，1200℃下 Fe_2SiO_4 熔化，以液态形式存在。此外，硅在高温下易与铁化合成相应合金，如 FeSi、Fe_5Si_3、Fe_2Si，其中 FeSi 较为稳定。

2.1.2 干燥气氛下 Fe-Si-O 体系的高温氧化行为

钢材冶炼时通常将 Si 作为脱氧剂使用，同时 Si 也可起到固溶强化的作用，改善钢材的综合力学性能。Fe-Si 合金氧化铁皮的典型断面形貌如图 2-2 所示。氧化铁皮由两部分构成：内氧化层（IOZ）和外氧化层。外氧化层由内侧的富 Si 层和外层铁氧化物层组成，内层富 Si 层为 Fe_2SiO_4 和 Fe_3O_4 的混合物。

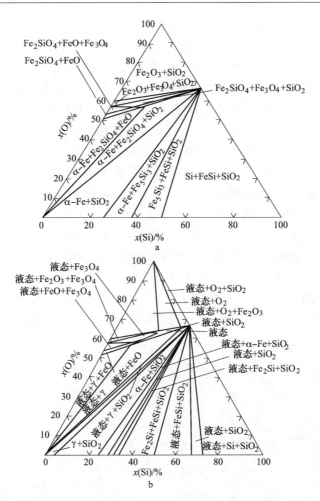

图 2-1　不同温度下 Fe-Si-O 三元相图的等温界面

a—900℃；b—1200℃

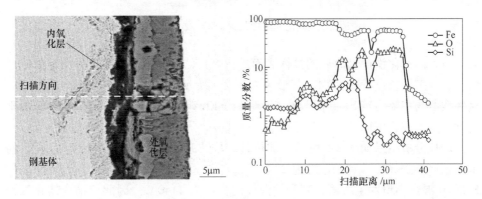

图 2-2　Fe-Si 合金钢典型氧化铁皮断面形貌与元素分布

Fe_2SiO_4 由 FeO 和 SiO_2 的聚合作用形成，但是它的熔点低于其组分氧化物的熔点，这种特性对 Fe-Si 合金钢的氧化行为产生重要影响。将 Si 的质量分数为 2.2% 的合金料放置于管式炉中在 1250℃ 空气条件下进行高温氧化，氧化时间为 30min，而后冷却至室温。观察试样表面发现，表层氧化铁皮在氧化过程中熔化，将试样表面的氧化铁皮表层磨掉，将剩余部分剥离并研磨成 Fe_2SiO_4 与其他铁氧化物的混合物粉末。利用这种方法保证氧化铁皮粉末中含有大量的 Fe_2SiO_4，再用差动扫描量热技术（DSC）测定所制备粉末的熔点。

由于含 Si 钢的氧化铁皮中已经确认有大量的 Fe_2SiO_4 存在，在其断面形貌和俯视形貌中观察到了大量的颗粒状或者片层状的析出物，如图 2-3 所示。EPMA 对 Fe_2SiO_4 相和这些析出物做定量分析的结果显示，位置 B 的成分原子百分数为 Fe：28.7453%，O：56.4608%，Si：14.7386%，Fe：Si：O 为 1.95：1：3.83，接近于 Fe_2SiO_4 的成分；位置 C 的成分原子百分数为 Fe：42.4776%，O：53.6852%，Si：3.5632%，其中 Fe：O 为 0.79，确定该析出物主要为 Fe_3O_4。由此证明，实验钢种氧化铁皮中所谓的 Fe_2SiO_4 其实是 Fe_2SiO_4 与 Fe_3O_4 组成的固溶体。因此从实际情况出发，应当使用实际氧化过程中形成的混合相来测定 Fe_2SiO_4 的熔点。

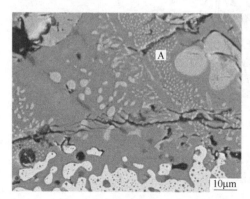 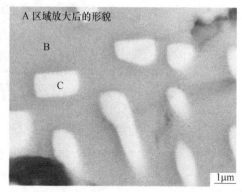

图 2-3　氧化铁皮中的 Fe_2SiO_4 及其析出物

对表面氧化铁皮剥离后的试样表面进行打磨，发现试样表面在露出金属光泽后仍有许多黑色点状残留物，其形貌如图 2-4 所示。经过 EPMA 成分分析发现，这些残留物主要为富 Si 的氧化物，证明 Fe_2SiO_4 确实对氧化铁皮与基体界面的平直度产生了破坏作用。

DSC 分析结果如图 2-5 所示，加热过程中出现吸热峰表示 Fe_2SiO_4 混合物粉末开始吸热熔化，该温度约为 1140℃；冷却过程中出现放热峰表示熔化的 Fe_2SiO_4 混合物粉发生凝固，其开始温度同样约为 1140℃。因此，结合熔化过程的开始温度和凝固过程的开始温度得到 Fe_2SiO_4 混合物粉末的熔点为 1140℃。

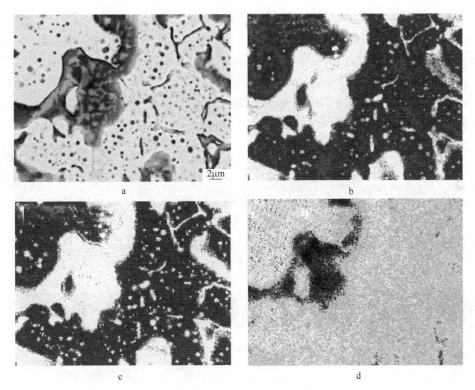

图 2-4　内氧化层俯视形貌与成分分布

a—形貌；b—Si；c—O；d—Fe

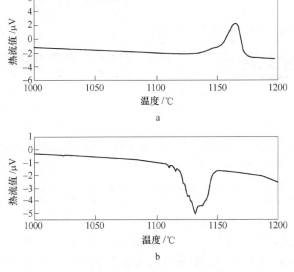

图 2-5　利用 DSC 测定 Fe_2SiO_4 粉末混合物的熔点

a—加热过程；b—冷却过程

　　针对不同 Si 含量对氧化过程的影响，使用 Si 质量分数为 2.2%、1.5% 和 0.75% 的试样对 Si 元素的氧化行为进行了研究。在空气条件下对 Fe-2.2Si 氧化 8h（480min）后的氧化铁皮形貌如图 2-6 所示。当温度在 800~1000℃ 时，氧化 铁皮主要呈现出结瘤的形态，造成氧化铁皮厚度极不均匀；当温度为 1200℃ 时， 由于氧化速率极高，此处仅截取氧化前 30min 的实验结果，后面的内容会对 1200℃ 氧化速率升高现象进行说明。

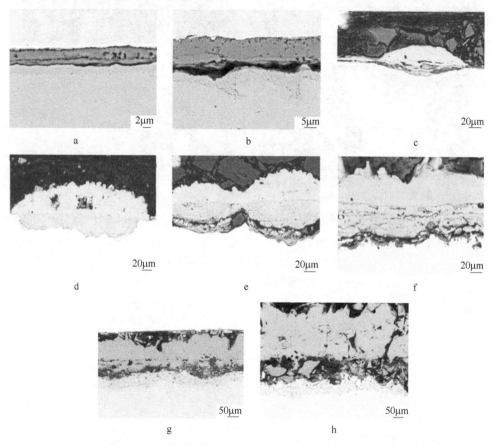

图 2-6　600~1150℃ 空气条件下 Fe-2.2Si 氧化 480min 后氧化铁皮的断面形貌
a—600℃；b—700℃；c—800℃；d—900℃；e—1000℃；f—1050℃；g—1100℃；h—1150℃

　　如图 2-7、图 2-8 所示，600~1150℃ 时 Fe-2.2Si 氧化在初期增重曲线基本呈 线性，而后在绝大部分的氧化时间里会呈现出抛物线形态，Fe-2.2Si 的氧化动力 学方程符合抛物线规律，表明实验钢种的氧化速率是由粒子通过氧化铁皮的扩散 速率控制。利用图 2-8 中直线的斜率计算得到的抛物线速率常数 k_w 见表 2-1，k_w 随氧化温度升高而增加。另外，当温度为 1200℃ 时也可以观察到该温度下氧化初 期增重呈直线急剧上升，远远高于其他温度条件下的增重速率。

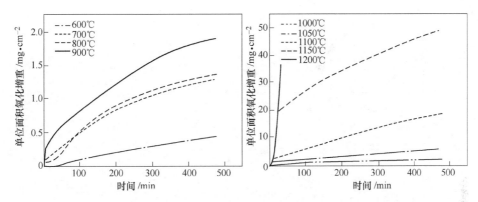

图 2-7 空气条件下 Fe-2.2Si 的单位面积氧化增重与氧化时间的关系

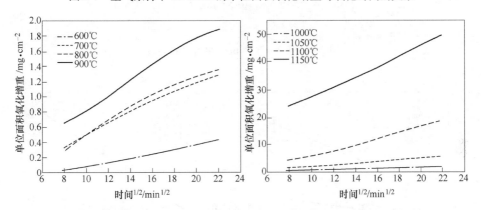

图 2-8 空气条件下 Fe-2.2Si 的单位面积氧化增重与氧化时间开方的关系

表 2-1 不同温度条件下 Fe-2.2Si 的氧化增重速率常数

$(mg^2/(cm^4 \cdot min))$

温度/℃	600	700	800	900	1000	1050	1100	1150
k_w	4.01×10^{-4}	2.32×10^{-3}	2.70×10^{-3}	4.38×10^{-3}	4.51×10^{-3}	5.07×10^{-2}	5.79×10^{-1}	1.72×10

对上述 Fe-2.2Si 氧化实验数据拟合结果如图 2-9 所示，斜率计算得温度区间为 600~1000℃ 时 Q_1 为 53.03kJ/mol，温度区间为 1000~1150℃ 时 Q_h 为 612.83kJ/mol，高温段的 Q 比低温段的值高一个数量级，反映了高温阶段氧化铁皮的生长过程更加困难，这个现象与内氧化层中的基体奥氏体化有关。随氧化时间增加，Fe-2.2Si 氧化铁皮中的外氧化层、内氧化层以及富 Si 层厚度都有所增加。通过统计 Fe-2.2Si 各温度条件下内氧化层厚度，得到内氧化动力学曲线如图 2-10 所示，观察发现，内氧化动力学曲线遵守抛物线规律；图 2-11 描述了外氧化层的氧化动力学曲线，该曲线同样遵循抛物线规律。不同温度下，Fe-2.2Si 的内氧化速率常数与外氧化速率常数见表 2-2。

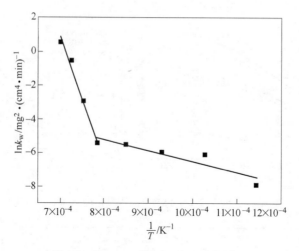

图 2-9　Fe-2.2Si 的 $\ln k_w$ 和 $1/T$ 的关系

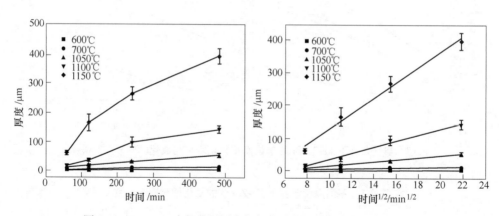

图 2-10　Fe-2.2Si 内氧化层厚度与氧化时间、氧化时间开方的关系

表 2-2　不同温度下 Fe-2.2Si 的内氧化速率常数与外氧化速率常数

（$\mu m^2/min$）

温度/℃	600	700	1050	1100	1150
k_i	1.26×10^{-2}	5.69×10^{-2}	1.30	2.02×10	7.64×10
k_p	2.49×10^{-2}	2.16×10^{-1}	4.35	4.27×10	2.68×10^2

　　图 2-12 为 Fe-1.5Si 在 600~1150℃空气条件下氧化 8h（480min）后的氧化铁皮断面形貌。通过图 2-13、图 2-14 可以看出，600~1150℃时在氧化初期氧化增重曲线基本呈线性，而后在绝大部分的氧化时间里会呈现出抛物线形态。Fe-1.5Si 氧化动力学曲线同样也遵守抛物线规律，利用图中直线的斜率计算得到的 k_w 列于表 2-3 中，k_w 随氧化温度升高而增加。温度为 1200℃时，从图 2-13 中也

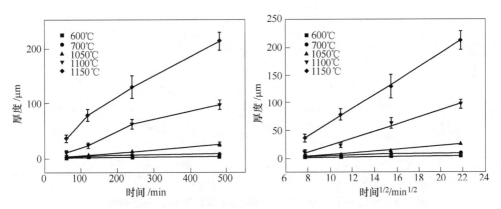

图 2-11 Fe-2.2Si 外氧化层厚度与氧化时间、氧化时间开方的关系

可以观察到该温度条件下的氧化速率远远大于其他温度条件下的氧化速率。将表 2-3 中的数据绘制 $\ln k_w$ 与 $1/T$ 的关系并进行线性拟合，拟合结果如图 2-15 所示，发

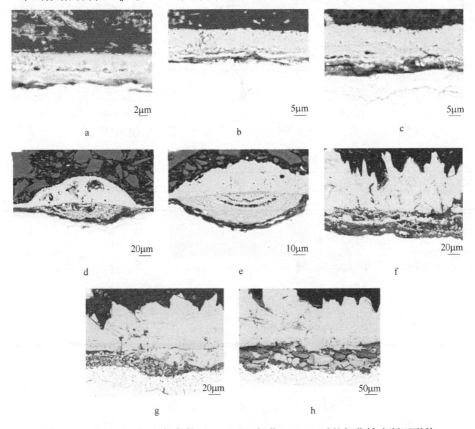

图 2-12 600~1150℃空气条件下 Fe-1.5Si 氧化 480min 后的氧化铁皮断面形貌

a—600℃；b—700℃；c—800℃；d—900℃；e—1000℃；f—1050℃；g—1100℃；h—1150℃

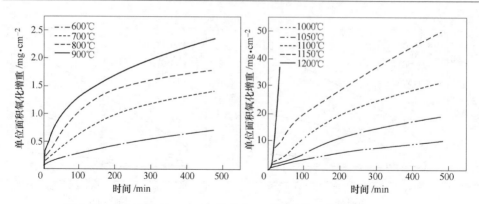

图 2-13　空气条件下 Fe-1.5Si 的单位面积氧化增重与氧化时间的关系

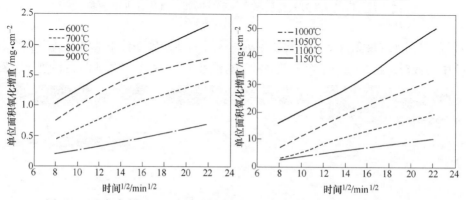

图 2-14　空气条件下 Fe-1.5Si 的单位面积氧化增重与氧化时间开方的关系

表 2-3　不同温度下 Fe-1.5Si 的氧化增重速率常数　　　　（$mg^2/(cm^4 \cdot min)$）

温度/℃	600	700	800	900	1000	1050	1100	1150
k_w	6.52×10^{-4}	2.28×10^{-3}	2.29×10^{-3}	4.16×10^{-3}	1.48×10^{-1}	6.28×10^{-1}	1.42×10	2.98×10

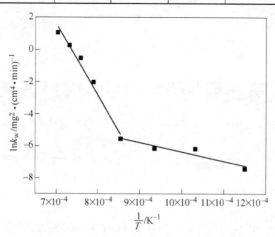

图 2-15　Fe-1.5Si 的 $\ln k_w$ 和 $1/T$ 的关系

现温度为 900℃时，拟合直线的斜率发生明显变化。利用拟合直线的斜率计算得温度为 600~900℃时 Q_1 为 48.28kJ/mol；温度为 1000~1150℃时 Q_h 为 369.86kJ/mol。

通过测量各温度条件下 Fe-1.5Si 内氧化层厚度，得到内氧化的氧化动力学曲线，如图 2-16 所示。观察图 2-16 发现，内氧化的氧化动力学曲线符合抛物线规律，由拟合直线的斜率得到 k_i 列于表 2-4，k_i 随温度升高而增大。图 2-17 为外氧化的氧化动力学曲线，同样外氧化的氧化动力学曲线也遵守抛物线规律，由拟合直线斜率得到的 k_p 见表 2-4，k_p 随氧化温度升高而增大。

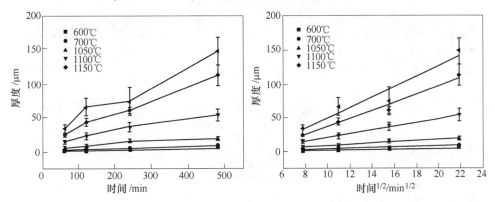

图 2-16　Fe-1.5Si 内氧化层厚度与氧化时间、氧化时间开方的关系

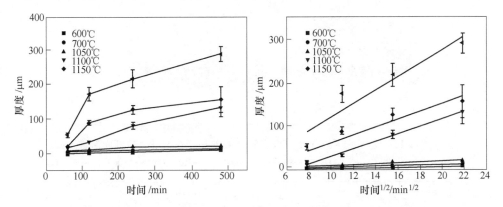

图 2-17　Fe-1.5Si 外氧化层厚度与氧化时间、氧化时间开方的关系

表 2-4　不同温度时 Fe-1.5Si 的内氧化速率常数与外氧化速率常数

$(\mu m^2/min)$

温度/℃	600	700	800	1050	1100	1150
k_i	4.02×10^{-2}	9.10×10^{-2}	5.07×10^{-1}	3.95	1.88×10	2.96×10
k_p	1.87×10^{-1}	2.60×10^{-1}	5.14×10^{-1}	3.64×10	4.01×10	1.18×10^{2}

空气条件下 Fe-0.75Si 在氧化 8h（480min）后的氧化铁皮断面形貌，如图 2-18所示。600~1150℃时在氧化初期增重曲线基本呈线性，而后在绝大部分的氧化时间里会呈现出抛物线形态。如图 2-19 和图 2-20 所示，Fe-0.75Si 的氧化动力学曲线仍然符合抛物线规律。通过直线斜率计算得到的 k_w 见表 2-5，k_w 随氧化温度升高而增加。从图 2-19 看出，当温度为 1200℃时，氧化增重呈直线急剧上升。

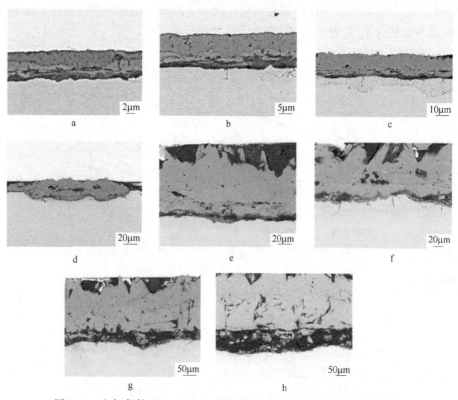

图 2-18　空气条件下 Fe-0.75Si 在氧化 480min 后的氧化铁皮断面形貌
a—600℃；b—700℃；c—800℃；d—900℃；e—1000℃；f—1050℃；g—1100℃；h—1150℃

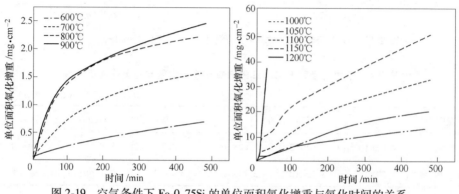

图 2-19　空气条件下 Fe-0.75Si 的单位面积氧化增重与氧化时间的关系

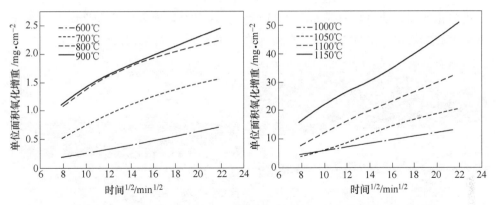

图 2-20 空气条件下 Fe-0.75Si 的单位面积氧化增重与氧化时间开方的关系

表 2-5 不同温度时 Fe-0.75Si 的氧化增重速率常数

$(mg^2/(cm^4 \cdot min))$

温度/℃	600	700	800	900	1000	1050	1100	1150
k_w	7.01×10^{-4}	2.64×10^{-3}	2.91×10^{-3}	3.88×10^{-3}	1.96×10^{-1}	7.91×10^{-1}	1.58×10	1.60×10

将表 2-5 的数据进行计算、绘图并进行线性拟合，拟合结果如图 2-21 所示，温度为 900℃ 时，拟合直线的斜率发生明显变化。对于 Fe-0.75Si，利用拟合直线的斜率计算得温度为 600~900℃ 时 Q_1 为 46.10kJ/mol，温度为 1000~1150℃ 时 Q_h 为 349.37kJ/mol。

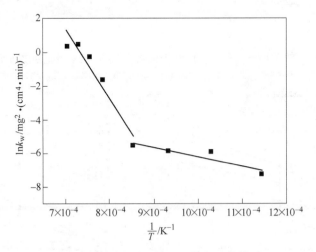

图 2-21 Fe-0.75Si 的 $\ln k_w$ 和 $1/T$ 的关系

如图 2-22 所示，以 700℃ 为例，Fe-0.75Si 氧化铁皮各层随氧化时间增加而增厚，通过测量 Fe-0.75Si 各温度条件下氧化时间为 1~8h 的内氧化层厚度，得到内氧化的氧化动力学曲线如图 2-23 所示。观察发现内氧化的氧化动力学曲线遵守抛物线规律，由直线斜率计算得到的 k_i 见表 2-6，k_i 随温度升高而增大。

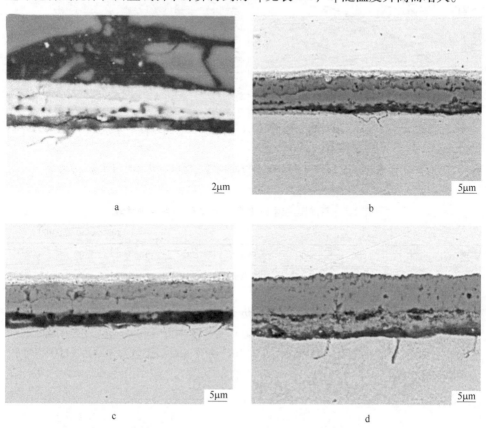

图 2-22　700℃时空气条件下 Fe-0.75Si 氧化 1~8h 后的氧化铁皮断面形貌

a—1h；b—3h；c—6h；d—8h

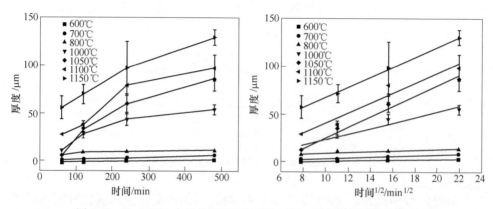

图 2-23　Fe-0.75Si 内氧化层厚度与氧化时间、氧化时间开方的关系

表 2-6 不同温度时 Fe-0.75Si 的内氧化速率常数与外氧化速率常数

$(\mu m^2/min)$

温度/℃	600	700	800	1000	1050	1100	1150
k_i	1.61×10^{-2}	6.43×10^{-2}	6.29×10^{-1}	4.31	1.37×10	1.47×10	1.50×10
k_p	8.73×10^{-2}	1.61×10^{-1}	1.52×10^{-1}	1.78×10	5.10×10	1.12×10^2	1.23×10^2

图 2-24 描述了外氧化层的氧化动力学曲线，同样外氧化的氧化动力学曲线也遵守抛物线规律，由直线斜率计算得到的 k_p 列于表 2-6 中，同样发现 k_p 随温度升高而增大。

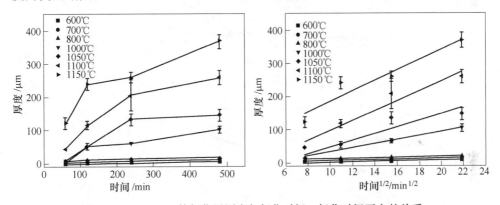

图 2-24 Fe-0.75Si 外氧化层厚度与氧化时间、氧化时间开方的关系

利用实验钢种在干燥空气条件下氧化 8h 后的实验结果，建立氧化增重与 Si 含量的关系，如图 2-25 所示。当温度低于 1150℃ 时，相同时间内的氧化速率从大到小依次为：Fe-0.75Si、Fe-1.5Si 和 Fe-2.2Si，这个温度条件下，增加 Si 含量可以提高实验钢种的抗氧化性，其原因是 Si 含量越高，在试样氧化铁皮与基体界面处形成的富 Si 层越显著，该富 Si 层的主要成分为 Fe_2SiO_4 和其他铁氧化物的混合相，提高 Si 含量能够提高 Fe_2SiO_4 在该混合相中的比例，而 Fe_2SiO_4 能够阻碍来自基体侧的用于维持氧化铁皮成长所需的铁离子的扩散，因此当温度低于 1150℃ 时，Si 含量越高，试样的氧化速率越低。但是，当温度达到 1150℃ 时，三个钢种的氧化增重相近，当温度继续升高至 1200℃ 时，如图 2-26 所示，Fe-2.2Si 的氧化速率反而最高。这就意味着当温度高于 1150℃ 时，Si 元素不但没有提高实验钢种的抗氧化能力，反而能够促进其氧化。如图 2-27 所示，Fe_2SiO_4 熔点为 1140℃，因此当温度高于 1150℃ 时，Fe_2SiO_4 熔化，熔化后的 Fe_2SiO_4 传质能力远远大于固态时的传质能力，因此 Fe_2SiO_4 失去了阻碍铁离子扩散的能力，反而成为铁离子快速扩散的通道，促进氧化铁皮的生长，并且这种促进作用随实验钢的 Si 含量升高而变得更加显著[6]。

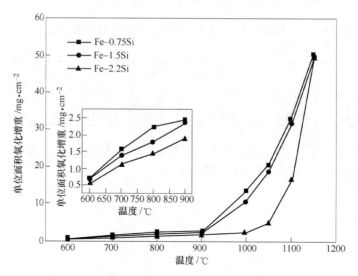

图 2-25　不同温度条件下 Si 含量对氧化增重的影响

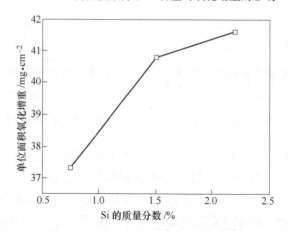

图 2-26　1200℃时 Si 含量对氧化增重的影响

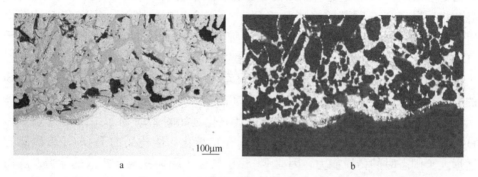

图 2-27　Fe-2.2Si 在 1200℃时的氧化铁皮界面位置断面形貌及 Si 元素的分布
a—形貌；b—Si

根据得到的三种试样不同温度条件下的氧化增重速率常数 k_w，在氧化温度低于 1150℃时，Fe-2.2Si 的 k_w 整体趋势上低于其他两个 Si 含量相对较低的钢种，而当温度为 1150℃时，Fe-2.2Si 的 k_w 则会大于 Fe-0.75Si 的 k_w，与图 2-25 的结论一致。另外，根据计算得到的氧化激活能的大小，也可以很好地解释温度低于 1150℃时，Fe-2.2Si 的氧化激活能大于其他两个钢种氧化激活能的原因。

Si 含量也会对 Fe-Si 合金氧化铁皮结构与界面形态产生影响。当温度为 600~1150℃时空气条件下，Si 含量在 0.75%~2.2%的范围内，Si 含量的变化并不能改变试样氧化铁皮的结构。如图 2-28、图 2-29 所示，无论氧化温度相对较高还是较低，试样的氧化铁皮结构基本相同，从内到外分别为内氧化层、外氧化层中的富 Si 层以及外氧化层中的铁氧化物层。

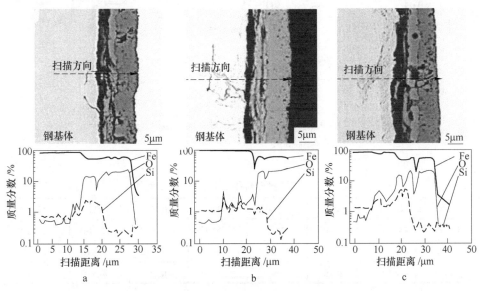

图 2-28 700℃时三种试样氧化铁皮断面形貌以及成分分析

a—Fe-0.75Si；b—Fe-1.5Si；c—Fe-2.2Si

Si 含量能够直接影响氧化铁皮厚度。将实验得到的三个钢种的外氧化速率常数和内氧化速率常数做对比，见表 2-7 和表 2-8。当温度低于 1150℃时，Si 含量较低的钢种 k_p 相对较高即氧化铁皮厚度较大；而当温度为 1150℃时，Si 含量较低的钢种 k_p 相对也较低即氧化铁皮厚度较小，其原因同样是由于富 Si 层中的 Fe_2SiO_4 熔化对铁离子扩散的作用方式发生了改变而导致的。在没有外氧化层的条件下，合金内氧化层厚度与合金元素含量呈反比[7]，而对于实验钢种来说，试样中的 Si 含量增加，能够提高 Si 从基体侧向内氧化前端的扩散速率，而氧从氧化铁皮与基体界面处向基体深处扩散的速率由界面处 Fe 的氧化物的平衡氧分压决定。当温度一定时氧的扩散速率固定，因此提高 Si 含量会导致内氧化层减薄，

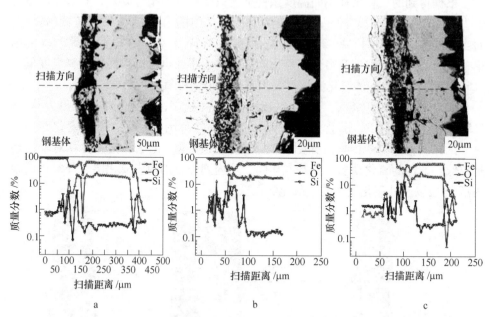

图 2-29　1100℃时三种试样氧化铁皮断面形貌以及成分分析

a—Fe-0.75Si；b—Fe-1.5Si；c—Fe-2.2Si

表 2-7　不同温度条件下三种试样的 k_p 对比　　　　　（$\mu m^2/min$）

温度/℃	600	700	800	1000	1050	1100	1150
Fe-0.75Si	8.73×10^{-2}	1.61×10^{-1}	1.52×10^{-1}	1.78×10	5.10×10	1.12×10^2	1.23×10^2
Fe-1.5Si	1.87×10^{-1}	2.60×10^{-1}	5.14×10^{-1}	—	3.64×10	4.01×10	1.18×10^2
Fe-2.2Si	2.49×10^{-2}	2.16×10^{-1}			4.35	4.27×10	2.68×10^2

表 2-8　不同温度条件下三种试样的 k_i 对比　　　　　（$\mu m^2/min$）

温度/℃	600	700	800	1000	1050	1100	1150
Fe-0.75Si	1.61×10^{-2}	6.43×10^{-2}	6.29×10^{-1}	4.31	1.37×10	1.47×10	1.50×10
Fe-1.5Si	4.02×10^{-2}	9.10×10^{-2}	5.07×10^{-1}	—	3.95	1.88×10	2.96×10
Fe-2.2Si	1.26×10^{-2}	5.69×10^{-2}			1.30	2.02×10	7.64×10

即降低内氧化速率常数。但是在有外氧化层的条件下，内氧化层的厚度还与外氧化层向内腐蚀基体的速率有关，Si 含量较低的钢种腐蚀速率较高，但其内氧化速率也较高，因此造成了钢种中的 Si 含量对实际形成的内氧化层厚度影响没有明显的规律性。温度达到 1200℃时，三个钢种的氧化铁皮形貌会有所不同，界面处液化的 Fe_2SiO_4 向基体与氧化铁皮两个方向生长，由于氧化铁皮与基体相比更加

疏松且容易出现裂纹等缺陷，Fe_2SiO_4 更容易向氧化铁皮中生长。通过 Si 元素的成分分布，可以观察到 Fe_2SiO_4 在氧化铁皮中呈网状分布的特点，并且 Si 含量越高的钢种，Fe_2SiO_4 向氧化铁皮中渗透的深度越深，这与 Si 含量较高的钢种会形成更多的 Fe_2SiO_4 有关。

2.1.3 潮湿气氛下 Fe-Si-O 体系的高温氧化行为

当氧化气氛中含有水蒸气时，能够促进氧化进行[8]。如图 2-30 所示，当氧化温度大于 800℃时，潮湿气氛能够显著提高实验钢种的氧化增重，并且随着氧化温度升高，水蒸气促进氧化的效果更加明显；温度低于 800℃时，水蒸气对于氧化增重的促进作用并不显著。如图 2-31~图 2-33 所示，当温度为 600℃时，水蒸气条件下的氧化铁皮厚度与干燥空气条件下相比有所增加，但是其结构没有明显变化，也就是说温度较低时，气氛中的水蒸气对实验钢种的氧化行为影响不大。

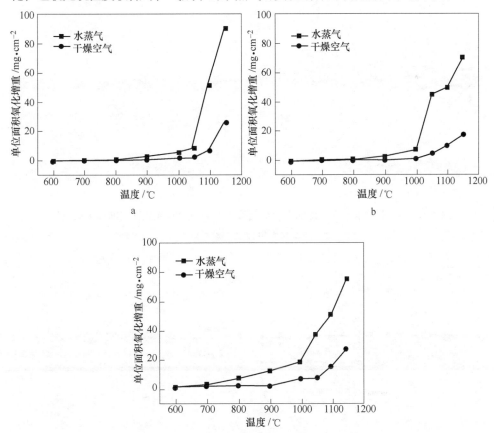

图 2-30 水蒸气条件对实验钢种氧化增重的影响

a—Fe-0.75Si；b—Fe-1.5Si；c—Fe-2.2Si

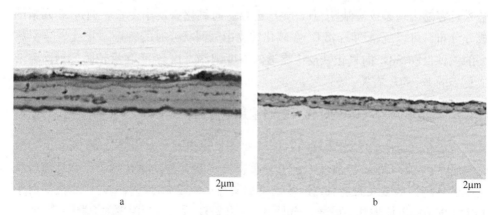

图 2-31　600℃时水蒸气条件和干燥空气条件下 Fe-2. 2Si 氧化铁皮断面形貌对比

a—水蒸气；b—干燥空气

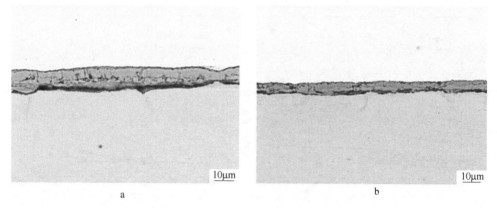

图 2-32　600℃时水蒸气条件和干燥空气条件下 Fe-1. 5Si 氧化铁皮断面形貌对比

a—水蒸气；b—干燥空气

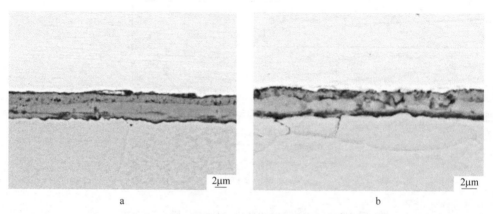

图 2-33　600℃时水蒸气条件和干燥空气条件下 Fe-0. 75Si 氧化铁皮断面形貌对比

a—水蒸气；b—干燥空气

氧化温度为 600℃时实验钢种氧化铁皮断面形貌如图 2-34 所示，能够看到明显的须状 Fe_2O_3 存在，其内部存在中空的隧道。须状氧化物的生长并不是依靠阳离子的点扩散进行，而是依靠垂直于氧化铁皮表面的隧道壁进行面扩散，因此其扩散速率相对较高；另一方面，在湿气条件下，须状氧化物顶端的水分子分解速率远高于氧分子的分解速率，因此水蒸气条件能够促进氧化物须状形貌的形成。当氧化温度升高后，由于氧化铁皮厚度的增加，阳离子通过氧化铁皮的体扩散又成为氧化速率的控制环节，此时氧化物的须状形貌就会消退。

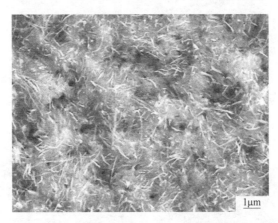

图 2-34　600℃时水蒸气条件下 Fe-2.2Si 氧化铁皮断面形貌

当氧化温度升高时，如图 2-35~图 2-39 所示，气氛中的水蒸气对实验钢种的氧化行为的影响十分显著。以 1100℃为例，首先水蒸气条件下实验钢种的氧化铁皮厚度均急剧增加，与干燥空气条件下相比，Si 含量由高到低，氧化铁皮厚度增加的倍数分别为 15、9 和 8，即大约增加一个量级；其次显著特点是形成均匀的富 Si 层，该富 Si 层由 Fe_2SiO_4 与 Fe 的氧化物混合而成，组织多孔。另外，还观察到与干燥空气条件相比，水蒸气条件下形成的内氧化层厚度均减薄，这是由于

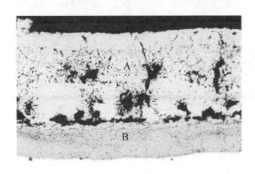

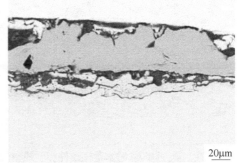

　　　　　　a　　　　　　　　　　　　　　　　　　　　　b

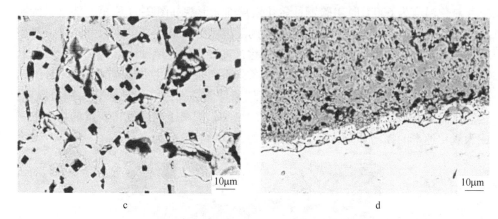

图 2-35   1100℃时水蒸气条件和干燥空气条件 Fe-2.2Si 的氧化铁皮断面形貌对比

a—水蒸气；b—干燥空气；c—A 区域放大；d—B 区域放大

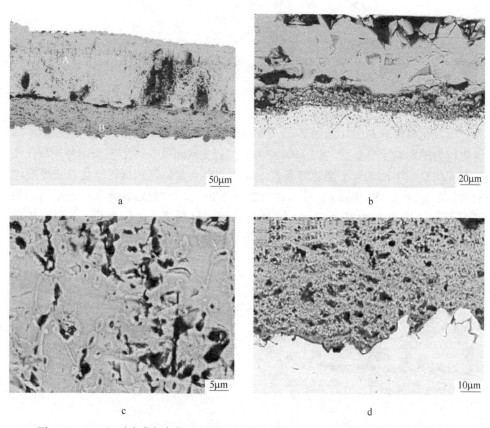

图 2-36   1100℃时水蒸气条件和干燥空气条件下 Fe-1.5Si 的氧化铁皮断面形貌对比

a—水蒸气；b—干燥空气；c—A 区域放大；d—B 区域放大

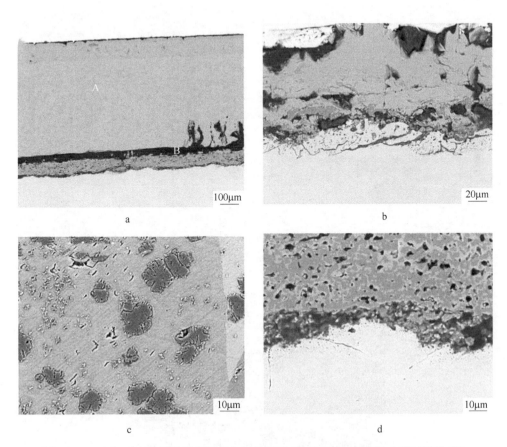

图 2-37　1100℃时水蒸气条件和干燥空气条件下 Fe-0.75Si 的氧化铁皮断面形貌对比
a—水蒸气；b—干燥空气；c—A 区域放大；d—B 区域放大

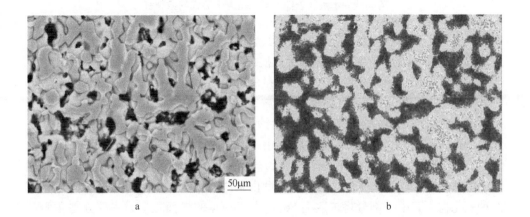

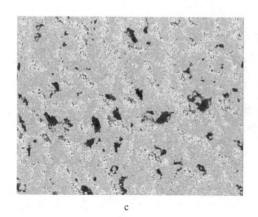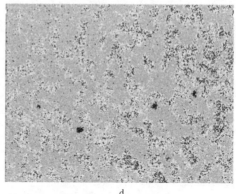

c　　　　　　　　　　　　　　　　　d

图 2-38　水蒸气条件下实验钢种形成的富 Si 区形貌与成分分布
a—形貌；b—Si；c—O；d—Fe

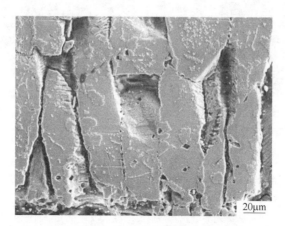

图 2-39　水蒸气条件下氧化铁皮中形成的微裂纹

　　水蒸气条件下氧化铁皮急速生长，造成其腐蚀速率也剧增，因此导致实际的内氧化层厚度减小。最后一个特点是氧化铁皮相组成发生变化，除了 Fe_3O_4 和 Fe_2O_3 外，水蒸气条件导致氧化铁皮中形成大量的 FeO 并且成为外氧化层的主要相，同时外氧化层中还发现了大量的孔洞以及微裂纹。

　　实验钢种在干燥空气条件下的氧化铁皮的生长过程按照如图 2-40 所示的机制 1 进行，穿过内氧化层的溶解氧与由基体侧扩散过来的溶解硅反应，形成 SiO_2，并以这种方式维持内氧化层的生长。由于 FeO 和 Fe_3O_4 均为 p 型半导体即其中的缺陷主要以阳离子空位为主，因此由基体侧扩散过来的铁离子能够穿过这两种氧化物，其中一部分将扩散至 Fe_3O_4 与 Fe_2O_3 的界面处，另一部分则在 FeO

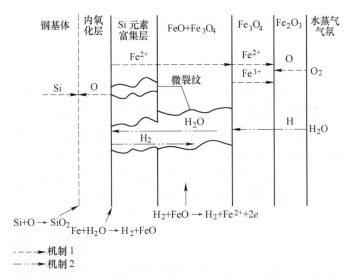

图 2-40 实验钢种在水蒸气条件下氧化铁皮生长机制示意图

与 Fe_3O_4 的界面处与 Fe_3O_4 发生氧化还原反应生成新的 FeO，维持了 FeO 层的生长。Fe_3O_4 中存在 Fe^{3+} 和 Fe^{2+}，其中的 Fe^{2+} 扩散至 Fe_3O_4 与 Fe_2O_3 的界面处后也发生氧化还原反应，形成新的 Fe_3O_4，维持了 Fe_3O_4 层的生长。如前所述，Fe_2O_3 中的缺陷主要为阴离子空位，因此气氛中的氧分子在吸附解离后能够通过该层，而铁离子则难以通过，由 Fe_3O_4 层扩散过来的 Fe^{3+} 在 Fe_3O_4 与 Fe_2O_3 的界面处与溶解氧结合形成 Fe_2O_3，维持着 Fe_2O_3 的生长。

但是当氧化气氛中含有水蒸气的时候，实验钢种的氧化铁皮除了按上述的机制 1 生长外，还将增加由 H_2O 分子扩散主导的机制 2。如前所述，水蒸气条件下氧化铁皮中存在大量的孔洞和微裂纹，这种缺陷的产生有两个原因，一方面氧化气氛中的水蒸气能够与 SiO_2、铁氧化物反应，形成挥发性物质导致了氧化铁皮中孔洞的产生；另一方面，由于水蒸气条件下氧化铁皮的快速生长，产生的生长应力也增加，便会促进微裂纹的产生，这些微裂纹的产生将成为氧化铁皮中气相物质的扩散通道。气氛中的水分子在氧化铁皮表面吸附解离后，形成溶解的氢，由于氢的半径很小，因此可以进入氧化铁皮中，当溶解的氢到达 FeO 层时，将与 FeO 反应生成 H_2O，H_2O 通过氧化铁皮中的微裂纹与钢基体直接反应，生成 FeO 和 H_2，而生成的 H_2 分子将反向通过微裂纹重新回到 FeO 层与 FeO 发生反应，如此循环使裂纹成为 H_2O 分子和 H_2 分子的扩散通道，并依照这种方式维持氧化铁皮的生长。由于实验钢种在水蒸气条件下氧化，上述两种机制同时存在，因此不但提高了氧化速率，并且使氧化铁皮形态也发生了显著的变化。

2.1.4 Fe-Si-O体系下合金内-外氧化层的相互转变

2.1.4.1 内氧化向外氧化转变

选用 Fe-6.5Si 作为研究对象，分析其发生选择性氧化后氧化铁皮的形态，在干燥空气条件下氧化 2h（120min）后发现，当温度低于 1150℃时，各温度条件下均只形成了一层厚度为 1μm 左右的氧化层，该氧化层由富 Si 相和铁氧化物组成，并没有观察到外氧化层的存在，如图 2-41、图 2-42 所示。在这个温度区间内，试样中的 Si 含量超过了内氧化向外氧化转变的临界值，足以维持保护性的富 Si 层的生长，使其氧化速率远远低于前面的三个钢种。

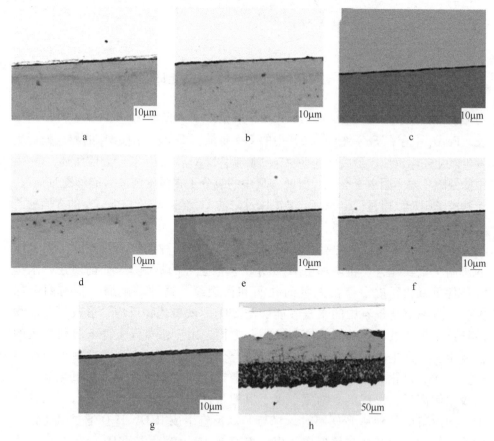

图 2-41 Fe-6.5Si 氧化 120min 后的氧化铁皮断面形貌

a—600℃；b—700℃；c—800℃；d—900℃；e—1000℃；f—1050℃；g—1100℃；h—1150℃

保护作用也会受到氧化温度的影响。当温度为 1140℃，即达到了 Fe_2SiO_4 的熔点时，Fe_2SiO_4 将起到强烈的传质作用，会导致其氧化速率急剧增加。如图

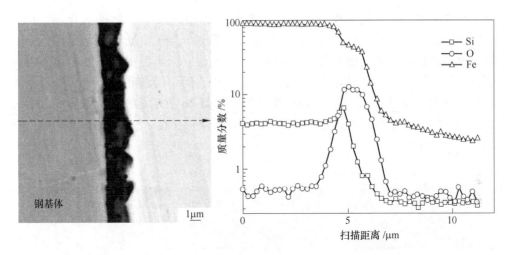

图 2-42　1000℃时 Fe-6.5Si 的氧化铁皮断面形貌与线扫描成分分析

2-43所示，氧化铁皮内侧形成明显的富 Si 层，富 Si 层的形成说明了该温度条件下形成的氧化层无法抑制氧化腐蚀过程。此时氧化铁皮厚度约为 220μm，远高于 Fe-2.2Si 在相同条件下的氧化铁皮厚度，充分反映了液化 Fe$_2$SiO$_4$ 对氧化过程的促进作用。因此通过提高 Si 含量的方式能够促使 Fe-Si 合金的氧化行为由内氧化转变为外氧化，但是这种方式同时也受到温度条件的制约，一旦温度超过了 Fe$_2$SiO$_4$ 的熔点，这种机制将不再起作用。

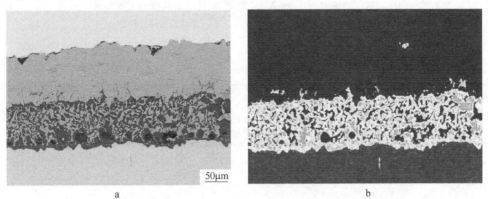

图 2-43　1150℃时 Fe-6.5Si 的氧化铁皮断面形貌与成分分布

a—形貌；b—Si

通过改变氧化气氛中的氧分压也可以引起内氧化向外氧化转变。为了降低形成外氧化所需的 Si 元素的临界浓度就需要降低气氛中的氧分压，从而降低氧化铁皮的腐蚀速率。Fe-2.2Si 在氩气中保温 2h 后的断面形貌如图 2-44 所示，当温度低于 900℃时，可以观察到明显的内氧化层以及外层很薄的外氧化层，当温度高于900℃时，内氧化现象消失，试样表面只存留连续平整的外氧化层。Fe-1.5Si在氩气中保温2h后的截面形貌如图2-45所示，当温度低于900℃时同样可以观察到明显的内氧化层以及外层很薄的外氧化层，而当温度高于900℃试样表面只存留连续平整的外氧化层，内氧化现象消失；但是当温度高于1050℃之后，内氧化现象又重新出现。Fe-0.75Si在氩气中保温2h后的截面形貌如图2-46所示，观察发现在整个实验温度范围内，内氧化现象均存在。

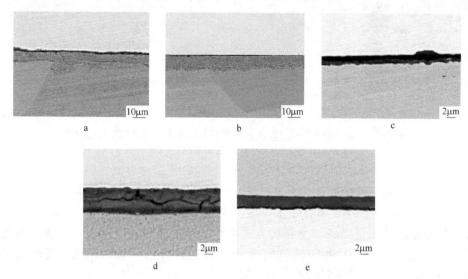

图 2-44　高纯氩气中 Fe-2.2Si 氧化 2h 后的氧化铁皮截面形貌

a—700℃；b—800℃；c—900℃；d—1050℃；e—1150℃

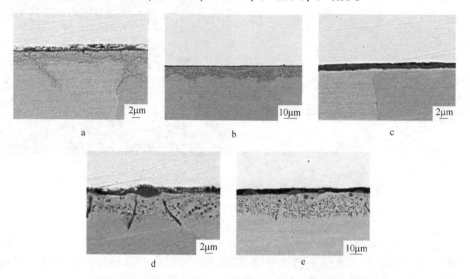

图 2-45　高纯氩气中 Fe-1.5Si 氧化 2h 后的氧化铁皮断面形貌

a—700℃；b—800℃；c—900℃；d—1050℃；e—1150℃

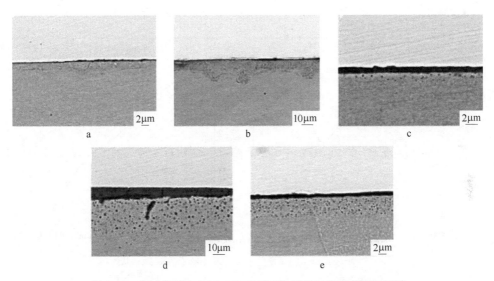

图 2-46 高纯氩气中 Fe-0.75Si 氧化 2h 后的氧化铁皮断面形貌

a—700℃；b—800℃；c—900℃；d—1050℃；e—1150℃

Fe-Si 相图如图 2-47 所示，当温度高于 900℃，Si 含量低于 3%时，原始铁素体组织会发生奥氏体化。如图 2-48 所示，通过 DSC 试验对实验钢种的奥氏体化区间进行准确测定，Fe-0.75Si 在温度为 930℃时，开始发生奥氏体化，而 Fe-1.5Si 的基体组织则一直为铁素体。因此 Fe-2.2Si 在实验温度范围内，基体同样仍为铁素体组织。

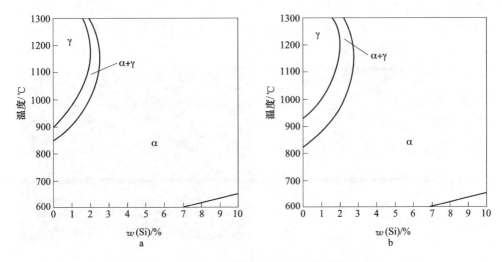

图 2-47 利用 Thermal-Calc 得到的实验钢种的相图

a—Fe-0.75Si；b—Fe-1.5Si

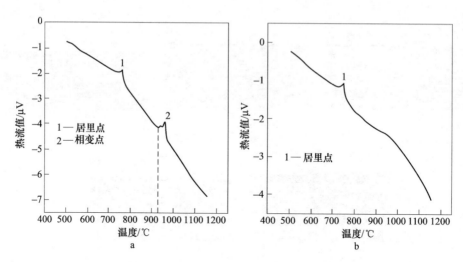

图 2-48　利用 DSC 测定实验钢种的相变温度

a—Fe-0.75Si；b—Fe-1.5Si

当实验钢种出现内氧化后，内氧化层中基体 Si 含量大大降低，从图 2-49 中 Si 元素的成分分布可以看到，其含量远远低于合金基体的 Si 含量。另外利用 EPMA对内氧化层中的基体组织做定量分析，发现图 2-50 中点 A 的原子百分比为 Fe：99.0824%，O：0.9176%，而且没有检测到 Si 元素。因此对于三个钢种来说，当温度高于930℃后，其内氧化区域中的基体都会发生奥氏体化。无论是基体组织还是内氧化层中的基体组织，当发生奥氏体化后，与其对应的 Si、O 等元素的扩散系数以及氧在基体中的溶解能力都会发生显著变化。内氧化层中氧的扩

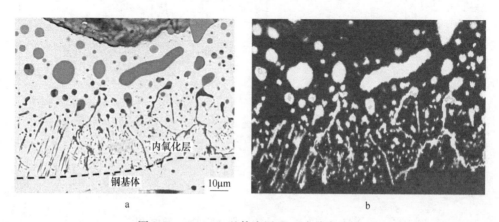

图 2-49　Fe-2.2Si 基体表层 Si 元素分布分析

a—形貌；b—Si

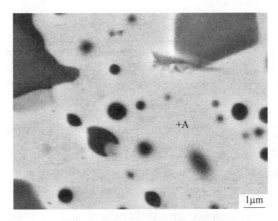

图 2-50　内氧化区域的微观形貌

散系数的表达式为：

$$D_O = D_0 \exp\left(\frac{-Q}{RT}\right) \tag{2-1}$$

式中　D_0——常数；

　　　Q——激活能；

　　　R——气体常数；

　　　T——氧化温度。

Si 元素在铁素体和奥氏体中的扩散系数表达式分别为：

$$D_{\text{Si-F}} = 0.735 \times (1 + 12.4N_{\text{Si}}) \exp[-219.88/(RT)] \tag{2-2}$$

$$D_{\text{Si-A}} = 0.21 \exp[-242/(RT)] \tag{2-3}$$

式中　N_{Si}——合金基体中的 Si 含量。

O_2 溶于基体中的反应式为：

$$\frac{1}{2}O_2(g) =\!=\!= 2\underline{O} \tag{2-4}$$

式中的下划线表示溶液体系，基体表层氧浓度表达式为：

$$\Delta G = \Delta \bar{H} - T\Delta \bar{S}^{\text{XS}} + RT\ln N_O^{(s)} - \frac{1}{2}RT\ln P_{O_2} \tag{2-5}$$

式中　ΔG——吉布斯自由能，当计算平衡氧浓度时设定为 0；

　　　$\Delta \bar{H}$——反应式的偏摩尔焓变；

　　　$\Delta \bar{S}^{xs}$——反应式的偏摩尔超额熵变；

　　　P_{O_2}——气氛中的氧分压；

　　　$N_O^{(s)}$——氧化铁皮与基体界面处氧的摩尔分数。

O-Fe 溶液系统中的相关参数，见表 2-9。

表 2-9　O-Fe 溶液系统中的相关参数

参数	$D_0/cm^2 \cdot s^{-1}$	$Q/kJ \cdot mol^{-1}$	$\Delta H/kJ \cdot mol^{-1}$	$\Delta \bar{S}^{XS}/J \cdot (mol \cdot K)^{-1}$
O-Fe(α)	0.037	98	-155.6	-81.0
O-Fe(γ)	5.75	168	-175.1	-98.9

虽然 Fe-1.5Si 和 Fe-2.2Si 在实验温度范围内，基体组织均不会发生奥氏体化，但是当形成内氧化层或者外氧化层中的富 Si 层后，由于 Si 元素的消耗，可能导致基体表层即内氧化层前端附近出现贫 Si 区；当温度高于 930℃，如果贫 Si 区的 Si 含量（质量分数）低至 0.75% 后，根据实验结果，该位置的基体组织仍会发生奥氏体化。温度为 1050℃ 时，由图 2-51 得知，Fe-1.5Si 内氧化层前端位置附近出现了 Si 浓度梯度，导致该位置的 Si 含量（质量分数）降至 0.5% 左右，因此该温度条件下，基体表层组织也会发生奥氏体化。而对于 Fe-2.2Si 而言，虽然 Si 含量也有下降，但是在基体表层附近，其浓度仍保持在 1.5% 左右，因此该

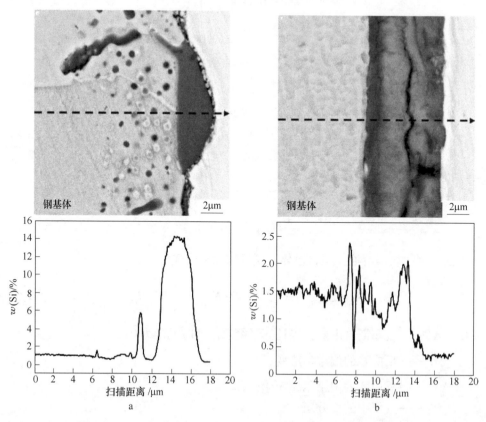

图 2-51　1050℃ 时 Fe-1.5Si 和 Fe-2.2Si 基体表层 Si 元素成分分析

a—Fe-0.75Si；b—Fe-2.2Si

位置的组织不会发生奥氏体化。当温度低于 900℃ 时，三种实验钢种的基体组织均不会发生奥氏体化，仍保持为铁素体组织，当温度高于 930℃ 时，Fe-1.5Si 和 Fe-0.75Si 的基体组织也会发生奥氏体化，Fe-2.2Si 的基体组织仍保持为铁素体。

　　内氧化或外氧化的形成决定于氧化过程中氧向内扩散占优，还是合金元素向外扩散占优。如果氧向内扩散占优，相对合金元素的扩散较为缓慢，就会形成内氧化；反之，如果合金元素向外扩散占优，能够扩散至基体表层就会形成外氧化层。因此可以利用 O 元素和 Si 元素的浓度与其扩散系数的乘积，即渗透性进行定性分析。由于实验气氛中的氧分压约为 0.1013Pa（10^{-6}atm），高于 SiO_2、FeO 和 Fe_3O_4 试验温度条件下的平衡氧分压，因此试样表面均会形成氧化铁皮。假设选用 FeO 的平衡氧分压作为内氧化的驱动力，如前所述扩散系数的选择也要与其基体组织相对应。Fe-2.2Si、Fe-1.5Si 和 Fe-0.75Si 基体中 Si 的摩尔浓度分别为：0.043、0.030 和 0.015，将实验钢种各温度条件下的 Si 渗透性和 O 渗透性之比绘制成图 2-52。对于 Fe-2.2Si，当温度低于 900℃ 时，渗透比随温度升高而增加，900℃ 时形成了单一的外氧化层，表明该温度条件下 Si 元素扩散占优，随着温度继续升高，渗透比仍在增加，因此当温度为 1050℃ 和 1150℃ 时，Fe-2.2Si 表面仍只形成了单一的外氧化层；对于 Fe-1.5Si，低于 900℃ 时，同样渗透比随温度升高而增加，900℃ 时形成了单一的外氧化层，但是当温度继续升高后，由于基体组织相变而造成 Si 元素的扩散系数下降导致了渗透比的下降，使得氧的向内扩散占优，所以温度为 1050℃ 和 1150℃ 时 Fe-1.5Si 中出现了内氧化现象。而对于 Fe-0.75Si 而言，900℃ 其渗透比达到最高时，仍未形成单一的外氧化层，所以其他温度条件下也不会出现单一外氧化层。

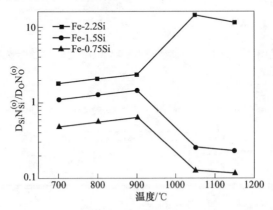

图 2-52　各温度条件下 Si 和 O 的渗透性比值

　　虽然实验钢种在氩气中一定温度条件下能够形成单一的外氧化层，由于实验钢种 Si 含量很低，外氧化层中 Fe 的比例仍很高，所以这个氧化铁皮并不具有显著的降低试样氧化速率的作用。如图 2-53 所示，1050℃ 时在氩气保温 2h，使 Fe-

2.2Si 形成外氧化层，而后继续在该温度条件下通入空气进行氧化，得到的氧化铁皮形貌与该温度条件下直接进行氧化得到的氧化铁皮形貌相近，因此说明在氩气条件下形成的氧化铁皮不具有显著的保护作用。总之，降低气氛中氧分压能够促使实验钢种形成单一的外氧化层，但是当氧化温度发生改变时，可能又会使钢种的氧化机制发生改变。

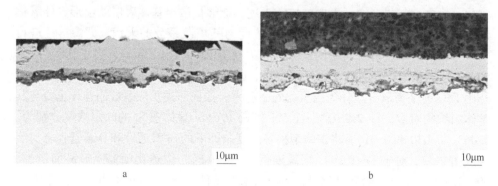

图 2-53　Fe-2.2Si 在氩气中保温 2h 对后续氧化行为的影响

a—1050℃时 Fe-2.2Si 在干燥空气条件下氧化 2h；

b—1050℃时 Fe-2.2Si 在氩气中保温 2h 后，在干燥空气条件下氧化 2h

2.1.4.2　外氧化向内氧化转变

实验钢种的原始氧化铁皮形貌如图 2-54 所示。三个实验钢种的氧化铁皮厚

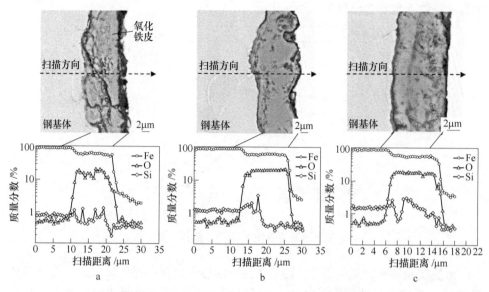

图 2-54　实验钢种原始氧化铁皮形貌与成分分析

a—Fe-0.75Si；b—Fe-1.5Si；c—Fe-2.2Si

度均为 8~10μm，其外氧化层主要为 Fe_3O_4，氧化铁皮与基体界面处可见 Si 元素富集，即该位置出现了 Fe_2SiO_4。由于其对铁离子扩散的阻碍作用，使得实验钢种氧化铁皮主要由高价铁氧化物组成。通过线扫描成分分析，发现试样的氧化铁皮与基体界面处没有出现 Si 的浓度梯度，因此在后续处理过程中，这三个实验钢种的基体表层的 Si 含量（质量分数）仍为 2.2%、1.5% 和 0.75%。

Fe-0.75Si 在氩气中保温 2h 后的氧化铁皮断面形貌如图 2-55 所示，当温度为 600℃时，氧化铁皮中出现了大量的 FeO，同时氧化铁皮表层仍残留有完整的 Fe_3O_4 层，且温度条件下没有发现内氧化现象。当温度为 700℃ 时，氧化铁皮已经完全转变为 FeO，在基体表层发现了内氧化层，厚度约为 1.5μm。当温度为 800~900℃ 时，氧化铁皮仍由 FeO 组成，内氧化层进一步生长，厚度分别增长至 6.1μm 和 15.3μm。在该温度条件下还发现基体内侧出现了明显的块状与基体颜色相近的组织，该组织中未见内氧化物颗粒，且由于这个新相的出现，使原始氧

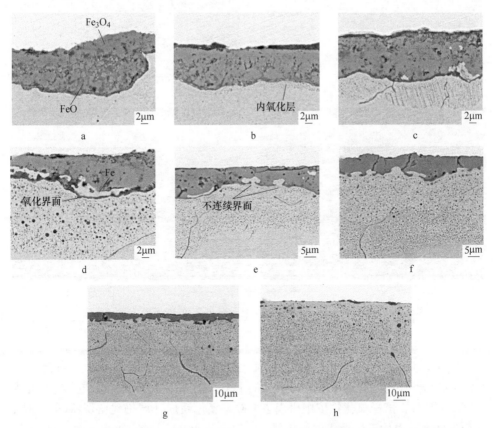

图 2-55　不同温度条件下带有氧化铁皮的 Fe-0.75Si 在氩气中保温 2h 后的氧化铁皮断面形貌
a—600℃；b—700℃；c—800℃；d—900℃；e—1000℃；f—1050℃；g—1100℃；h—1150℃

化铁皮与基体界面更加清晰。通过面扫描成分分析，如图 2-56 所示，发现新形成的组织中 Si 含量很低，而界面处 Si 元素富集的部分为 Fe_2SiO_4。当温度为 1000~1100℃时，氧化铁皮组织仍为 FeO，内氧化层厚度进一步增加而且氧化铁皮内侧继续形成单质 Fe。同时，单质 Fe 位置附近的 Fe_2SiO_4 开始出现溶断的现象。当温度为 1150℃时，试样表面的氧化铁皮完全消失，在原始氧化铁皮所在的位置处可见连续的 Fe 层，其中并没有发现内氧化物颗粒；另外由于实验时间为 2h，该温度下氧化铁皮在 2h 内完全消失，所以在内氧化层的生长后期，由于没有氧化铁皮的保护，会受到氩气气氛中的氧分压的影响。

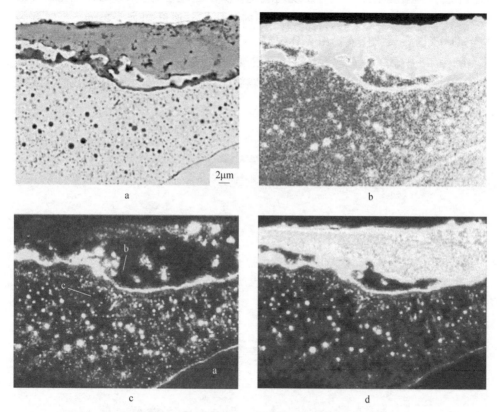

图 2-56　900℃时 Fe-0.75Si 在氩气中保温 2h 后的断面形貌与成分分布
a—形貌；b—Fe；c—Si；d—O

　　Fe-1.5Si 在氩气中保温 2h 后的氧化铁皮形貌如图 2-57 所示。当温度为600℃时，氧化铁皮中没有观察到明显的 FeO，仍主要由 Fe_3O_4 组成。当温度为700~900℃时，试样氧化铁皮中出现了 FeO，氧化铁皮外层仍残留层状的 Fe_3O_4，这个温度区间内均没有形成内氧化层。当温度为 1000~1100℃时，试样基体表层形成了显著的内氧化层，氧化铁皮仍有残留；而当温度为 1150℃时，氧化铁皮同

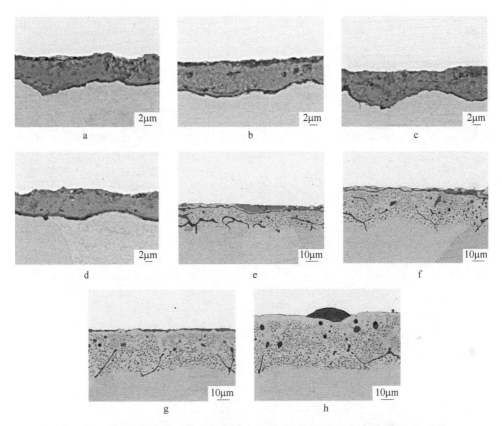

图 2-57 不同温度条件下带有氧化铁皮的 Fe-1.5Si 试样在氩气中保温 2h 后的
氧化铁皮断面形貌

a—600℃；b—700℃；c—800℃；d—900℃；e—1000℃；f—1050℃；g—1100℃；h—1150℃

样完全消失，原始氧化铁皮的位置处仍形成 Fe 层，其中也没有观察到内氧化物颗粒。

Fe-2.2Si 在氩气中保温 2h 后的氧化铁皮形貌如图 2-58 所示。当温度为 600℃时，氧化铁皮仍主要由 Fe_3O_4 构成。当温度为 700~900℃时氧化铁皮中出现 FeO，但外侧仍有残留的 Fe_3O_4 层。当温度高于 1000℃开始出现内氧化物颗粒，但是与其他钢种不同之处在于，该内氧化层厚度很薄，约为 10μm，接近原始氧化铁皮的厚度，而且在内氧化层与基体界面处，观察到了连续的层状氧化物，通过成分分析发现该层中有 Si 元素富集（见图 2-59），超过该界面后基体内侧方向就观察不到任何内氧化物颗粒，而是形成了连续的外氧化层，由于存在原始氧化铁皮，该外氧化层生长受到限制，只能形成于原始的氧化铁皮与基体界面处附近，在富 Si 层内侧看到了一些内氧化物颗粒，这与原始氧化铁皮中残留了少量的富 Si 相有关。

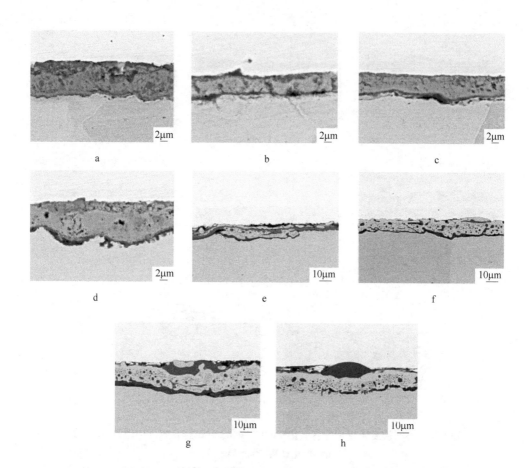

图 2-58　不同温度条件下带有氧化铁皮的 Fe-2.2Si 试样在氩气中保温 2h 后的
氧化铁皮断面形貌

a—600℃；b—700℃；c—800℃；d—900℃；e—1000℃；f—1050℃；g—1100℃；h—1150℃

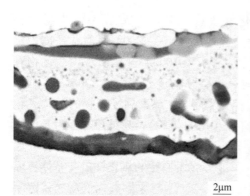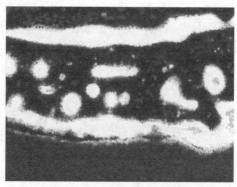

a　　　　　　　　　　　　　　　　　　b

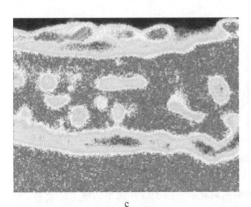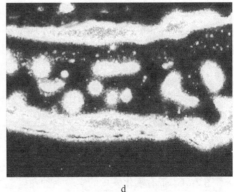

c   d

图 2-59 1050℃时 Fe-2.2Si 在氩气中保温 2h 后的断面形貌与成分分布
a—形貌；b—Si；c—Fe；d—O

由于 Fe-2.2Si 没有形成内氧化层，因此接下来只对 Fe-1.5Si 和 Fe-0.75Si 各温度条件下的内氧化层和外氧化层厚度进行统计，结果如图 2-60 所示。对 Fe-0.75Si 而言，内氧化层厚度整体趋势与氧化温度成正比，外氧化层厚度整体趋势与温度成反比，但是在 900℃时，内氧化层厚度出现了局部的极小值，外氧化层厚度出现了局部的极大值。对于 Fe-1.5Si，温度小于 900℃时未发现内氧化层，因此外氧化层与内氧化层厚度均保持恒定，当温度高于1000℃时，内氧化层厚度与温度成正比，外氧化层厚度与温度成反比。总之，对于 Fe-1.5Si 和 Fe-0.75Si，内氧化层厚度的增加一定伴随着外氧化层厚度的减小，由此推断内氧化层的生长动力源于外氧化层的消耗，即发生了外氧化向内氧化转变的现象。

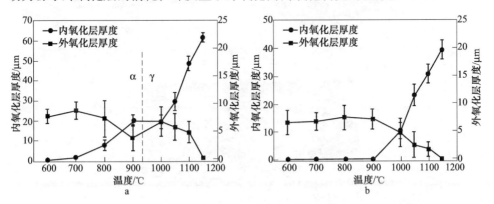

图 2-60 不同温度条件下实验钢种在氩气中保温 2h 后的内氧化层厚度与外氧化层厚度
a—Fe-0.75Si；b—Fe-1.5Si

Fe-Si 合金外氧化向内氧化转变机理示意图如图 2-61 所示，首先外氧化层中的 Fe_3O_4 与基体扩散过来的 Fe^{2+} 反应形成 FeO，当 Fe_3O_4 完全转变为 FeO 后，

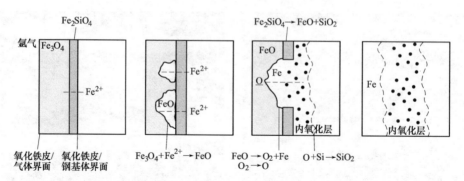

图 2-61　带有氧化铁皮的实验钢种在氩气中保温时外氧化向内氧化转变的机理示意图

FeO 开始分解为 O_2 和 Fe，单质 Fe 留在原来的位置，O_2 溶于基体后向基体内侧扩散与 Si 反应生成 SiO_2，内氧化层开始形成。Fe_2SiO_4 在其周围的 FeO 全部分解后，也开始分解生成 SiO_2 和 FeO，SiO_2 留在原来的位置，FeO 则进一步分解。最终外氧化层将全部转变为内氧化层，而原始氧化铁皮的位置变为单质 Fe 层。

　　Fe-1.5Si 在 800℃ 保温时，在 2h 内由于氧化铁皮中还残留有未转变的 Fe_3O_4，因此没有观察到内氧化现象。如上文所述，只要保温时间足够长，残留的 Fe_3O_4 完全转变为 FeO，就会发生外氧化向内氧化转变。如图 2-62 所示，当保温时间为

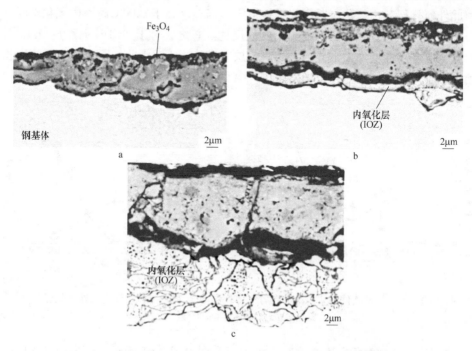

图 2-62　800℃时 Fe-1.5Si 在氩气中保温不同时间后的断面形貌对比
a—2h；b—4h；c—8h

2h 时，由于氧化铁皮外侧还有未转变的 Fe_3O_4，因此基体表层没有观察到内氧化现象。如果将保温时间增加到 4h，发现氧化铁皮已经完全转变为 FeO，并且能够观察到约为 $2\mu m$ 的内氧化层，如果保温时间增加至 8h，可以看到内氧化层厚度增加到大约 $15\mu m$。由此证明，氧化铁皮中的 Fe_3O_4 的残留对 FeO 分解反应有抑制作用。对于 Fe-2.2Si 上述实验结果依然成立，如图 2-63 所示，800℃条件下保温时间 2h 时，没有观察到内氧化现象；保温时间为 4h 时，Fe_3O_4 完全转变为 FeO，氧化铁皮与基体界面处开始出现内氧化层，厚度约为 $1.5\mu m$；当保温时间为 8h，内氧化层厚度增加至 $3\mu m$。

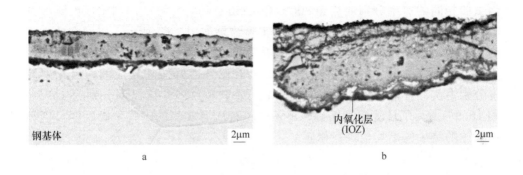

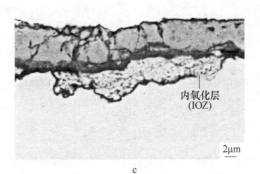

图 2-63 800℃时 Fe-2.2Si 在氩气中保温不同时间后的断面形貌对比
a—2h；b—4h；c—8h

对于 Fe-1.5Si 和 Fe-0.75Si，Si、O 的渗透性之比较小，因此当氧化铁皮中的 Fe_3O_4 完全转变为 FeO 之后，FeO 的分解氧向基体内侧扩散占优，所以能够发生内氧化；而对于 Fe-2.2Si 而言，即使形成的 FeO 开始分解，由于 Si、O 渗透性之比较大，Si 向氧化铁皮方向扩散占优，因此不会形成内氧化，只能形成连续完整的富 Si 层。

利用测得的各温度下的内氧化层厚度计算氧在内氧化层中的扩散系数。由于 SiO_2 在内氧化层中弥散分布，内氧化物与基体的界面能够促进氧的扩散，因此氧在内氧化层中的扩散系数与氧在铁素体或奥氏体中的扩散系数并不相同，其表达式为：

$$D_0^{IO} = D_0 + bf^{IO} \tag{2-6}$$

式中　D_0，b——常数；

　　　f^{IO}——内氧化物在内氧化层中的体积分数，其与基体中的 Si 含量成正比。

由于试样在升温过程中就可能已经出现内氧化，导致测得的内氧化层厚度大于保温阶段的内氧化层厚度。为了评价这个误差，将 Fe-0.75Si 以与前面试验相同的速率分别加热到 800℃ 和 1150℃ 而后直接冷却到室温，测量升温和降温阶段形成的内氧化层厚度，实验结果如图 2-64 所示。以同样的方式测定 Fe-1.5Si 在 1000℃ 和 1150℃ 时升温和降温阶段形成的内氧化层厚度，实验结果见图 2-65。计算发现 Fe-0.75Si 升温和冷却阶段生成的内氧化层厚度分别占实测厚度的 15.7% 和 17.6%，对于 Fe-1.5Si 该比例分别为 16.5% 和 16.9%。为了计算更加精确，将两个钢种所有实测的内氧化层厚度分别利用上述的结果的平均值进行修正。

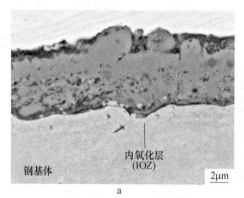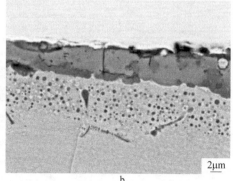

图 2-64　Fe-0.75Si 在氩气中加热到预设温度后直接冷却至室温后的氧化铁皮断面形貌

a—800℃；b—1150℃

Fe-0.75Si 出现内氧化的温度范围为 700~1150℃，Fe-1.5Si 出现内氧化的温度范围为 1000~1150℃，由于 1150℃ 时，两组试样的外氧化层可能在保温 2h 内就已经全部消耗，导致内氧化层生长的时间未知，因此这个温度条件下无法进行计算。计算过程中的相关参数选择仍需与该温度条件下的组织相对应，对于 Fe-0.75Si，温度为 700~900℃ 时，内氧化层中的基体组织和合金基体组织均为铁素体；当温度高于 930℃ 以后，内氧化层中的基体组织和合金基体组织均为奥氏

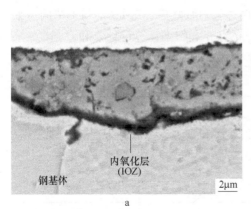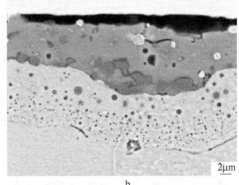

图 2-65　Fe-1.5Si 在氩气中加热到预设温度后直接冷却至室温后的氧化铁皮断面形貌

a—1000℃；b—1150℃

体。对于 Fe-1.5Si，当温度高于 1000℃时，内氧化层中的基体组织为奥氏体，基体表层由于没有出现 Si 浓度梯度，因此其组织仍为铁素体，如图 2-66 所示。

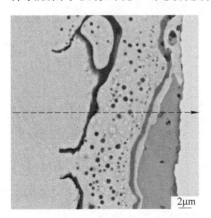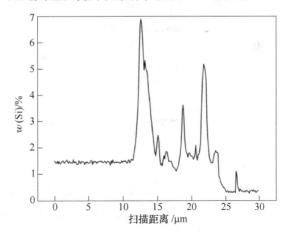

图 2-66　1000℃时 Fe-1.5Si 在氩气中保温 2h 后氧化铁皮断面形貌与成分分析

　　将氧在内氧化层中扩散系数 D_0^{IO} 的计算结果列于表 2-10 中，通过与氧在铁素体和奥氏体中的扩散系数（D_0）相比较，发现均大于 D_0，体现了内氧化层中的氧化物颗粒与基体的相界对氧扩散的促进作用。虽然溶解氧难以穿过内氧化物颗粒，使内氧化物对氧扩散起到阻碍作用，但是在本实验条件下，内氧化层的出现从实验结果来看对氧扩散的促进作用大于阻碍作用即正效应。氧在内氧化层中扩散系数的 Arrhenius 方程为：

$$D_0^{IO} = A\exp\left(\frac{-Q}{RT}\right) \tag{2-7}$$

式中　A，R——常数，如图 2-67 所示，两边去对数之后，对 $\ln D_0^{IO}$ 与 $1/T$ 的关系线性拟合，利用拟合直线的截距和斜率计算得到 A 和 Q。

表 2-10　实验钢种在各温度条件下氧在内氧化层中扩散系数的计算结果

（cm^2/s）

温度/℃	D_0	D_0^{IO}	
		Fe-0.75Si	Fe-1.5Si
700	2.03×10^{-7}（α）	4.05×10^{-7}	—
800	6.27×10^{-7}（α）	1.84×10^{-6}	—
900	1.60×10^{-6}（α）	4.53×10^{-6}	—
1000	7.34×10^{-7}（γ）	1.89×10^{-6}	3.39×10^{-6}
1050	1.34×10^{-6}（γ）	3.21×10^{-6}	8.76×10^{-6}
1100	2.33×10^{-6}（γ）	6.39×10^{-6}	1.22×10^{-5}

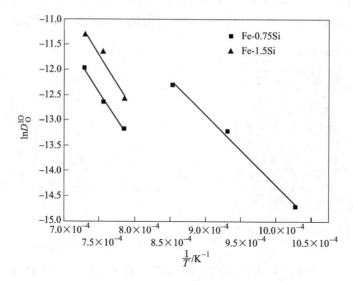

图 2-67　氧在内氧化层中的扩散系数与氧化温度的关系

由此计算结果得知，对于 Fe-0.75Si，在 700~1100℃ 时，氧在内氧化层中扩散系数的表达式为：

$$D_0^{IO}(\alpha) = 0.65\exp[-115/(RT)] \tag{2-8}$$

$$D_0^{IO}(\gamma) = 32.7\exp[-177/(RT)] \tag{2-9}$$

对于 Fe-1.5Si，在 1000~1100℃ 时氧在内氧化层中扩散系数的表达式为：

$$D_0^{IO}(\gamma) = 178\exp[-187/(RT)] \tag{2-10}$$

Si 含量对外氧化向内氧化转变行为的影响主要表现在三个方面：（1）氩气

中保温 2h 时，Fe-0.75Si 出现内氧化层的温度范围为 700~1150℃，而 Fe-1.5Si 出现内氧化层的温度范围为 1000~1150℃。研究表明，Fe_2SiO_4 层对铁离子扩散的阻碍作用随 Fe-Si 合金中 Si 含量的增加而增强，由于 Fe-1.5Si 原始氧化铁皮中的 Fe_2SiO_4 层对 Fe_3O_4 转变为 FeO 所需铁离子的阻碍作用更强，使 Fe_3O_4 的完全转变需要更长的时间，导致 Fe-1.5Si 温度低于 1000℃ 时，在氩气中保温 2h 后仍未发现内氧化现象。（2）Fe-0.75Si 在温度高于 930℃ 时，基体组织会发生奥氏体化，内氧化层中的基体，由于 SiO_2 的形成，导致其 Si 含量远远低于基体 Si 含量，因此也会发生奥氏体化，因此 O、Si 的扩散系数以及氧扩散的驱动力在奥氏体中都会下降，而且氧扩散能力的减弱更为明显，所以导致 1000℃ 时的内氧化层厚度小于 900℃ 时的内氧化层厚度，对应的外氧化层厚度就会大于后者。Fe-1.5Si 基体则不会发生奥氏体化，但是当温度高于 900℃ 时，同样由于 SiO_2 的形成其内氧化层中相关参数的选择仍需与奥氏体组织对应，由于只有当温度高于 1000℃ 时，才出现内氧化向外氧化转变的现象，因此呈现出简单的抛物线形态。（3）温度高于 1000℃ 时，Fe-0.75Si 的 D_0^{IO} 均小于 Fe-1.5Si。D_0^{IO} 与 f^{IO} 成正比，而 f^{IO} 与基体中的 Si 含量成正比，因此 Si 含量高的试样 D_0^{IO} 也较大。利用式（2-3）和式（2-4），计算 1000℃ 时的 D_0^{IO} 与 Takada 等人的结果比较列于表 2-11 中，同样满足 D_0^{IO} 随 Si 含量增加而增加，通过比较 1000~1100℃ 时 Si 含量增量与 D_0^{IO} 增量的关系，得到下式：

$$\Delta w(Si)\% = (0.25 \sim 0.96)\Delta D_0^{IO} \qquad (2-11)$$

式（2-11）右侧的常数项表征了 1000~1100℃ 时，由 Si 含量变化而引起的内氧化层中内氧化物数量、形态变化对扩散系数的影响程度，则定性说明了 Fe-Si 合金中 Si 含量的变化对内氧化层中氧扩散系数的影响。

表 2-11 Si 含量对氧在内氧化层中扩散系数的影响

温度/℃	$D_0^{IO}/cm^2 \cdot s^{-1}$				
	Fe-0.07Si	Fe-0.22Si	Fe-0.48Si	Fe-0.75Si	Fe-1.5Si
1000	2.11×10^{-7}	3.36×10^{-7}	4.05×10^{-7}	1.78×10^{-6}	3.78×10^{-6}

2.2 Cr 元素对钢材高温氧化行为的影响

2.2.1 Fe-Cr-O 的热力学计算

钢中 Cr 元素的添加具有提高过冷奥氏体稳定性，改善钢材力学性能的作用。同时，在高温过程中，Cr 和 O 的亲和力高于 Fe 与 O 的亲和力，会在钢材表面发生选择性氧化，率先在钢板表面形成致密的 Cr_2O_3 层和 Fe-Cr 尖晶石层。图 2-68

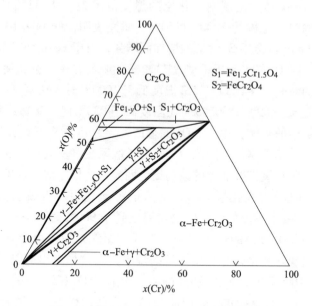

图 2-68　Fe-Cr-O 三元相图 900℃等温界面

示出了 900℃下 Fe-Cr-O 三元相图的等温界面。由图 2-68 中可以看出，Fe_2O_3 和 Cr_2O_3 可以形成连续固溶体，用 S_1 表示。FeO 和 Cr_2O_3 固相反应形成尖晶石 $FeCr_2O_4$，用 S_2 表示。较低的氧分压有利于 Cr 的选择性氧化，当 Cr 达到临界浓度时会形成完整的 Cr_2O_3 膜，临界浓度最低在 15% 左右。当 Cr 含量低时，表面形成铁的氧化物的速度极快，很少的氧能通过氧化膜进入合金使 Cr 发生内氧化，因此未发现明显的内氧化区。此外，由于 FeO 中存在大量的阳离子空位，虽然部分 Cr 会溶入 FeO 中，但不会明显地增加 FeO 中的阳离子空位。当 Cr 含量超过其在 FeO 中的溶解度时会析出 Cr_2O_3。同时，FeO 和 Cr_2O_3 固相反应形成尖晶石 $FeCr_2O_4$，可有效地阻挡 Fe^{2+} 向外的扩散。Fe-Cr-O 体系存在 $FeCr_2O_4$ 这一尖晶石氧化物，生成过程见式（2-12）和式（2-13）：

$$\frac{4}{3}Cr(s) + O_2 \Longrightarrow \frac{2}{3}Cr_2O_3(s) \tag{2-12}$$

$$Cr_2O_3 + FeO \Longrightarrow FeCr_2O_4 \tag{2-13}$$

Fe_2O_3、Fe_3O_4、FeO、Cr_2O_3 和 $FeCr_2O_4$ 的平衡氧分压见表 2-12。平衡氧分压可以用来判断氧化物在此气相中能否稳定存在，氧化物的平衡氧分压越低，其氧势或分解压越小，氧化物也就越稳定。在相同温度条件下，与 Fe 的氧化物相比 Cr 的氧化物更为稳定，在高温氧化时，实验钢表面氧化物的稳定性由高到低依次为：Cr_2O_3、$FeCr_2O_4$、FeO、Fe_3O_4、Fe_2O_3。

表 2-12　氧化物在不同温度条件下的平衡氧分压

温度/℃	P_{O_2}/Pa^{-1}				
	FeO	Fe_3O_4	Fe_2O_3	Cr_2O_3	$FeCr_2O_4$
1300	$1.01×10^{-11}$	$6.31×10^{-7}$	$5.4×10^{-1}$	$8.44×10^{-15}$	$3.47×10^{-13}$
1250	$3.80×10^{-11}$	$3.12×10^{-8}$	$2.36×10^{-2}$	$5.50×10^{-16}$	$1.82×10^{-14}$
1200	$1.57×10^{-12}$	$1.71×10^{-9}$	$1.148×10^{-3}$	$4.08×10^{-17}$	$1.07×10^{-15}$
1150	$7.12×10^{-12}$	$1.06×10^{-10}$	$6.13×10^{-3}$	$3.48×10^{-18}$	$7.15×10^{-15}$
1100	$3.62×10^{-13}$	$7.53×10^{-10}$	$3.74×10^{-4}$	$3.47×10^{-19}$	$5.47×10^{-16}$
1050	$2.08×10^{-14}$	$6.18×10^{-11}$	$2.61×10^{-5}$	$4.11×10^{-20}$	$4.88×10^{-17}$

2.2.2　干燥气氛下 Fe-Cr-O 体系的高温氧化行为

实验使用不同的 Cr 含量进行氧化实验。试样在实验温度范围内的氧化增重曲线如图 2-69 所示。每种实验钢增重曲线的上升趋势均保持一致，温度和时间

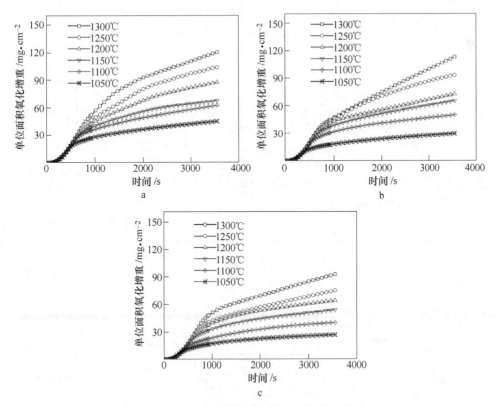

图 2-69　实验试样的高温氧化动力学曲线

a—Fe-0Cr；b—Fe-0.45Cr；c—Fe-1.15Cr

是影响钢材高温氧化行为的重要参数，随着温度的升高和时间的延长，氧化增重
不断变大。为对比 Cr 含量对氧化增重的影响，统计了实验钢在氧化 3600s 后的
增重量如图 2-70 所示。在相同氧化条件，随着 Cr 含量的增加，可以减少氧化增
重，显著提高基体抗高温氧化性能。相同温度下的氧化增重如图 2-71 所示。Fe-
0Cr、Fe-0.45Cr 和 Fe-1.15Cr 三个钢种拟合得出的氧化速率常数分别由表 2-13～
表 2-15 列出。

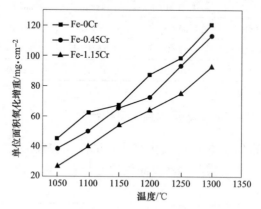

图 2-70　不同温度氧化后的实验试样增重量

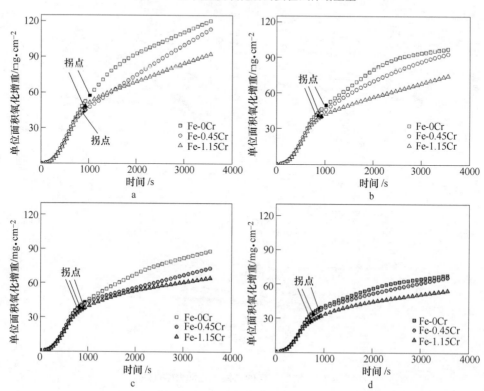

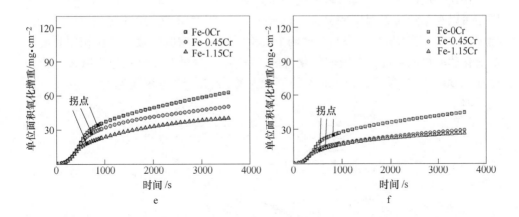

图 2-71　实验钢的氧化动力学曲线

a—1300℃；b—1250℃；c—1200℃；d—1150℃；e—1100℃；f—1050℃

表 2-13　不同温度条件下 Fe-0Cr 钢的氧化速率常数

温度/℃	线性速率常数 /mg² · (cm² · s)⁻¹	抛物线速率常数 /mg² · (cm⁴ · s)⁻¹	温度/℃	线性速率常数 /mg² · (cm² · s)⁻¹	抛物线速率常数 /mg² · (cm⁴ · s)⁻¹
1300	0.073	2.083	1150	0.057	0.586
1250	0.065	1.665	1100	0.053	0.498
1200	0.061	1.122	1050	0.042	0.248

表 2-14　不同温度条件下 Fe-0.45Cr 钢的氧化速率常数

温度/℃	线性速率常数 /mg² · (cm² · s)⁻¹	抛物线速率常数 /mg² · (cm⁴ · s)⁻¹	温度/℃	线性速率常数 /mg² · (cm² · s)⁻¹	抛物线速率常数 /mg² · (cm⁴ · s)⁻¹
1300	0.067	2.040	1150	0.057	0.549
1250	0.064	1.323	1100	0.051	0.301
1200	0.059	0.659	1050	0.029	0.109

表 2-15　不同温度条件下 Fe-1.15Cr 钢的氧化速率常数

温度/℃	线性速率常数 /mg² · (cm² · s)⁻¹	抛物线速率常数 /mg² · (cm⁴ · s)⁻¹	温度/℃	线性速率常数 /mg² · (cm² · s)⁻¹	抛物线速率常数 /mg² · (cm⁴ · s)⁻¹
1300	0.064	1.139	1150	0.052	0.368
1250	0.057	0.734	1100	0.040	0.221
1200	0.054	0.491	1050	0.028	0.093

快速、慢速反应阶段的氧化速率常数对比结果如图 2-72、图 2-73 所示。从图中可以观察到随着温度的升高，Fe-0Cr 和 Fe-0.45Cr 钢的氧化速率明显增大，而 Fe-1.15Cr 钢的氧化速率与其他两个实验用钢相比增幅较缓。对比相同温度下的氧化速率可以发现，在慢速氧化阶段，随着 Cr 含量升高氧化速率减慢，特别是在 1200℃ 以上时 Fe-1.15Cr 钢的氧化速率最慢，约为相同温度下 Fe-0Cr 钢的 50%。

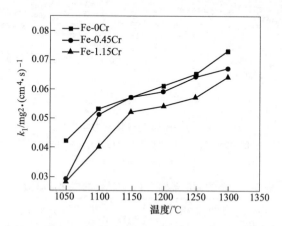

图 2-72　实验钢快速反应阶段的氧化速率常数

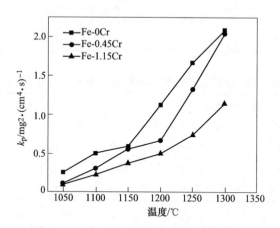

图 2-73　实验用钢在慢速反应阶段的氧化速率常数

在 1300℃ 氧化后，实验钢的氧化铁皮断面形貌如图 2-74 所示，能谱结果见表 2-16。图 2-74a 为 Fe-0Cr 钢的氧化铁皮断面形貌，氧化铁皮厚度为 1335～1350μm，从外侧到基体共分为三层结构，通过能谱测量每层结构中氧的质量分数由外至内依次为 29.6%、27.5% 和 23.6%，结合 Fe-O 相图可以判断氧化铁皮的最外侧为 Fe_2O_3 层，中间为 Fe_3O_4 层，最内侧靠近基体为 FeO 层。图 2-74b 为

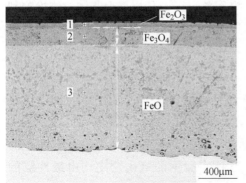

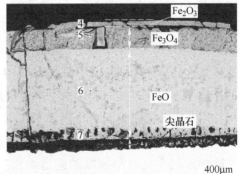

图 2-74 实验钢在 1300℃氧化后的氧化铁皮断面形貌

a—Fe-0Cr；b—Fe-0.45Cr；c—Fe-1.15Cr

表 2-16 氧化铁皮断面形貌的能谱分析 （质量分数，%）

位置	Fe	O	Cr	位置	Fe	O	Cr
1	70.4	29.6	—	7	70.3	28.1	1.6
2	72.5	27.5	—	8	67.9	32.1	—
3	76.4	23.6	—	9	72.2	27.8	—
4	67.2	32.8	—	10	75.9	24.1	—
5	73.2	26.8	—	11	70.7	28.8	0.5
6	76.2	23.8	—				

Fe-0.45Cr 钢的氧化铁皮断面形貌，氧化铁皮厚度为 1165~1175μm，从外侧到基体共分为三层结构，通过能谱测量同样可以判定，氧化铁皮的分层结构由外至内依次为 Fe_2O_3、Fe_3O_4 和 FeO。图 2-74c 为 Fe-1.15Cr 钢的氧化铁皮断面形貌，氧化铁皮厚度为 805~815μm，其厚度相对 Fe-0Cr 钢的氧化铁皮厚度减薄了约 40%，

相对 Fe-0.45Cr 钢的氧化铁皮厚度减薄了约 31%。在 FeO 层靠近基体一侧检测到 Cr 元素，并且此处 Cr 含量高于钢种化学成分中 Cr 含量，根据 Ellingham 图和氧化物的 PBR 值可知，在氧化过程中 Cr 具有较高的迁移率，会在基体表面发生选择性氧化，率先形成 Cr_2O_3 和 $FeCr_2O_4$ 尖晶石；由于阳离子通过 Cr_2O_3 和 $FeCr_2O_4$ 的扩散速率比通过铁的氧化物要慢得多，这些铬的氧化物起到阻碍 Fe 向外迁移的作用，由此可以判断 Cr 元素的添加有助于提高抗高温氧化性能。

实验钢在 1200℃ 氧化后的氧化铁皮断面形貌图如图 2-75 所示，表 2-17 是图 2-75 中氧化铁皮典型区域的能谱结果。三种实验钢的氧化铁皮均由最外层的 Fe_2O_3、中间层的 Fe_3O_4 和最内层的 FeO 组成。Fe-0Cr、Fe-0.45Cr 和 Fe-1.15Cr 的氧化铁皮厚度分别为 $745 \sim 756\mu m$、$720 \sim 732\mu m$ 和 $525 \sim 536\mu m$，表明随着 Cr 含量的升高，氧化铁皮厚度呈现显著下降趋势。

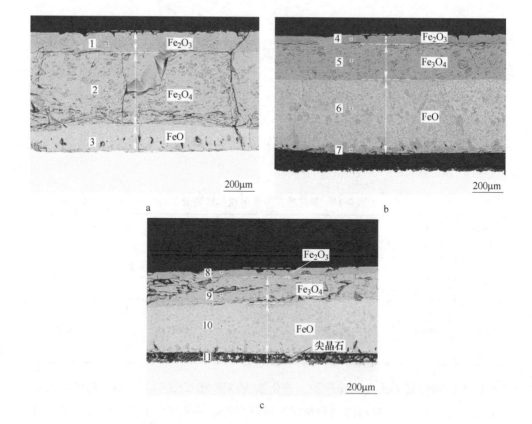

图 2-75　实验用钢在 1200℃ 氧化后的氧化铁皮断面形貌

a—Fe-0Cr；b—Fe-0.45Cr；c—Fe-1.15Cr

表 2-17　氧化铁皮断面形貌的能谱分析　　　　（质量分数，%）

位置	Fe	O	Cr	位置	Fe	O	Cr
1	70.4	29.6	—	7	70.7	28.1	1.2
2	72.5	27.5	—	8	67.9	32.1	—
3	76.4	23.6	—	9	72.2	27.8	—
4	67.2	32.8	—	10	75.9	24.1	—
5	73.2	26.8	—	11	69.7	28.8	1.5
6	76.2	23.8	—				

　　在 1050℃氧化后，实验钢的氧化铁皮断面形貌如图 2-76 所示，能谱结果见表 2-18。结合能谱结果和 Fe-O 相图，可以判断出 Fe-0Cr 钢的氧化铁皮从外到内依次为 Fe_2O_3 层、Fe_3O_4 层和 FeO 层。Fe-0.45Cr 和 Fe-1.15Cr 钢的氧化铁皮与基体界面处出现了岛状氧化物，Cr 的质量分数分别为 0.6% 和 1.5%，均高于各自钢种化学成分中 Cr 含量。同时，对该温度下实验钢的氧化铁皮厚度进行测量，Fe-0Cr 钢氧化铁皮厚度为 390～400μm，Fe-0.45Cr 钢氧化铁皮厚度为 295～305μm，Fe-1.15Cr 钢氧化铁皮厚度为 218～228μm。

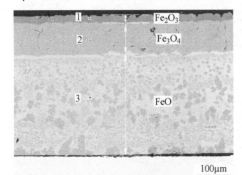
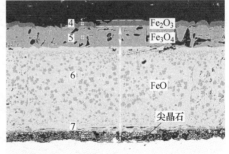

a　　　　　　　　　　　　　　　　　　b

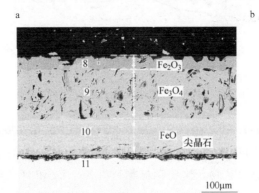

c

图 2-76　实验钢在 1050℃氧化后的氧化铁皮断面形貌

a—Fe-0Cr；b—Fe-0.45Cr；c—Fe-1.15Cr

表 2-18　氧化铁皮断面形貌的能谱分析　　（质量分数,%）

位置	Fe	O	Cr	位置	Fe	O	Cr
1	70.8	29.2	—	7	73.2	26.2	0.6
2	72.8	27.2	—	8	69.6	30.4	—
3	75.8	24.2	—	9	71.7	28.3	—
4	70.7	29.3	—	10	75.8	24.2	—
5	73.0	27.0	—	11	75.0	23.5	1.5
6	76.2	23.8	—				

　　图 2-77 示出了三种实验钢在 1050~1300℃氧化 3600s 后的氧化铁皮厚度进行对比。从图 2-77 中可以发现，首先随着温度的升高三种实验钢的氧化铁皮厚度呈现明显上升趋势；其次是在相同的氧化温度下，氧化铁皮的厚度随着钢中 Cr含量增加而减薄，这一特点表明了 Cr 和 O 的亲和力要大于 Fe 和 O 的亲和力，在Fe 和 O 发生反应之前，基体表面形成了 Cr 氧化物的保护层，提高了基体的高温热稳定性。

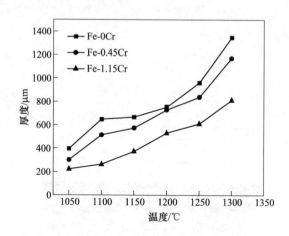

图 2-77　氧化铁皮厚度与氧化温度之间的关系

　　Fe-0.45Cr 和 Fe-1.15Cr 在 1050℃氧化 3600s 后，氧化铁皮与基体界面区域元素分布如图 2-78 和图 2-79 所示。在 Fe-0.45Cr 氧化铁皮和基体的界面区域形成了大量颗粒状的富铬氧化物，这些颗粒物是由 Fe、Cr 和 O 三种元素组成，结合该区域的能谱结果和 Fe-Cr-O 三元平衡相图，可以判断这些颗粒物是 $FeCr_2O_4$，由于在持续的氧化过程中，外氧化层进入基体，随后 Cr_2O_3 被 Fe 的氧化物逐步包裹并形成连续固溶体，因此以弥散分布的形式存在。

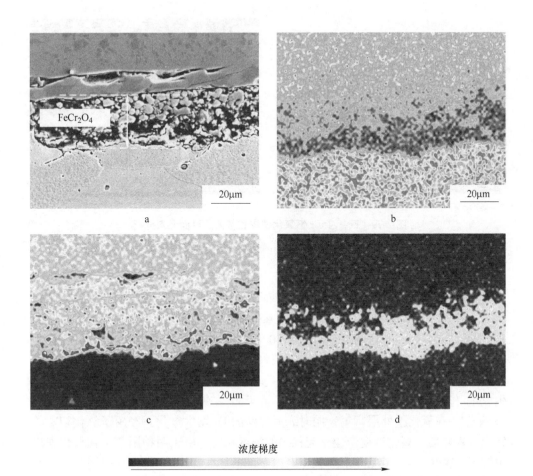

图 2-78　Fe-0.45Cr 钢氧化铁皮和基体的界面元素分析
a—界面形貌；b— Fe；c—O；d—Cr

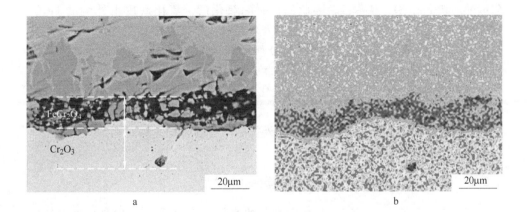

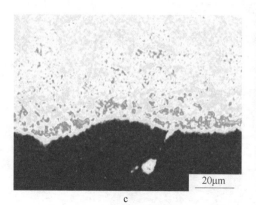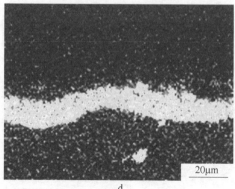

图 2-79　Fe-1.15Cr 钢氧化铁皮和基体的界面元素分析

a—界面形貌；b— Fe；c—O；d—Cr

在 Fe-1.15Cr 的氧化铁皮和基体的界面区域除了形成尖晶石层外，在基体表层铬的氧化物以氧化质点的形式弥散分布，形成内氧化层。从 Cr 元素的分布图 2-78、图 2-79 可以看出，在氧化铁皮与基体界面区域存在一层厚度约为 $10\mu m$ 的富 Cr 层，并黏附在基体的表面。与 Fe-0.45Cr 界面区域的形貌相比，Fe-1.15 中 Cr 中的 $FeCr_2O_4$ 尖晶石层结构更为完整致密。

实验钢氧化时，主要形成了铁的氧化物，而钢中 Cr 置换氧化物中的 Fe 后，生成了 $(Fe，Cr)_2O_3$ 和 $(Fe，Cr)_2O_4$。由于 Fe 在氧化膜固溶体中的扩散速度比 Cr 快，Fe 在氧化膜外层富集，同时靠近界面的 Fe 发生贫化。经历了氧化初期的转变过程之后，氧化铁皮中建立起稳态的浓度梯度。由于两种阳离子在氧化铁皮中的扩散速度不同，会在氧化铁皮中产生不同的浓度梯度。实验钢在 $1050\sim1300℃$ 中氧化时，Fe 和 Cr 初始同时氧化形成 Fe_2O_3 和 Cr_2O_3，由于 Cr 含量低，主要形成 Fe 的氧化层，而 Cr 发生内氧化。随着氧化进行，Fe 的氧化层厚度增加，氧化层和基体的界面向内部移动。Fe 的氧化物和 Cr_2O_3 发生固相反应形成了被 FeO 包围的岛状 $FeCr_2O_4$ 尖晶石。因此，长时间氧化后，氧化铁皮由外侧的 Fe_2O_3 层、中部的 Fe_3O_4 层、内部的 FeO 层以及氧化铁皮与基体界面处的 $FeCr_2O_4$ 层共同组成，各层的具体分布情况如图 2-80 所示。氧化物的生长由阳离子向外扩散控制，实验钢在氧化初期，表面上同时生成 Fe_2O_3、FeO 和 Cr_2O_3，由于 Fe 的氧化物生长速度较快，Cr_2O_3 被 Fe 的氧化物完全覆盖。在后续的氧化过程中，Cr_2O_3 则通过置换反应生长，Cr_2O_3 粒子被覆盖在 Fe 的氧化物下方，富集于氧化层和基体的界面附近，可以减少 Fe^{2+} 向外扩散的有效面积，从而起到降低氧化速度、提高抗氧化性能的作用。

2.2.3　潮湿气氛下 Fe-Cr-O 体系的高温氧化行为

不同气氛条件下实验钢的氧化动力学曲线如图 2-81 所示，拟合得到的氧化

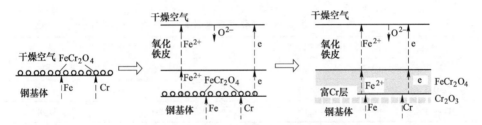

图 2-80 含 Cr 钢的氧化铁皮组成示意图

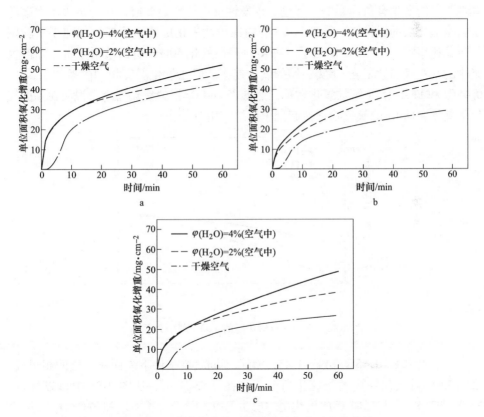

图 2-81 不同气氛条件下实验钢的氧化动力学曲线

a—Fe-0Cr；b—Fe-0.45Cr；c—Fe-1.15Cr

速率常数见表 2-19。在潮湿气氛下，Fe-0.45Cr 和 Fe-1.15Cr 钢的氧化速率常数 k_p 较 Fe-0Cr 钢要高，并且随着氧化气氛中水蒸气含量的增加而变大，说明基体表面富 Cr 的保护性氧化层受到潮湿气氛的影响较大。产生这一现象的原因主要是挥发性化合物 $CrO_2(OH)_2$ 的形成[9]，见式 (2-14)：

$$\frac{1}{2}Cr_2O_3 + H_2O(g) + \frac{3}{4}O_2 = CrO_2(OH)_2(g) \tag{2-14}$$

表 2-19   氧化速率常数 k_p $(mg^2/(cm^4 \cdot min))$

项目	$\varphi(H_2O) = 4\%$（空气中）	$\varphi(H_2O) = 2\%$（空气中）	干燥空气
Fe-0Cr	4.83	3.76	4.95
Fe-0.45Cr	7.47	5.73	4.14
Fe-1.15Cr	6.08	4.20	3.18

潮湿气氛下 Cr 的氧化物与水蒸气的反应表明，水蒸气对实验钢中 Cr 元素选择性氧化的发生有负面影响，促进了挥发性反应产物的形成，在一定程度上破坏了含铬氧化层的保护性，导致富 Fe 的弱保护性氧化层快速形成，加速了实验钢的氧化速率[10]。图 2-82 示出了三种实验钢在氧化 60min 后的总增重量，潮湿气氛中的水蒸气加快了含 Cr 实验钢的氧化速率。但在氧化湿度相同的条件下，Fe-0.45Cr 和 Fe-1.15Cr 钢的氧化增重依然低于 Fe-0Cr 钢的氧化增重，说明在潮湿气氛下基体表面 Cr 的氧化物依然起到了保护作用[11,12]。

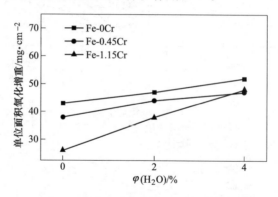

图 2-82   不同气氛氧化后的实验试样总增重量

为了确定 Fe-0.45Cr 和 Fe-1.15Cr 钢在不同气氛条件下表面氧化层的相组成，采用 XRD 对氧化铁皮的物相进行分析如图 2-83 所示。从图 2-83 中可以发现，Fe-0.45Cr 和 Fe-1.15Cr 钢的氧化层主要由 FeO、Fe_2O_3、Cr_2O_3 和 $FeCr_2O_4$ 四种 Fe 和 Cr 的氧化物和固溶体组成。其中，Cr_2O_3 和 $FeCr_2O_4$ 形成的化学反应见式（2-15）和式（2-16）。由于 Cr 元素与 O 元素的亲和力要高于 Fe 元素，所以氧化初期在含 Cr 的实验钢表面会优先形成 Cr_2O_3 层。随着氧化过程的持续进行，Fe 不断地向外扩散，在氧化铁皮和基体的界面处生成 FeO。随后 FeO 与 Cr_2O_3 形成 $FeCr_2O_4$ 连续固溶体。

$$\frac{2}{3}Cr + \frac{1}{2}O_2 = \frac{1}{3}Cr_2O_3 \tag{2-15}$$

$$FeO + Cr_2O_3 = FeCr_2O_4 \tag{2-16}$$

三种实验钢在不同潮湿气氛下的氧化铁皮断面形貌如图 2-84 和图 2-85 所示。

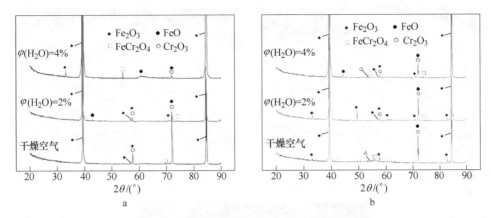

图 2-83 实验钢氧化铁皮的 XRD 物相分析

a—Fe-0.45Cr; b—Fe-1.15Cr

Fe-0Cr 钢的氧化铁皮由最内层的 FeO、中间层的 Fe_3O_4 和外层 Fe_2O_3 组成。

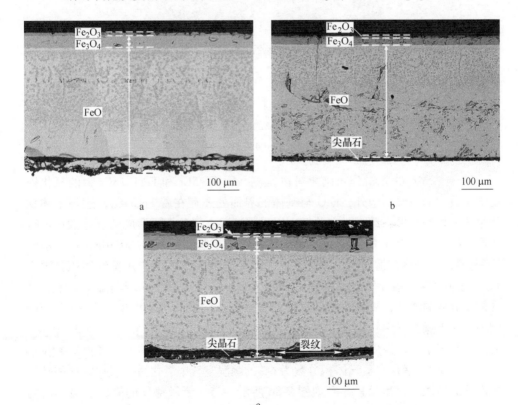

图 2-84 实验钢在 $\varphi(H_2O)$ 为 2% 的潮湿气氛下的氧化铁皮断面形貌

a—Fe-0Cr; b— Fe-0.45Cr; c—Fe-1.15Cr

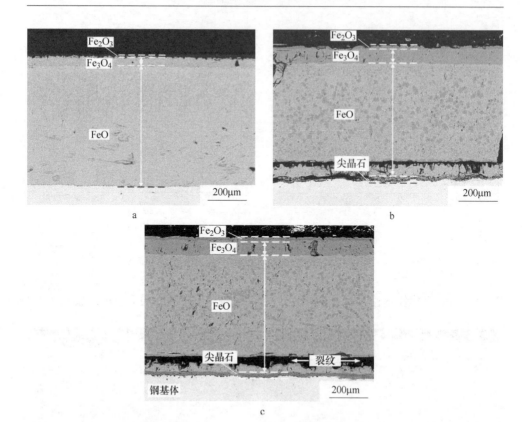

图 2-85　实验钢在 $\varphi(H_2O)$ 为 4% 的潮湿气氛下的氧化铁皮断面形貌

a—Fe-0Cr；b— Fe-0.45Cr；c—Fe-1.15Cr

　　结合 EPMA 的元素分布结果可以推测，Fe-0.45Cr 和 Fe-1.15Cr 钢的氧化铁皮除了典型的三层结构外，FeO 与基体的界面处还存在着 $FeCr_2O_4$，这与上述物相组成分析的结果一致。对实验钢在干燥与潮湿空气条件下形成的氧化铁皮进行了厚度统计，Fe-0.45Cr 在干燥空气下的氧化铁皮厚度是 295~305μm，在水蒸气体积分数为 2% 的潮湿气氛中氧化铁皮的厚度是 365~375μm，水蒸气体积分数为 4% 的潮湿气氛中氧化铁皮的厚度是 524~532μm，可以看出随着潮湿气氛中水蒸气体积分数的增加，氧化铁皮的厚度明显变厚。同样的现象也出现在 Fe-1.15Cr 钢中，在干燥空气中氧化铁皮厚度是 218~228μm，水蒸气体积分数为 2% 和 4% 的潮湿空气中氧化铁皮厚度分别是干燥气氛下氧化铁皮厚度的 1.7 倍和 2.4 倍。

　　Fe-1.15Cr 钢在水蒸气体积分数为 4% 的潮湿空气中氧化后，氧化铁皮和基体界面处的显微形貌和元素分布如图 2-86 所示。与在干燥空气的界面明显不同的是在潮湿空气中氧化后，氧化铁皮中出现了裂纹，并且在氧化铁皮和基体的界面处形成了许多孔洞。孔洞的形成是由于在潮湿空气的氧化过程中，Cr_2O_3 和 H_2O

在高温下形成挥发性 $CrO_2(OH)_2$，挥发性反应产物从氧化铁皮与基体界面扩散到外部氧化层，局部 Cr_2O_3 的损失使得界面处出现了大量的孔洞[13,14]。图 2-86 示出了 Fe、Cr 和 O 三种元素的分布，表明 Fe-1.15Cr 在氧化铁皮与基体界面处的物质是 Fe-Cr-O 三元尖晶石固溶体，其形成了靠近基体的富 Cr 层。与干燥空气相比，Fe-1.15Cr 的富 Cr 层结构在潮湿空气中更为完整，并且在富 Cr 层下方发现有少量的 O 元素，说明氧化气氛中大量的氧也通过富 Cr 层中的孔洞与基体直接接触，在基体表层形成 Cr_2O_3 的氧化质点。

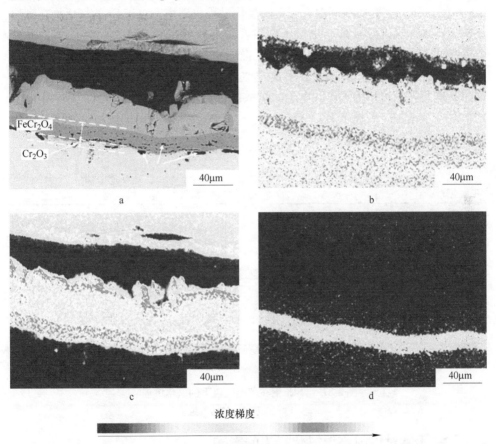

图 2-86　Fe-1.15Cr 钢在 $\varphi(H_2O)$ 为 4% 的潮湿空气中氧化铁皮和基体的界面元素分析

a—界面形貌；b—Fe；c—O；d—Cr

　　基于上述实验结果，本节提出了一种机制来说明潮湿气氛对含 Cr 的实验钢高温氧化机理的影响规律如图 2-87 所示。在图 2-87a 中，实验钢在干燥空气中氧化，在氧化初期同时形成 Fe_2O_3 和 Cr_2O_3，由于 Cr 含量较低，形成的主要是 Fe 的氧化层，而 Cr 元素则发生内氧化。随着氧化过程的持续进行，Fe 的氧化层不断变厚并逐渐形成典型的三层结构（外侧 Fe_2O_3、中部 Fe_3O_4 和内侧 FeO），氧化铁皮和基体的反应界面向基体的内部移动，由于 FeO 和 Cr_2O_3 可以完全互溶发生固相反应生成 $FeCr_2O_4$。Cr 的氧化物相比 Fe 的氧化物更具有保护作用，阻碍了基体中 Fe^{2+} 向外迁移，大大降低了氧化速率。这意味着在高温氧化过程中，合理地控制钢中 Cr 含量，使其超过形成完整连续富 Cr 层的临界值时，将会在基体表面形成保护层，增强基体的抗高温氧化性。

　　然而，氧化气氛由干燥空气变为潮湿空气时，氧化机制也发生了变化，图 2-87b 为含 Cr 的实验钢在潮湿空气中的氧化过程机理图，由于 Cr 的氧化物在潮湿空气中与水蒸气发生反应，生成了挥发性氢氧化物 $CrO_2(OH)_2$，造成了界面处 Cr 元素的损耗，$CrO_2(OH)_2$ 向外快速扩散导致界面处富 Cr 层中有孔洞形成。水蒸气不断地渗透到这些孔洞中，形成类似的原电池反应过程加速基体腐蚀速率。同时，这些孔洞可以为 Fe^{2+} 和电子的扩散提供离子空位和电子空穴，Fe^{2+} 和电子的扩散速率增加，破坏了 $FeCr_2O_4$ 层和 Cr_2O_3 层对基体的保护作用，使得基体的抗高温氧化性能降低。

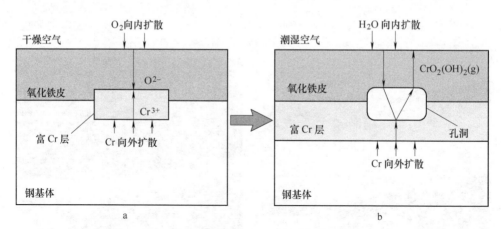

图 2-87　含 Cr 钢在潮湿气氛下的氧化机理
a—干燥气氛；b—潮湿气氛

2.3　Ni 元素对钢材高温氧化行为的影响

2.3.1　Fe-Ni-O 的热力学计算

　　图 2-88 示出了 Fe-Ni-O 三元相图 900℃下的等温截面，从图中可以看出，钢中的 Ni 较难氧化，在三元相图的大部分区域内，Ni 均以单质形式存在。当 O 含量超过一定值时，Ni 开始发生氧化，形成 NiO。NiO 会与 Fe_2O_3 发生固相反应形成反尖晶石结构的 $NiFe_2O_4$。从含氧量的角度来看，随着 O 含量的升高，氧化物出现的顺序为：FeO、Fe_3O_4、Fe_2O_3、NiO、$NiFe_2O_4$。

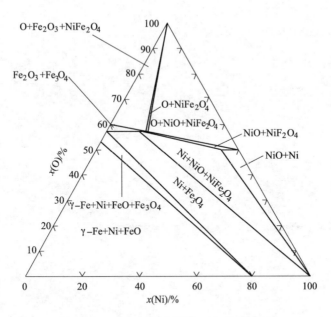

图 2-88 Fe-Ni-O 三元相图 900℃等温界面

2.3.2 干燥气氛下 Fe-Ni-O 体系的高温氧化行为

本节实验使用 Fe-3.5Ni 和 Fe-9Ni 进行高温氧化的对比实验。使用 TGA 在高纯氩气的保护下以 90℃/min 的速率试样升至设定温度，之后进行时长为 120min 的氧化，同时设备自带的天平实时记录试样的重量变化。待试样氧化结束后，重新切换为高纯氩保护，以 90℃/min 的降温速度快速降至室温以保证氧化阶段试样的状态。

对 Fe-Ni 合金，在氧化初期由于 Fe 与 O 的亲和力强于 Ni 与 O 的亲和力，铁离子优先与氧发生反应生成 Fe 的氧化物，此时由于氧化时间较短，Fe 的氧化物没有充足时间形成完整的氧化层。与此同时，氧继续向内扩散，铁离子和镍离子沿着晶界向外扩散。随着氧化的持续进行，Fe 的氧化物逐渐增多、尺寸变大，覆盖在基体表面，同时有少量 NiO 生成，此时向内扩散的氧与向外扩散的阳离子之间的气-固反应占据着主导作用。使用 Fe-3.5Ni 和 Fe-9Ni 对 Ni 的氧化行为进行研究。Fe-3.5Ni 在 600～1200℃时进行高温氧化 120min 后的试样微观表面形貌，如图 2-89 所示。温度较低时，试样表面出现小颗粒状的氧化物，且随着温度的升高，颗粒状氧化物变大。800℃时，试样表面出现晶须状的氧化产物，通过 SEM 上配备的 EDX 分析得知，晶须状氧化物为 Fe_2O_3。

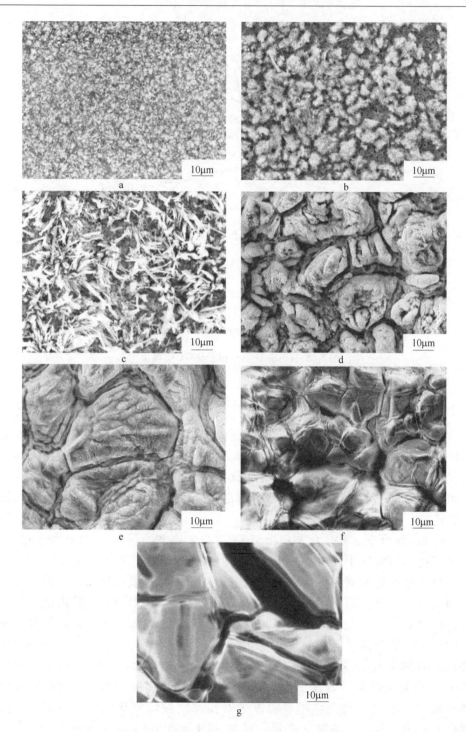

图 2-89　不同氧化温度下氧化铁皮表面形貌

a—600℃；b—700℃；c—800℃；d—900℃；e—1000℃；f—1100℃；g—1200℃

图 2-90 所示为 Fe-3.5Ni 在不同温度下氧化 120min 后的氧化铁皮断面形貌。600℃、700℃时氧化铁皮厚度相对较薄，仅有 10~30μm。随着氧化温度的增加，氧化铁皮厚度逐渐增厚。在 800℃时，氧化铁皮的厚度已经达到 60μm 左右，同时因为在热镶嵌过程的热胀冷缩及研磨用力不均匀，氧化铁皮出现破碎剥离的现象。相对于 800℃，900℃时氧化铁皮厚度约为 800℃时的 2 倍，厚度达到 130μm 左右。随着氧化温度的增加，氧化铁皮增厚趋势愈加明显，直至 1200℃时，氧化铁皮厚度达到最大，约为 410μm。

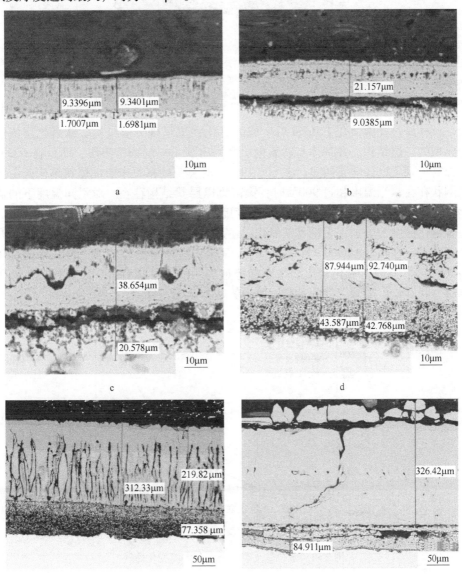

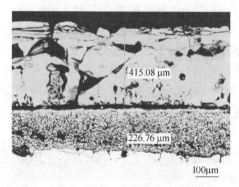

g

图 2-90 不同氧化温度下氧化铁皮断面形貌

a—600℃；b—700℃；c—800℃；d—900℃；e—1000℃；f—1100℃；g—1200℃

试样经过高温氧化 120min 后生成的氧化铁皮呈现分层结构。铁氧化层依然为典型的三层结构，在基体与铁氧化层之间出现了一层镍富集层，而且在 600℃时镍富集现象已经非常明显。在 600~900℃时，镍的富集未形成层状结构，主要以网状存在；当温度超过 900℃时，镍富集以层状结构存在。对不同温度下的氧化铁皮厚度进行统计得出氧化铁皮厚度随着氧化温度变化曲线如图 2-91 所示。随着氧化温度的增加，无论是铁氧化层还是镍富集层的厚度都随着氧化温度的升高而增大。在较低温度（<800℃）时，氧化铁皮增厚趋势较小；当氧化温度较高（>800℃）时，氧化铁皮的增厚趋势愈加明显。不难看出，总氧化层、铁氧化层、镍富集层随着温度的升高增厚趋势基本处于一致。

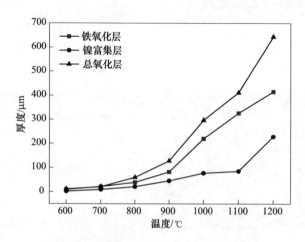

图 2-91 氧化铁皮厚度随氧化温度变化曲线

图 2-92 所示为 Fe-3.5Ni 的关于镍元素、氧元素的面扫描分析图。700℃时，

Ni 元素已经开始在铁氧化层与基体间形成富集，此时 Ni 元素的富集以点状物存在。800℃时 Ni 元素以网状结构存在，晶界是元素扩散的快速通道，铁元素亲氧能力强于镍元素，铁元素率先向外扩散与氧反应生成铁氧化物，镍元素也沿着晶界向外扩散，由于镍元素相比较铁元素难以氧化，继而在铁氧化物内侧形成富镍层。900℃时镍富集层继续增多，以层状结构存在，且 Ni 元素分布均匀。

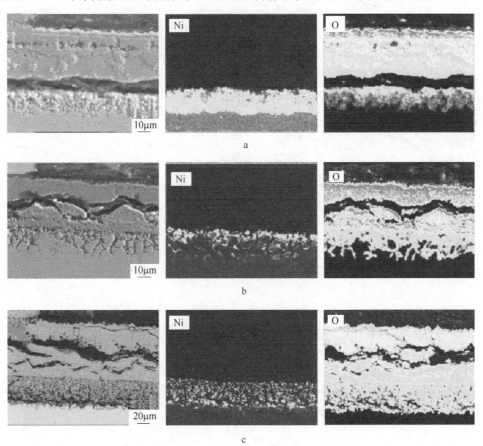

图 2-92　实验钢种 Fe-3.5Ni 氧化铁皮成分面扫描分析
a—700℃；b—800℃；c—900℃

利用同步热分析仪获得的不同氧化温度下的氧化增重相关曲线，如图 2-93a 所示。由图 2-93a 可以看出，600~800℃时单位面积氧化增重比较缓慢；而 900~1200℃时单位面积氧化增重比较明显。总体而言，单位面积氧化增重曲线在初期阶段呈现线性关系，而后呈现抛物线规律。这是因为氧化初期阶段，氧化炉腔内由高纯氩转换为空气，这个转换过程占据了一段时间，此时炉腔内氧气稀薄，同时此时生成的氧化铁皮极薄，铁离子和氧离子的化学反应控制着该阶段，氧化增重速率非常高，最终氧化初期呈现为线性关系。随着氧化的进行，氧化铁皮逐渐增厚将整个基体包裹，离子扩散成为影响氧化反应进行的关键因素，氧化铁皮越厚，扩散所需时间越长，氧化速率越低，最终该阶段呈现为抛物线。如图 2-94 所示，通过拟合，实验用钢 Fe-3.5Ni 的氧化激活能 Q 值为 147kJ/mol。氧化激活能 Q 值的大小反映氧化的难易程度，Q 值越大，表示实验用钢越难以被氧化。

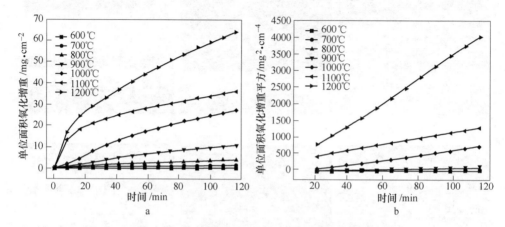

图 2-93　实验钢种 Fe-3.5Ni 氧化增重相关曲线
a—单位面积氧化增重与时间关系；b—单位面积氧化增重平方与时间关系

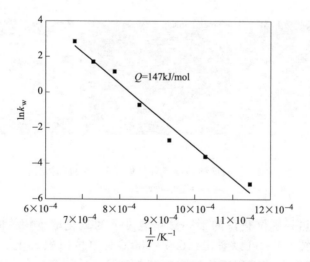

图 2-94　Fe-3.5Ni 的高温氧化 Arrhenius 曲线

　　图 2-95 示出了 Fe-9Ni 在不同温度下氧化 120min 后的氧化铁皮断面形貌。温度在 600~700℃时，氧化铁皮厚度为 8~15μm。当温度达到 800℃时，氧化铁皮的厚度达到了 50μm 左右。温度为 900℃时，氧化铁皮出现了比较明显的破碎，

这种现象因为热镶嵌、研磨过程中的应力不均而难以避免，氧化铁皮的厚度约为130μm。当氧化温度增加到 1000℃ 时，氧化铁皮厚度增厚明显，厚度约为306μm。氧化温度为 1100℃ 时，氧化铁皮的厚度继续增加至 390~420μm。氧化温度为 1200℃ 时，氧化铁皮厚度达到最大，约为 630μm。

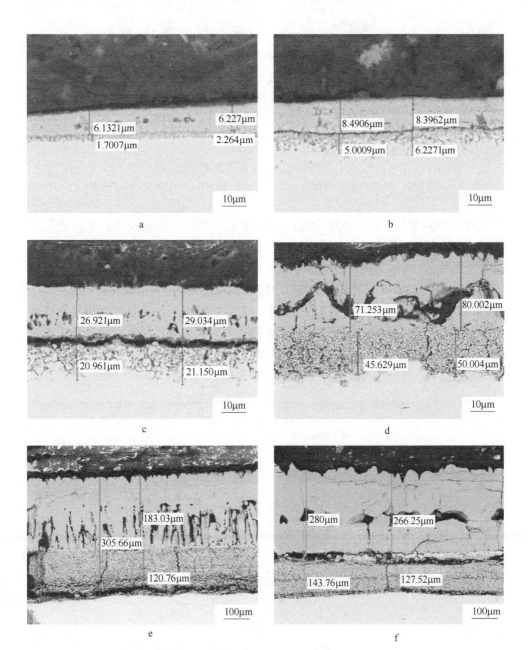

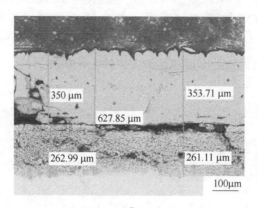

图 2-95　不同氧化温度下氧化铁皮断面形貌

a—600℃；b—700℃；c—800℃；d—900℃；e—1000℃；f—1100℃；g—1200℃

对 Fe-9Ni 氧化铁皮厚度进行统计，如图 2-96 所示。不难发现，不同氧化温度下外侧铁氧化层厚度均大于内侧镍富集层。无论是铁氧化层，还是镍富集层，随着氧化温度的增加，氧化层厚度均增加，且增厚趋势基本一致。当温度在 600~900℃时，氧化层增厚趋势较慢，随着温度的继续升高，氧化层增厚趋势变大。如图 2-97a 所示，Fe-9Ni 钢在 600~1200℃时氧化 120min 后，单位面积氧化增重曲线在初期（0~10min）呈现直线规律，随后的时间内基本呈现抛物线规律。求出单位面积氧化增重平方与时间的关系曲线，如图 2-97b 所示。分析得知，Fe-9Ni 在绝大部分氧化时间内增重呈现抛物线规律。利用图 2-97b 中的斜率计算求

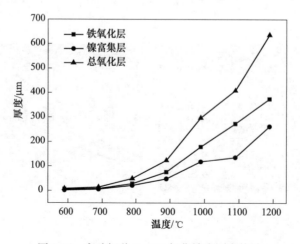

图 2-96　实验钢种 Fe-9Ni 氧化铁皮厚度统计

出氧化增重速率常数 k_w，见表 2-20，氧化增重速率常数 k_w 随着氧化温度的升高而增大。

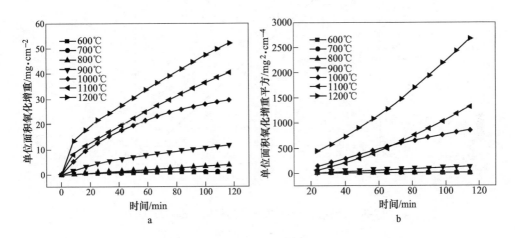

图 2-97　实验钢种 Fe-9Ni 氧化增重相关曲线

a—单位面积氧化增重与时间关系；b—单位面积氧化增重平方与时间关系

表 2-20　不同温度下 Fe-9Ni 的氧化增重速率常数

温度/℃	时间/min	$k_w/\text{mg}^2 \cdot (\text{cm}^4 \cdot \text{min})^{-1}$
600	120	0.00320
700	120	0.00583
800	120	0.55981
900	120	0.56722
1000	120	3.72309
1100	120	7.00417
1200	120	11.7057

将表 2-20 中的数据，进行 $\ln k_w$ 与 $1/T$ 的线性拟合，拟合结果如图 2-98 所示。实验钢种 Fe-9Ni 在高温氧化时氧化激活能为 166kJ/mol，相比较目标钢种 Fe-3.5Ni，氧化激活能 Q 增大。

通过测量统计的不同温度下的铁氧化层、镍富集层厚度，计算得到 k_p 为铁氧化速率常数、k_i 为镍富集速率常数，见表 2-21。由表 2-21 可以看出，k_p、k_i 均随着氧化温度的升高而增大。

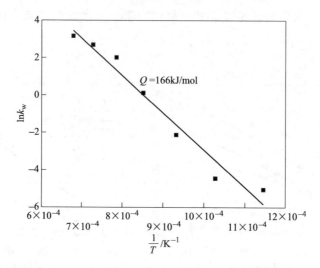

$Q = 166\text{kJ/mol}$

图 2-98　实验钢种 Fe-9Ni 的高温氧化 Arrhenius 曲线

表 2-21　实验钢种 Fe-9Ni 铁氧化速率常数、镍富集速率常数（$\mu\text{m}^2/\text{min}$）

温度/℃	600	700	800	900	1000	1100	1200
k_i	0.0164	0.1312	1.8472	9.5202	58.0167	76.6592	286.0167
k_p	0.1591	0.2971	3.2614	23.8307	133.5042	310.5375	582.8167

　　利用表 2-21 中的数据，求出相对应的腐蚀速率常数 k_c，见表 2-22。对 Fe-3.5Ni、Fe-9Ni 的断面形貌比较发现，不同钢种的氧化铁皮结构之间没有明显的差异，氧化铁皮的厚度却存在不同。为此，将不同钢种的氧化铁皮各层厚度进行统计对比，如图 2-99 所示。如图 2-99a 中，Fe-3.5Ni 的氧化铁皮厚度略微高于 Fe-9Ni 的氧化铁皮厚度，但两者的差异不大。观察图 2-99b，发现 Fe-3.5Ni 的镍富集层厚度小于 Fe-9Ni 的镍富集层，而铁氧化层厚度大于 Fe-9Ni 的铁氧化层厚度。通过上述氧化铁皮厚度对比分析，得知 Ni 含量虽然对氧化铁皮结构影响不大，却影响着氧化铁皮的厚度。对于氧化铁皮整体厚度来说，Ni 元素影响效果不明显，随着 Ni 含量的增加，氧化铁皮厚度略微有降低趋势；但仅仅对于铁氧化层来说，Ni 元素影响较大，随着 Ni 含量的增加，外侧的铁氧化层厚度明显降低，内侧的镍富集层厚度增大。

表 2-22　实验钢种 Fe-9Ni 腐蚀速率常数　　　　　（$\mu\text{m}^2/\text{min}$）

温度/℃	600	700	800	900	1000	1100	1200
k_c	0.0436	0.0814	0.8940	6.5324	36.5955	85.0785	159.7590

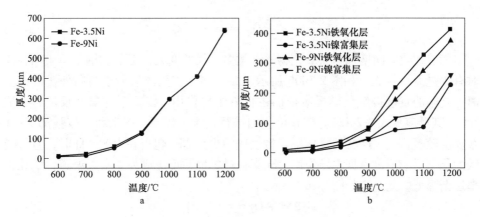

图 2-99 不同实验钢种氧化层厚度对比

a—总氧化层厚度对比；b—铁氧化层、镍富集层厚度对比

Ni 元素对氧化铁皮形成及影响机理如图 2-100 所示。由于 Fe 的氧亲和力强于 Ni 的氧亲和力，因此在高温氧化过程中铁离子优先与氧离子发生反应。如图 2-100a 所示，高温氧化初期阶段，氧气直接与钢基体接触，氧亲和力强的铁离子与氧气的直接接触反应生成铁氧化物，其反应见式（2-17）。此时由于氧化时间极短，铁氧化物没有充足时间形成氧化层，只是在试样表面局部形成铁氧化物。与此同时，氧气继续向内扩散，铁离子和镍离子沿着晶界向外扩散。

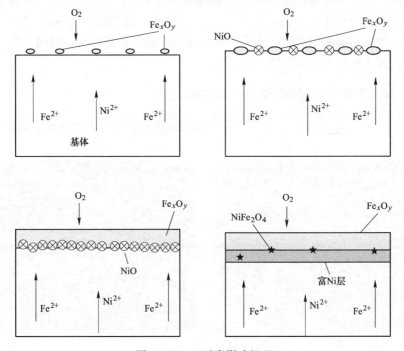

图 2-100 Ni 元素影响机理

$$\frac{x}{y}Fe + \frac{1}{2}O_2 = \frac{1}{y}Fe_xO_y \tag{2-17}$$

随着氧化时间增加，铁氧化物逐渐增多、尺寸变大，覆盖在钢基体表面，同时有少量 NiO 生成，如图 2-100b 所示，此时向内扩散的氧离子与向外扩散的阳离子之间的直接接触化学反应依旧占据着主导作用。镍离子与氧气反应，生成 NiO，其反应见式（2-18）。随着反应的进行，含量较高、氧亲和力较强的 Fe 元素反应较多，生成层状的氧化层，将生成的少量 NiO 包裹在内侧。此时，直接接触的化学反应不再占据主导作用，元素通过扩散而反应成为了主要渠道，氧化速率逐渐降低。此过程如图 2-100c 所示。

$$2Ni + O_2 = 2NiO \tag{2-18}$$

如图 2-100d 所示，随着氧化进程的进行，镍离子、铁离子向外扩散、氧气向内扩散，铁氧化层的厚度逐级增大，镍富集层的厚度也随之增大。同时，镍元素与氧气反应生成氧化镍的量逐渐变多。随着镍元素的向外扩散，与氧反应生成的氧化镍与铁氧化物中的 Fe_2O_3 反应生成尖晶石结构 $NiFe_2O_4$，其反应见式（2-19）。向外扩散至铁氧化层的镍富集层以金属网丝状存在，将镍富集层与铁氧化层紧紧连在一起，这也说明了镍钢氧化层的黏附性强。

$$NiO + Fe_2O_3 = NiFe_2O_4 \tag{2-19}$$

如前所述，Ni 元素增多，氧化铁皮厚度略微减薄。这是因为 Ni 元素本身的氧亲和力差，没有先于 Fe 形成保护性膜状氧化物，而是由于 Ni 元素增大，在内侧形成的镍富集层相对变厚，铁离子和氧离子扩散的距离变大、时间变多，进而在一定程度上延缓了氧化反应。

2.3.3　潮湿气氛下 Fe-Ni-O 体系的高温氧化行为

图 2-101 所示为 800℃、1000℃不同相对湿度条件下高温氧化铁皮表面形貌。

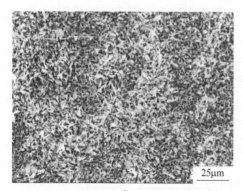
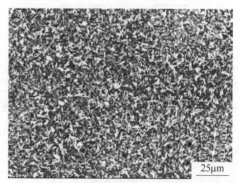

a　　　　　　　　　　　　　　　　　b

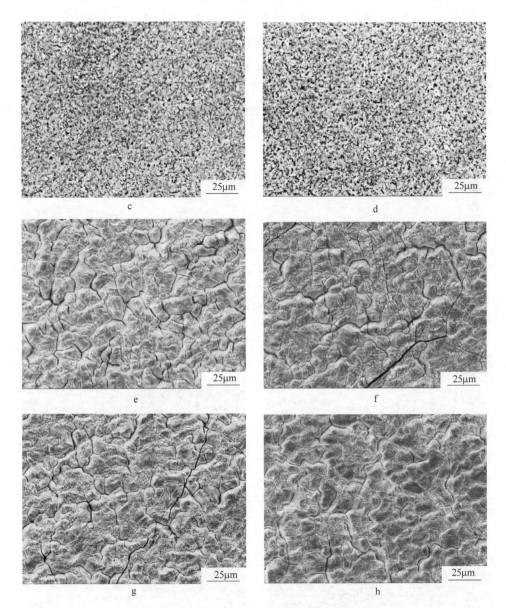

图 2-101　水蒸气条件下氧化铁皮表面形貌

a—800℃，RH 为 0%；b—800℃，RH 为 30%；c—800℃，RH 为 60%；d—800℃，RH 为 90%；

e—1000℃，RH 为 0%；f—1000℃，RH 为 30%；g—1000℃，RH 为 60%；

h—1000℃，RH 为 90%

图 2-101 中，800℃时氧化铁皮表面呈现蜂窝状，在蜂窝状上层有不均匀分布的晶须状 Fe_2O_3。1000℃时氧化铁皮表面呈现不规则多边形状，不同相对湿度下相对湿度的变化对表面形貌影响不大，氧化铁皮表面形貌未发生较大变化。

图 2-102 所示为 800℃、1000℃时不同相对湿度下的氧化铁皮断面形貌。800℃下进行高温氧化，干燥空气条件下氧化铁皮厚度为 50～54μm。当相对湿度为 30%时，氧化铁皮的厚度达到了 58～66μm。随着相对湿度的增加，氧化铁皮的厚度逐渐增加，直至相对湿度为 90%时的 74μm 左右。与 800℃时相似，1000℃时发生高温氧化，氧化铁皮的厚度逐渐增加。1000℃时氧化铁皮厚度由干燥空气下的 334μm 到相对湿度为 90%条件下的 600μm 左右。需要指出的是，干燥空气

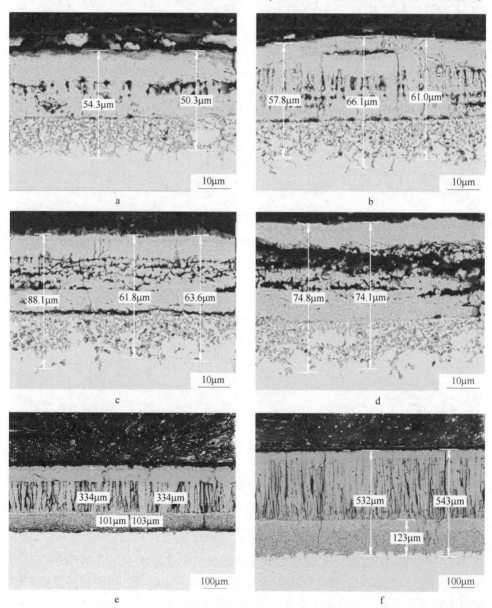

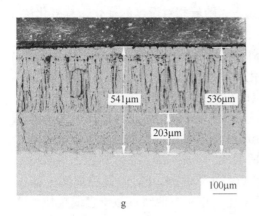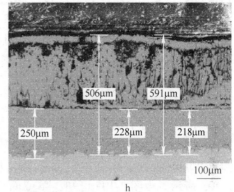

图 2-102　水蒸气条件下氧化铁皮断面形貌

a—800℃，RH 为 0%；b—800℃，RH 为 30%；c—800℃，RH 为 60%；d—800℃，RH 为 90%；

e—1000℃，RH 为 0%；f—1000℃，RH 为 30%；g—1000℃，RH 为 60%；

h—1000℃，RH 为 90%

条件下氧化铁皮保存较为完整，而随着相对湿度的增加，氧化铁皮出现不同程度的破碎、裂纹、空隙等，这种现象在 1000℃ 时尤为明显，从结构来看，不同温度、不同相对湿度条件下进行高温氧化，氧化铁皮的结构没有发生变化，氧化层结构仍由内侧镍富集层和外侧铁氧化层构成，外侧铁氧化层从靠近基体处向外依次为：较厚的 FeO、厚的 Fe_3O_4、较薄的 Fe_2O_3。

800℃ 时不同相对湿度的氧化铁皮分层现象明显，但内侧镍富集层呈现树枝状；对于厚度统计来说，误差较大，为此只对 1000℃ 时氧化铁皮总厚度、镍富集层、铁氧化层厚度进行统计，如图 2-103 所示，相对湿度的增加使各氧化层的厚度均增加。由干燥空气到水蒸气条件下，各氧化层的增厚趋势比较明显。不同相

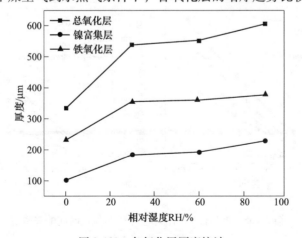

图 2-103　各氧化层厚度统计

对湿度下，氧化层增厚趋势缓慢。总体而言，随着相对湿度的变化，总氧化层、镍富集层、铁氧化层变化趋势趋于一致。

实验钢种在 800℃、1000℃时不同相对湿度条件下单位面积氧化增重曲线，如图 2-104 所示。图 2-104 中，800℃氧化初期经历过短暂的快速氧化增重之后，氧化增重速率相对变慢。800℃时，单位面积氧化增重由干燥条件下的 4.05mg/cm^2 增加到相对湿度 90%时的 5.4mg/cm^2。1000℃时氧化增重过渡比较圆滑，不同相对湿度条件下均呈现抛物线规律。1000℃时，单位面积氧化增重由干燥条件下的 30.47mg/cm^2 增加到相对湿度 90%时的 49.14mg/cm^2。去除单位面积氧化增重前 15min 数据，绘制单位面积氧化增重平方与氧化时间的关系曲线，如图 2-105 所示。由图 2-105 可知，单位面积氧化增重平方曲线近似于直线规律，这证明了氧化增重的抛物线规律，也间接说明了相对湿度越大，氧化增重越高。

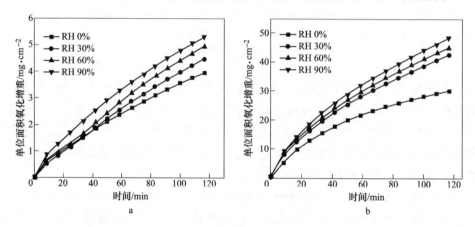

图 2-104　单位面积氧化增重与氧化时间的关系
a—800℃；b—1000℃

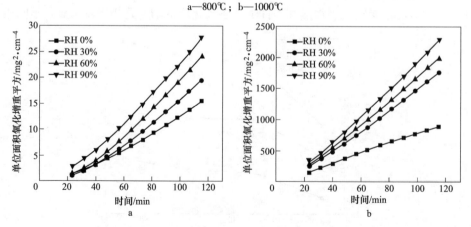

图 2-105　单位面积氧化增重平方与氧化时间的关系
a—800℃；b—1000℃

参 考 文 献

［1］ 刘小江. 热轧无取向硅钢高温氧化行为及其氧化铁皮控制技术的研究与应用［D］. 沈阳：东北大学，2014.

［2］ 李志峰. 热轧钢材氧化铁皮演变机理与免酸洗技术开发［D］. 沈阳：东北大学，2018.

［3］ 王福祥. Fe-Ni 合金高温氧化行为及耐蚀性研究［D］. 沈阳：东北大学，2016.

［4］ 刘小江，曹光明，何永全，等. 单道次热轧对 Fe-1.5Si 硅钢氧化层形貌的影响［J］. 东北大学学报（自然科学版），2013，34（12）：1730~1733.

［5］ Liu Xiaojiang, Cao Guangming, He Yongquan, et. al. Effect of Temperature on Structure of Outer Fe Oxide Layer of Fe-2.2Si Alloy［J］. Advanced Materials Research, 2013, 652-654：1009~1015.

［6］ Liu X J, Cao G M, Nie D M, et al. Mechanism of Black Strips Generated on Surface of CSP Hot-Rolled Silicon Steel［J］. Journal of Iron & Steel Research International, 2013, 20（8）：54~59.

［7］ Rapp R A. Kinetics, microstructures and mechanism of internal oxidation-its effect and prevention in high temperature alloy oxidation［J］. Corrosion, 1965, 21（12）：382~401.

［8］ Saunders S, Monteiro M, Rizzo F. The oxidation behaviour of metals and alloys at high temperatures in atmospheres containing water vapour：A review［J］. Progress in Materials Science, 2008, 53（5）：775~837.

［9］ Othman N K, Othman N, Zhang J Q, et al. Effects of water vapour on isothermal oxidation of chromia-forming alloys in Ar/O_2 and Ar/H_2 atmospheres［J］. Corrosion Science, 2009, 51（12）：3039~3049.

［10］ Asteman H, Svensson J E, Johansson L G. Oxidation of 310 steel in H_2O/O_2 mixtures at 600℃：the effect of water-vapour-enhanced chromium evaporation［J］. Corrosion Science, 2002, 44（11）：2635~2649.

［11］ Deodeshmukh V P. Long-term performance of high-temperature foil alloys in water vapor containing environment. Part Ⅱ：chromia vaporization behavior［J］. Oxidation of Metals, 2013, 79（5~6）：579~588.

［12］ Young D J, Pint B A. Chromium volatilization rates from Cr_2O_3 scales into flowing gases containing water vapor［J］. Oxidation of Metals, 2006, 66（3-4）：137~153.

［13］ Garza-Montes-De-Oca N F, Ramírez-Ramírez J H, Alvarez-Elcoro I, et al. Oxide structures formed during the high temperature oxidation of hot mill work rolls［J］. Oxidation of Metals, 2013, 80（1~2）：191~203.

［14］ Chang Y N, Wei F I. Review high temperature oxidation of low alloy steels［J］. Journal of Materials Science, 1989, 24（1）：14~22.

3 热轧全流程的氧化铁皮演变行为

在热轧板带材生产过程中,由于轧制全流程的温度高且停留时间长,伴随着轧制进行,钢材表面始终会有氧化铁皮的生长且持续发生动态变化。受到化学成分、加热制度、轧制工艺、环境气氛、除鳞制度、卷后冷却等诸多工艺因素的影响,最终成品板表面的氧化铁皮的厚度与结构也会有极大的区别。为了表面质量的提升,需要对生产中的各个环节都加以关注。通过系统性的研究,掌握氧化铁皮厚度和结构的变化规律,实现氧化铁皮的合理、高效控制。在前一章中已经对化学成分对氧化铁皮生长的影响加以概述,本章则对热轧生产各个环节氧化铁皮的演变行为进行系统分析,为氧化铁皮的结构与厚度控制提供理论支撑[1~5]。

3.1 加热过程中高温氧化行为

3.1.1 加热制度对氧化行为的影响

对于加热炉内氧化行为的研究,传统研究上多采用空气中进行高温氧化来模拟。但由于与实际炉内气氛具有较大差异,造成模拟实验结果与现场结果差距较大。为了获得更加反映出真实的氧化状态,本节在低氧环境下模拟加热制度进行氧化实验。选取的模拟加热气氛为:$2\%O_2$-$12\%CO_2$-$86\%N_2$。将各钢种的试样置于加热炉内,并以 100mL/min 的流量向炉腔内通入实验气体,按照如表 3-1 所示的加热制度进行氧化,记录试样的质量增重量。氧化过程完成后,以 99℃/min 的降温速率冷却至室温。实验后使用电子探针对氧化后的试样进行检测。

表 3-1　模拟炉内氧化加热表

钢种	预热		一加		二加		均热	
	温度/℃	时间/min	温度/℃	时间/min	温度/℃	时间/min	温度/℃	时间/min
	530	55	900	65	1140	60	1175	60
SPHC	1010	80	1200	40	1255	35	1220	30
	1050	75	1225	32	1270	25	1230	20
Q235B	1000	70	1200	45	1260	40	1230	20
700L	500	60	1100	40	1300	50	1275	35
SPA-H	1010	85	1235	50	1300	45	1285	30

SPHC 钢在 530℃下进行预热时的氧化增重量很低，而到后三个阶段时增重明显，增重曲线接近于直线，最终的氧化增重量约为 158mg。从氧化铁皮断面形貌可以看出，模拟炉内氧化得到的氧化铁皮组织大致分为 Fe_2O_3 层、Fe_3O_4 层、FeO 层三层结构，各层比例约为 6∶26∶68，整个氧化铁皮厚度约为 700μm。

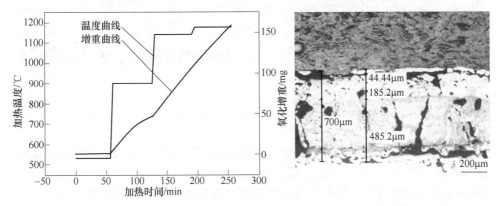

图 3-1　SPHC 经 530℃预热后的炉内氧化增重曲线与炉生氧化铁皮断面形貌

当预热阶段温度设定为 1010℃时，SPHC 钢的氧化增重比 530℃下的氧化增重有显著增加，最终的氧化增重量约为 $183mg/cm^2$。经过高温预热所得到的氧化铁皮，其结构与 530℃低温预热条件下得到的氧化铁皮结构相比有明显区别，如图 3-2 中断面形貌图所示，高温预热条件下的氧化铁皮各层比例约为 Fe_2O_3∶Fe_3O_4∶FeO＝3∶27∶70，最终得到的氧化铁皮厚度约为 900μm。

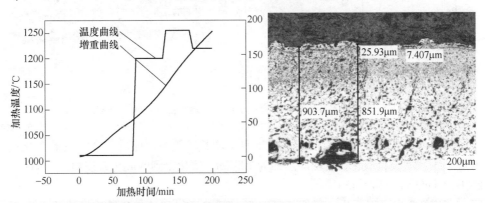

图 3-2　SPHC 经 1010℃预热后的模拟炉内氧化增重曲线与氧化铁皮断面形貌

经 1050℃预热后，SPHC 钢的氧化增重动力学曲线接近于直线，最终的氧化增重量约为 $176mg/cm^2$，氧化铁皮外层 Fe_2O_3 几乎完全脱落，中间是较厚的 Fe_3O_4 层，与基体相邻的是 FeO 层。高温预热条件下的氧化铁皮厚度约为 900μm，各层比例约为 1∶44∶55。

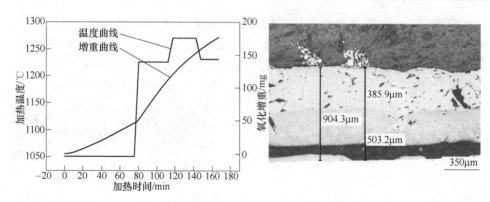

图 3-3　SPHC 经 1050℃预热后的模拟炉内氧化增重曲线与氧化铁皮断面形貌

　　Q235B 钢在加热后氧化增重量随氧化时间呈线性增加，氧化铁皮层的厚度约为 580μm。模拟炉内氧化得到各层结构比例为 $Fe_2O_3 : Fe_3O_4 : FeO = 3 : 34 : 63$。700MPa 级大梁钢经预热氧化后氧化增重随时间呈线性增长，氧化铁皮层厚度约为 800μm。氧化得到各层结构比例为 $Fe_2O_3 : Fe_3O_4 : FeO = 1 : 49 : 50$。氧化铁皮在冷却至室温过程中，FeO 层外侧生成大量的先共析组织。

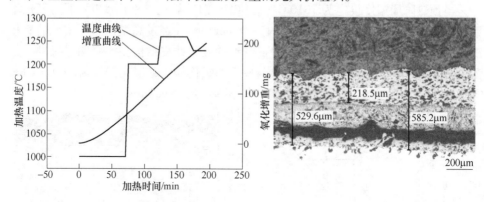

图 3-4　Q235B 经 1000℃预热后的模拟炉内氧化增重曲线与氧化铁皮断面形貌

　　SPA-H 耐候钢在预热阶段的氧化增重量增长较缓慢，而后三个阶段的氧化增重量呈线性增长，氧化铁皮层厚度约为 700μm。氧化得到的氧化铁皮组织 $Fe_2O_3 : Fe_3O_4 : FeO = 1 : 54 : 45$。

　　从表 3-2 中可以看出，不同钢种经低温预热所得到的氧化铁皮厚度小于高温预热条件下得到的氧化铁皮厚度，不同钢种的氧化铁皮的结构也存在差异。由于 700MPa 级大梁钢的 Si 含量较高，氧化过程中会在氧化铁皮中形成富 Si 层，阻碍 Fe 离子扩散，抑制 FeO 层形成。SPA-H 耐候钢的 Si 与 Cu 含量都比较高，除了形成富 Si 层外，钢种的 Cu 还会在氧化铁皮中富集，抑制 FeO 形成，导致 FeO 层厚度低于 Fe_3O_4 层厚度。

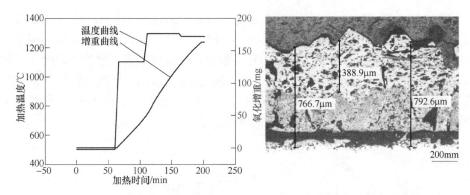

图 3-5 700MPa 级大梁钢模拟炉内氧化增重曲线与氧化铁皮断面形貌

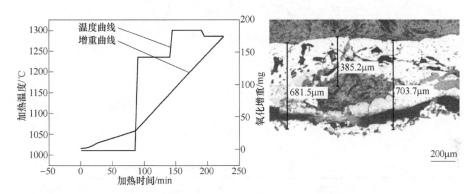

图 3-6 SPA-H 耐候钢模拟炉内氧化增重曲线与氧化铁皮断面形貌

表 3-2 各钢种氧化铁皮厚度与结构汇总表

钢种		氧化铁皮厚度	氧化铁皮组织各层比例
SPHC	530℃预热	700μm	$Fe_2O_3 : Fe_3O_4 : FeO = 6 : 26 : 68$
	1010℃预热	900μm	$Fe_2O_3 : Fe_3O_4 : FeO = 3 : 1 : 96$
	1050℃预热	900μm	$Fe_2O_3 : Fe_3O_4 : FeO = 1 : 44 : 55$
Q235B		580μm	$Fe_2O_3 : Fe_3O_4 : FeO = 3 : 34 : 63$
700MPa 级大梁钢		800μm	$Fe_2O_3 : Fe_3O_4 : FeO = 1 : 49 : 50$
SPA-H 耐候钢		700μm	$Fe_2O_3 : Fe_3O_4 : FeO = 1 : 54 : 45$

3.1.2 短流程加热制度对炉生氧化铁皮的影响

短流程产线的加热炉较常规热轧产线有所不同,其通常为辊底式隧道加热炉,分为三个加热段,每段在炉时间和加热温度存在区间变化范围。通过模拟隧道式加热炉实际工况,研究第二和第三段加热段对氧化铁皮生长的影响规律。模拟过程如图 3-7 所示,工艺参数见表 3-3。首先将试样悬挂于石墨电阻炉内,对加热炉内腔抽真空,然后以 200mL/min 的流量向炉腔内充入氩气,当氩气在炉腔内的压力达到 1atm（10^5Pa）以上时，将氩气流量改为 20mL/min 进行吹扫。实验开始后以 90℃/min 升温至第一段加热温度（简称"一加温度"），并以 100mL/min 的流量向炉腔内通入空气保温 4min 后，随后以相同加热速率升温至第二段加热温度（简称"二加温度"），保温设定时间，再以一定速率到达第三段加热温度（简称"三加温度"），保温设定时间后，在保温段停留一段时间后，最后以 90℃/min 的降温速率冷却至室温，降温过程中通入氩气防止冷却过程中进一步氧化。

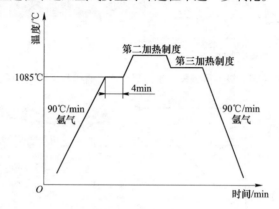

图 3-7 实验工艺曲线

表 3-3 实验工艺参数

加热制度	第一加热段		第二加热段		第三加热段	
	温度/℃	时间/min	温度/℃	时间/min	温度/℃	时间/min
二加温度	1085	4	1140	10	1150	8
	1085	4	1160	10	1150	8
	1085	4	1180	10	1150	8
	1085	4	1200	10	1150	8
二加时间	1085	4	1180	8	1150	8
	1085	4	1180	10	1150	8
	1085	4	1180	13	1150	8
三加温度	1085	4	1180	10	1100	8
	1085	4	1180	10	1125	8
	1085	4	1180	10	1150	8
	1085	4	1180	10	1175	8
	1085	4	1180	10	1200	8
三加时间	1085	4	1180	10	1150	6
	1085	4	1180	10	1150	8
	1085	4	1180	10	1150	11

在不同二加温度条件下得到的氧化铁皮断面形貌如图 3-8 所示。二加温度为 1140~1180℃时氧化时间 10min 时，氧化铁皮为三层结构。与高温氧化动力学实验得到的氧化铁皮结构类似，最外层为极薄的 Fe_2O_3，中间出现较薄的 Fe_3O_4，内层为较厚的 FeO 层和一定量"岛状"先共析 Fe_3O_4。当二加温度为 1200℃时，氧化铁皮结构变为最外层原始 Fe_3O_4 和内层 FeO 两层结构，且氧化铁皮整体出现了明显的破碎。不同温度条件下氧化铁皮厚度的统计结果如图 3-9 所示。试样氧化铁皮的厚度随着二加温度的升高而增大，在较高二加温度时（1180~1200℃），氧化铁皮增重速度最快；在较低二加温度时（1140~1180℃），氧化铁皮增重较慢，氧化铁皮厚度变化范围也相对较小。

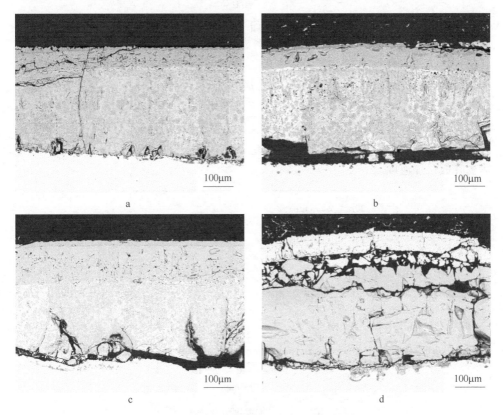

图 3-8　不同二加温度氧化铁皮断面形貌
a—1140℃；b—1160℃；c—1180℃；d—1200℃

从图 3-10 中可以明显看出，当二加温度为 1200℃时，单位面积上的氧化增重明显偏大，而当温度为 1140~1180℃时，增重幅度较小，与氧化铁皮厚度变化趋势相一致。观察第三加热段，发现在相同三加工艺条件下，由于二加温度的变化，第三加热段增重存在两种情况：第一，当二加温度为 1180℃和 1200℃时，

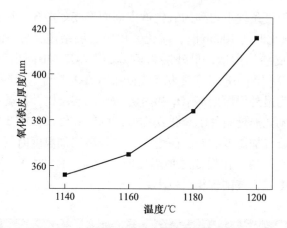

图 3-9　不同二加温度氧化铁皮厚度统计

其第三加热段氧化增重较小；第二，当二加温度为 1140℃ 和 1160℃ 时，其第三加热段氧化增重较大。这是由于第三加热温度为 1150℃，相比二加温度为 1180℃ 和 1200℃ 时，第三加热段初期属于降温阶段，且由于较高的二加温度，生成了更厚的氧化铁皮，离子扩散通道变长，延迟了氧化速率。因此在保证钢坯充分加热的基础上，为降低氧化烧损和氧化铁皮厚度，提高氧化铁皮除鳞性，需要适当降低二加温度。

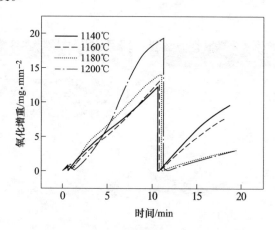

图 3-10　不同二加温度氧化增重曲线

　　二加温度为 1180℃ 时，不同加热时间条件下得到的氧化铁皮断面形貌如图 3-11 所示。当加热时间为 8min、10min 和 13min 时，对应的加热总时间为 20min、22min 和 25min。氧化铁皮结构基本相似，最外层为 Fe_2O_3 层，中间为 Fe_3O_4 层，内层为较厚的 FeO 层并伴有一定量的"岛状"先共析 Fe_3O_4。当二加时间为 8min 时，氧化铁皮厚度大约为 366μm。当加热时间延长至 10min 时，氧化铁皮厚度为

385μm，氧化铁皮中 FeO 层比例变大，约占氧化铁皮厚度的 57.5%。当二加时间延长至 13min 时，氧化铁皮厚度明显变大，大约为 418μm，此时 FeO 层占氧化铁皮厚度的 72%。

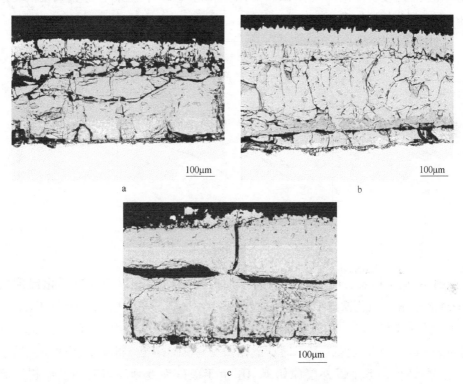

图 3-11　1180℃时不同二加时间氧化铁皮断面形貌

a—8min；b—10min；c—13min

对不同二加时间生成的氧化铁皮厚度进行统计如图 3-12 所示。氧化铁皮厚

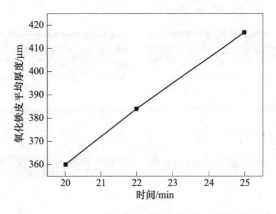

图 3-12　1180℃不同二加时间氧化铁皮厚度统计

度随二加时间变化呈线性规律变化，氧化铁皮厚度增重随氧化时间的增加而显著增加。如图 3-13 所示，当二加时间为 13min 时，氧化铁皮增长速率明显变大，与氧化铁皮厚度统计图 3-12 一致，因此应避免二加时间过长，防止氧化铁皮急剧增厚，氧化烧损加重。

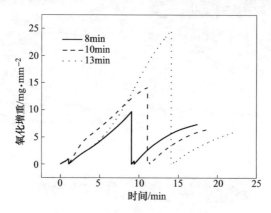

图 3-13　不同二加时间氧化增重曲线

　　图 3-14 为氧化铁皮断面在不同三加温度条件下的形貌。当氧化温度为 1100℃ 时，整个氧化铁皮结构包括最外层原始 Fe_3O_4，中间层先共析 Fe_3O_4 和内层较薄的并伴有"岛状"先共析 Fe_3O_4 的残留 FeO 的三层结构，氧化铁皮总厚度约为 314μm。当温度提高 25℃ 时，氧化铁皮厚度提高至 335μm，氧化铁皮结构也为三层结构，但是最外层原始 Fe_3O_4 由于破碎而变薄。当三加温度提高到 1150℃ 时，氧化铁皮厚度为 385μm，氧化铁皮中残留 FeO 层比例变小。继续升高温度至 1175℃，氧化铁皮中 FeO 层比例再次变大，氧化铁皮总厚度为 414μm。当三加温度升高到最大值 1200℃ 时，氧化铁皮厚度值最大，大约为 468μm，氧化铁皮结构变为以先共析 Fe_3O_4 为主的三层结构。

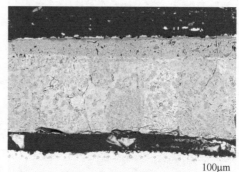

100μm　　　　　　　　　　　　　　　　100μm

a　　　　　　　　　　　　　　　　　　b

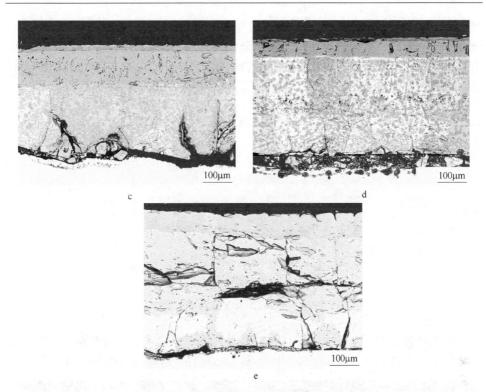

图 3-14 不同三加温度氧化铁皮断面形貌

a—1100℃；b—1125℃；c—1150℃；d—1175℃；e—1200℃

对不同三加温度生成的氧化铁皮厚度进行统计，如图 3-15 所示。在较低氧化温度时（1100~1150℃），氧化铁皮厚度随着温度的升高呈线性规律升高；在较高氧化温度时（1150~1175℃），氧化铁皮厚度增长速率最低；而当三加温度继续增加（高于1175℃），氧化铁皮厚度急剧增长，到1200℃时氧化铁皮厚度达

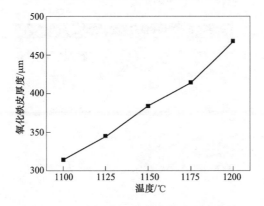

图 3-15 不同三加温度氧化铁皮厚度统计

到 468μm。从图 3-16 中也可以看出，三加阶段氧化铁皮增重基本满足直线规律，随着温度的升高，氧化铁皮增长速率逐渐变大。当三加温度为 1200℃时，氧化增重曲线斜率急剧变大，与氧化铁皮厚度急剧变大相一致，因此应避免三加温度到达 1200℃，造成氧化铁皮过厚，不利于除鳞。

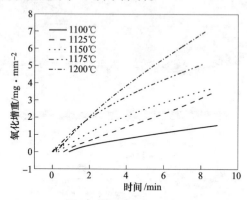

图 3-16　不同三加温度氧化增重曲线

在三加温度 1150℃的条件下，不同加热时间对氧化铁皮断面形貌的影响如图 3-17 所示。当加热时间为 8min、10min 和 13min 时，对应的加热总时间为 20min、

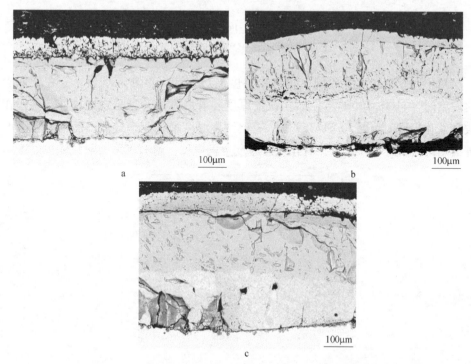

图 3-17　不同三加时间氧化铁皮断面形貌

a—8min；b—10min；c—13min

22min 和 25min。其中最外层为 Fe_2O_3 层，中间为 Fe_3O_4 层，内层为较厚的 FeO 层和"岛状"先共析 Fe_3O_4。当三加时间为 8min 时，氧化铁皮厚度大约为 346μm，FeO 层厚度占整个氧化铁皮厚度的 23.2%。当时间延长至 10min 时，氧化铁皮厚度增长为 395μm，氧化铁皮中 FeO 层比例变大，约占氧化铁皮厚度的 45.5%。当三加时间延长至 13min 时，氧化铁皮厚度大幅增厚，大约为 452μm，此时 FeO 层占氧化铁皮厚度的 49.1%。不同三加时间对氧化铁皮厚度的影响规律如图 3-18 所示，可见氧化铁皮厚度随三加时间的延长呈线性规律变化。

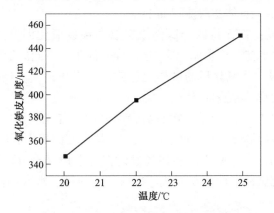

图 3-18　不同三加时间氧化铁皮厚度统计

综合以上结果，隧道式加热炉二加加热制度和三加加热制度对氧化铁皮增重均有影响，当二加温度为 1180~1200℃时，氧化铁皮增重速度最快；当三加温度为 1175~1200℃时，氧化铁皮增重速率最快；氧化铁皮厚度随着二加时间的增加呈线性增长。在保证钢坯充分加热的基础上，为降低氧化烧损和氧化铁皮厚度，提高氧化铁皮除鳞性，隧道式加热炉加热制度为加热炉第一段、第二段加热时间可控制在 10min 左右，总加热时间可控制在 20~25min。

3.2　氧化铁皮热变形行为研究

钢铁材料的热轧温度范围一般是 800~1250℃，在这种环境下氧化速度很高，即使经过 0.6s 的氧化时间，钢材表面的氧化铁皮仍然具有 Fe_2O_3、Fe_3O_4 和 FeO 三层结构。氧化铁皮的塑性随温度的下降逐渐降低，并且三者之中 FeO 具有最佳的高温塑性。而钢材在轧制过程中，其表面的氧化铁皮介于轧辊与基体之间，轧制工艺设置不合理将导致氧化铁皮变硬、变脆，部分氧化铁皮从钢板表面脱落或者被压入基体，产生麻点、凹坑和折叠等压入缺陷，对带钢的表面质量产生不利影响。本节针对实际轧制过程中的生产工艺，针对钢材表面氧化铁皮在复杂条件下的高温变形行为展开系列研究，特别研究了热轧条件（包括热轧温度和压下量）对氧化铁皮的形变机制。

3.2.1　热轧温度的影响

本节使用国内某钢厂生产的普碳钢进行相关实验，首先利用实验室的电火花线切割机将钢材切成大小为 40mm×20mm×2.5mm 的长方体试样如图 3-19 所示。接着依次利用 80 号、600 号、800 号、1000 号、1200 号、1500 号的砂纸进行逐级打磨，然后利用超声波清洗机振荡清洗试样表面的污物，吹干后以备用。为了研究热轧温度对氧化铁皮变形的影响机制，本实验设备为四辊可逆式轧机，实验装置如图 3-20 所示，具体实验流程如下：

（1）氧化阶段：首先将四个试样依次放在预设氧化温度为 800℃、900℃、1000℃、1100℃ 的加热炉内保温 90s，使试样表面生成不同原始厚度的氧化铁皮。

（2）轧制阶段：将氧化后的试样迅速放入预设单道次轧制压下量为 15% 的轧机上进行轧制变形，结束实验。

（3）试样制备与检测阶段：轧制实验结束后，首先利用电火花线切割机将试样切成大小为板厚 δ×8mm×6mm 的小试样，接着在酒精中利用超声波清洗机振荡除去试样表面的油污，吹干后利用场发射扫描电镜（SEM）和 X 射线能谱分析仪（EDS）观察试样表面微观形貌。最后经过热镶、水磨和抛光后利用 4% 的

图 3-19　氧化前试样宏观形貌

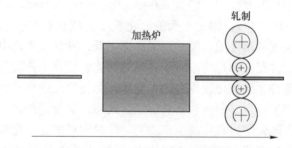

图 3-20　热轧实验装置示意图

盐酸酒精对试样进行腐蚀，利用电子探针（EPMA）观察氧化铁皮断面微观形貌。

图 3-21 为经过不同热轧温度轧制变形后氧化铁皮的表面微观形貌，可以看到在不同热轧温度条件下，氧化铁皮破碎剥离情况不同。当轧制温度为 800℃时，表面氧化铁皮出现大面积块状脱落现象，断层现象明显。表 3-4 是氧化铁皮不同位置处的能谱分析，对图 3-21a 中不同位置进行 EDS 测量分析，位置 A 为 Fe_3O_4，位置 B 和位置 C 均为 FeO，表明外层 Fe_3O_4 在轧制过程中发生脱落。当轧制温度为 900℃时，氧化铁皮表面脱落程度减弱，脱落区域呈小块状，且零散分布在表面不同位置处。此外，经轧制后氧化铁皮表面出现宽度大小不同的裂缝和长度方向近似平行的微裂纹。

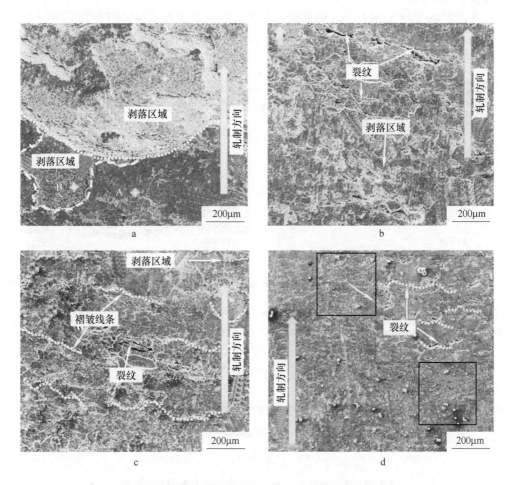

图 3-21 不同温度热轧变形后氧化铁皮表面微观形貌

a—800℃；b—900℃；c—1000℃；d—1100℃

表 3-4　氧化铁皮不同位置处的能谱分析（原子分数）　（%）

位置	O	Fe
A	57.68	42.32
B	49.87	50.13
C	50.14	49.86

当轧制温度升高至1000℃时，氧化铁皮单位面积脱落现象减少，裂缝密度较大，但深度和宽度较900℃减小。此外，氧化铁皮表面出现大量近似波浪状的褶皱线条。随着轧制温度的进一步升高，在1100℃下经轧制变形后的氧化铁皮无明显脱落现象，其表面局部放大图表明，此时单位面积上微裂纹密度最小，裂纹深度最浅，长度最短。整体来看，轧制温度越高，经过高温轧制变形后，氧化铁皮表面的完整性越好。

在800~1100℃氧化90s后原始氧化铁皮的断面微观形貌如图3-22所示。从图3-22中可以看出，在不同热轧温度下氧化后试样表面氧化铁皮均由靠近基体侧较厚的FeO和外层较薄的Fe_3O_4组成。

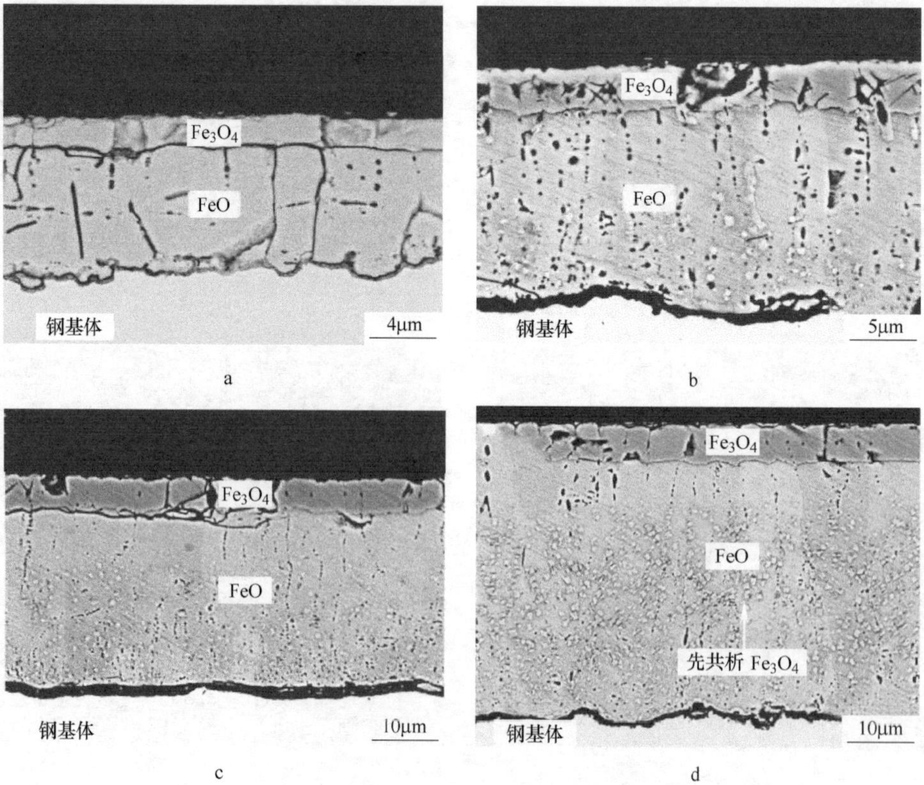

图 3-22　不同温度氧化后原始氧化铁皮的断面微观形貌

a—800℃；b—900℃；c—1000℃；d—1100℃

对经过不同温度氧化后的原始氧化铁皮厚度和组织结构体积比进行统计，结果如图 3-23 所示。在 800℃ 下氧化 90s 后，试样表面氧化铁皮平均厚度约为 9.43μm，此时氧化铁皮中内层 FeO 与中间层 Fe_3O_4 的体积比约为 4.5 : 1。当温度上升至 900℃ 时，氧化铁皮平均厚度增大至 18.24μm，FeO 与 Fe_3O_4 的体积比约为 4.8 : 1。随着氧化温度进一步的升高，氧化铁皮的平均厚度在 1000℃ 时达到 31.16μm，FeO 与 Fe_3O_4 的体积比进一步增大，为 5.7 : 1。当氧化温度上升至 1100℃ 时，此时氧化铁皮的平均厚度和 FeO/Fe_3O_4 的比值达到最大，分别为 45.81μm 和 7.5 : 1。整体来看，随着氧化温度的升高，氧化铁皮厚度增加，FeO 在氧化铁皮中所占的体积比例亦逐渐增加，这是因为高温氧化过程伴随着 Fe^{2+} 不断地向外扩散，由于 Fe^{2+} 的扩散系数随着温度的升高而逐渐增大[6]，能够扩散至表面的 Fe^{2+} 增多，在较高温度下 Fe^{2+} 与氧气反应更加剧烈，因此氧化铁皮厚度不断增加。此外，由于 Fe^{2+} 在 FeO 中的扩散系数比在 Fe_3O_4 中的大[7]，通过 FeO 层向外扩散的 Fe^{2+} 更容易在 FeO/Fe_3O_4 界面处达到过饱和状态，此时 Fe^{2+} 会与外层 Fe_3O_4 发生氧化还原反应，将 Fe_3O_4 还原为 FeO，最终造成氧化铁皮中 FeO 所占的比例不断升高。

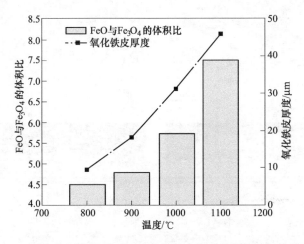

图 3-23 不同氧化温度条件下原始氧化铁皮厚度和组织结构体积比曲线

经过不同热轧温度轧制变形后氧化铁皮的断面微观形貌如图 3-24 所示。氧化铁皮在不同热轧温度条件下变形情况不同，整体来看，氧化铁皮的变形行为与热轧温度和氧化铁皮厚度有关[8]：随着轧制温度的升高，氧化铁皮断裂破碎程度减弱；在同一轧制温度下，氧化铁皮的断裂破碎行为沿厚度方向由外层向内部逐渐减弱，外层 Fe_3O_4 变形破碎均比内侧 FeO 更加严重。在 800℃ 轧制变形后（见图 3-24a），氧化铁皮断面破碎成大量小颗粒状和块状，在 FeO 层中出现大块空洞，大量外层 Fe_3O_4 和内层 FeO 从表面脱落，这与在此温度下氧化铁皮表面形貌观察结果一致[9]。此外，在基体与 FeO 的界面处有部分氧化铁皮被压入基体，界面平整度较差，有较大的界面裂缝。在 900℃ 轧制变形后的氧化铁皮断面形貌如图 3-24b，此时氧化铁皮的破碎情况较 800℃ 时有所改善，外层 Fe_3O_4 在轧制后破碎成小颗粒状，部分 Fe_3O_4 从表面脱落，而内层 FeO 沿厚度方向从外到内由小颗粒状逐渐变成大块状，同时 FeO 中的空洞面积显著减小。当轧制温度上升至 1000℃ 时（见图 3-24c），氧化铁皮破碎程度减小，外层 Fe_3O_4 仍有部分脱落，而内层 FeO 整体表现为大块状，在 FeO 中可以观察到有贯穿氧化铁皮厚度方向的大裂缝。此外，在 1000℃ 下经轧制变形后，氧化铁皮和钢基体之间的界面相对平整。当预设轧制温度升高至 1100℃ 时（见图 3-24d），外层 Fe_3O_4 中出现部分较小的贯穿裂纹，在 FeO 中分布着少量晶间裂纹和晶内裂纹，此时氧化铁皮中的破裂程度达到最小。

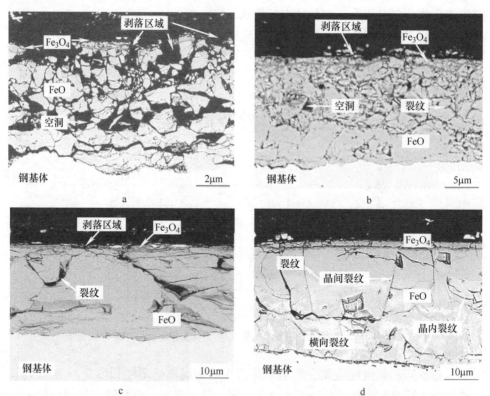

图 3-24　经不同温度热轧变形后的氧化铁皮断面微观形貌
a—800℃；b—900℃；c—1000℃；d—1100℃

　　经统计，在同一预设轧制压下量条件下变形后，氧化铁皮的实际变形情况不同，在 800℃、900℃、1000℃、1100℃ 下变形后氧化铁皮的变形率依次为 9.1%、10.8%、13.3% 和 16.1%，对应变形后的氧化铁皮平均厚度依次为 8.57μm、

16.27μm、27.02μm 和 38.43μm。经过不同温度轧制变形后的氧化铁皮厚度和变形率如图 3-25 所示，从图中可以看出，随着轧制温度的升高，氧化铁皮的厚度和变形率逐渐增加。在预设轧制变形率为 15% 的情况下，当轧制温度低于 1100℃时，氧化铁皮的变形率均低于预设轧制变形量；在 1100℃轧制变形时，此时氧化铁皮变形程度高于预设轧制变形量，表明温度影响氧化铁皮的塑性，在高温下氧化铁皮具有较大的高温变形能力[10]。

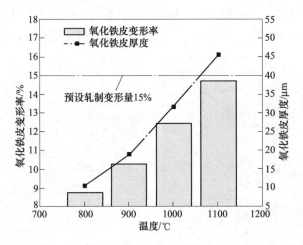

图 3-25　经不同温度热轧变形后的氧化铁皮厚度和变形率曲线

3.2.2　轧制压下率的影响

使用国内某钢厂生产的普碳钢进行相关实验，前期的准备工作与 3.2.1 相同。为了模拟不同轧制压下率对氧化铁皮变形行为的影响，具体实验如下：

（1）氧化阶段：在预设温度为 1000℃的加热炉内分别放入四个试样，每个试样保温 5min，使试样表面生成相同原始厚度的氧化铁皮。

（2）轧制阶段：将氧化后的三个试样迅速放入预设单道次轧制压下率为 10%、20% 和 30% 的轧机上进行轧制变形，第四个试样不做处理，用于对比实验。

（3）试样制备与检测阶段：轧制实验结束后，利用电火花线切割机将试样切成板厚 δ×8mm×6mm 的小试样，接着在酒精中利用超声波机振荡除去试样表面的油污，吹干后利用场发射扫描电镜（SEM）观察试样表面微观形貌。最后经过热镶、水磨和抛光后利用 4% 的盐酸酒精对试样进行腐蚀，利用电子探针（EPMA）观察氧化铁皮断面微观形貌，并使用电子背散射衍射仪器（EBSD，Electron Back-Scattered Diffraction）表征氧化铁皮的微观晶体结构。

图 3-26 为试样在 1000℃下经过不同压下率轧制后氧化铁皮的微观表面形貌。

未经轧制变形的氧化铁皮表面微观形貌如图 3-26a 所示，此时试样表面平整，无明显裂纹和氧化铁皮脱落现象。当预设轧制压下率为 10%时，测得氧化铁皮实际变形率为 9.9%，氧化铁皮表面出现大量垂直于轧制方向的褶皱线条。当预设轧制压下率为 20%时，氧化铁皮实际变形率为 18.8%，此时试样表面出现大量垂直于轧制方向的、不同宽度的裂缝和部分氧化铁皮脱落现象。当预设轧制压下量达到 30%时，氧化铁皮实际变形率为 27.5%，此时试样表面破碎严重，氧化铁皮部分区域呈块状或连续长条状脱落，且脱落区域的长度方向垂直于轧制方向。氧化铁皮表面形貌实验结果表明，随着轧制压下量的增大，氧化铁皮破碎程度增加[11]。

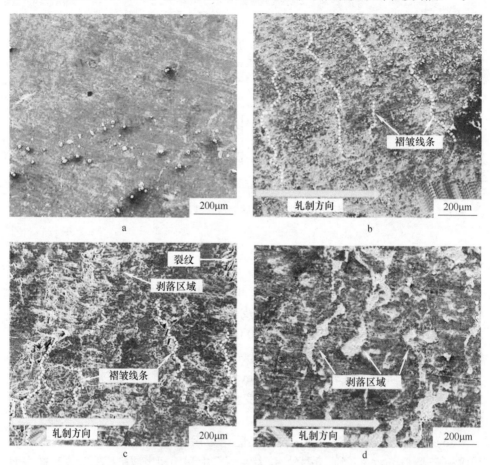

图 3-26　在 1000℃下经过不同预设压下率轧制后氧化铁皮表面微观形貌

a—压下率 0；b—压下率 10%；c—压下率 20%；d—压下率 30%

实验钢在 1000℃下经过不同压下率轧制后的氧化铁皮断面微观形貌如图 3-27 所示。整体来看，随着单道次实际压下量的增大，氧化铁皮的变形情况存在较大差异。在未经轧制变形时，氧化铁皮由外层 Fe_3O_4 和靠近基体侧的 FeO 层组成，

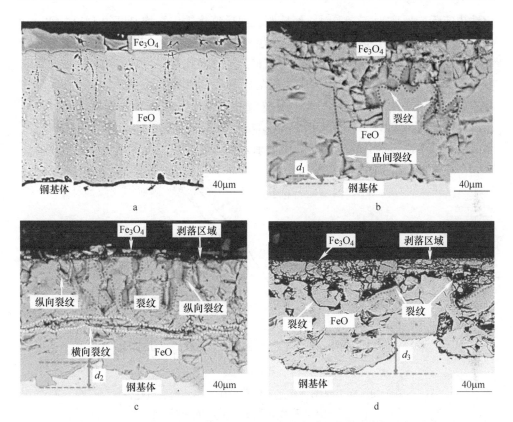

图 3-27 在 1000℃下经过不同预设压下率轧制后氧化铁皮断面微观形貌
a—压下率 0；b—压下率 10%；c—压下率 20%；d—压下率 30%

经统计，此时氧化铁皮平均厚度约为 158.6μm。此外，由于氧化铁皮在高温生长过程中存在生长应力，导致在室温下氧化铁皮与基体界面处出现缝隙。当氧化铁皮实际变形率为 9.9% 时，氧化铁皮结构分层现象明显，平均厚度约为 142.7μm。经轧制变形后，可以观察到外层 Fe_3O_4 破碎较内层严重，呈细小的颗粒状。此外，在 FeO 中有少量的裂缝和晶间裂纹，FeO 与基体的界面较为粗糙，部分氧化铁皮被压入基体，最大压入深度 d_1 约 8.2μm。用 m 表示氧化铁皮压入比（最大压入深度 d/轧制后氧化铁皮平均厚度 D，%），则当氧化铁皮实际变形率为 9.9% 时，氧化铁皮压入比 m_1 为 5.7%。当氧化铁皮实际变形率为 18.8% 时，轧制变形后氧化铁皮平均厚度约为 128.8μm，部分外层 Fe_3O_4 在轧辊的作用下从氧化铁皮表面脱落，Fe_3O_4 层与 FeO 层的间隙较大。同时，在 FeO 层内部可以发现大量平行于氧化铁皮厚度方向的纵向裂缝，在 FeO 层中部有贯穿氧化铁皮的横向裂纹。此外，相较于氧化铁皮实际变形率为 9.9% 时，此时介于 FeO 与基体之间的界面粗糙度变大，氧化铁皮最大压入深度 d_2 约 27.4μm，压入比增大至 21.3%。当氧化铁皮实际变形率为 27.5% 时，经轧制变形后氧化铁皮平均厚度约为 114.98μm，此时外层的 Fe_3O_4 几乎全部脱落，FeO 层外侧破碎严重，在其断面上出现大量空洞和裂纹，而底部的 FeO 层保存较为完整。通过对比可以发现，当氧化铁皮实际变形率为 27.5% 时，基体与 FeO 之间的粗糙度达到最大，最大压入深度 d_3 约 42.2μm，压入比约为 36.7%。对氧化铁皮在基体中的最大压入深度 d 和氧化铁皮压入比 m 进行统计，结果如图 3-28 所示，从图中可以看出，随着氧化铁皮实际变形率的增大，氧化铁皮在基体中的最大压入深度 d 和压入比 m 都不断增大。

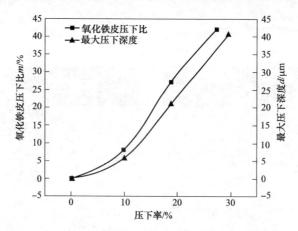

图 3-28　在 1000℃下经过不同预设压下率轧制后氧化铁皮
最大压入深度 d 和压下比 m 的曲线

图 3-29 为试样在 1000℃下经过不同预设压下率轧制后氧化铁皮厚度和实际变形率曲线。从图 3-29 中可以看出，随着预设轧制压下率的增加，单道次实际压下率逐渐增加，而氧化铁皮的厚度逐渐减小。当预设压下率为 10% 时，氧化铁

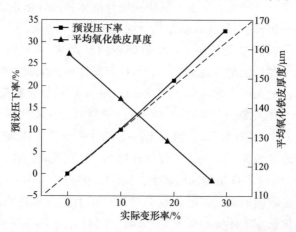

图 3-29　在 1000℃下经过不同压下率轧制后氧化铁皮厚度和实际压下量曲线

皮与基体变形基本呈等比例关系，对比氧化铁皮的变形情况，说明在小变形量条件下，氧化铁皮的应变能能够满足变形的需要，变形相对均匀；当预设压下率大于10%时，氧化铁皮的实际变形量低于预设轧制压下量，此时由于氧化铁皮存在内应力，当内应力大于其塑性变形抗力时，导致氧化铁皮断裂，随着轧制变形量的进一步增加，氧化铁皮表面出现部分脱落现象[11]。

图 3-30 为实验钢在 1000℃下保温 5min 后利用电子背散射衍射仪表征的氧化铁皮晶体结构，内层为相对疏松的粗大 FeO 柱状晶，中间层为排列紧密的晶粒细小的 Fe_3O_4 等轴晶，最外层为极薄 Fe_2O_3，在此不作讨论。众所周知，每种氧化物都具有一定的晶体结构，FeO 晶体是类似 NaCl 型的面心立方结构，拥有较多的滑移系，在变形时各晶粒间具有相互协调的特性，而 Fe_3O_4 晶体是反尖晶石结构，由两种价态的铁离子按照不同的排列方式构成，滑移系较少，塑性变形时各晶粒间的协调变形性较差。此外，具有多晶体的氧化铁皮发生塑性变形时受到晶界和不同位向的晶粒的影响[12]。

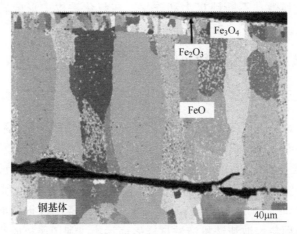

图 3-30 实验钢在 1000℃氧化 5min 后的氧化铁皮断面结构

图 3-31 是氧化铁皮中晶间裂纹形成过程示意图。试样在热轧变形过程中，氧化铁皮的宏观变形效果是由多个晶粒共同参与的结果。在多晶体中由于各晶粒的位向和各滑移系的取向不同，在受到外加载荷应力时，那些位向有利的晶粒、取向因子最大的滑移系，当其滑移方向上的分切应力达到临界切应力值时，塑性变形首先在这些位置开始，而周围其他位向不利的晶粒尚未发生塑性变形，仍处于弹性变形状态。

当位向有利的晶粒发生塑性变形时，位错源在其滑移面上已经开动。然而，由于周围晶粒的位向和滑移系都不同，运动着的位错在晶界处受阻，滑移不能发展到周围的晶粒中。当晶粒内部源源不断运动着的位错在晶界处受阻时，在晶界周围形成位错的平面塞积群，在其周围造成较大的应力集中。随着热轧轧制过程

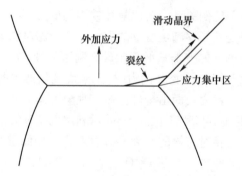

图 3-31　晶间裂纹形成示意图

中的压下量继续增大，轧制压力增加，应力集中进一步扩大，当此应力达到晶界强度时，晶界被破坏，裂纹和微孔在此处萌生。因裂纹和微孔的扩展总是沿着阻力最小的路径发展，因此氧化铁皮首先发生沿晶界方向上的断裂。当轧制压力继续增加时，裂纹和微孔不断地扩大和连接，在氧化铁皮中形成较大的裂缝和孔洞，在分切应力的作用下，表面氧化铁皮出现脱落现象。

3.3　氧化铁皮结构演变规律研究

3.3.1　氧化铁皮等温过程转变规律

本节使用某钢厂生产的普碳钢进行实验，首先利用线切割机将实验材料切成若干个大小为 2mm×6mm×10mm 的长方形试样，再利用钻头在试样一端钻出直径为 2mm 大小的圆形孔，以便实验过程中悬挂试样。接着将试样放入盛有酒精的烧杯中进行超声波清洗，以去除表面油渍等其他附着物。然后利用 600 号、800号、1000 号、1200 号、1500 号、5000 号的 SiC 砂纸逐次进行打磨至表面光亮无划痕，最后再利用超声波清洗机清洗试样表面污物，利用风机吹干以备用。模拟过程在同步热分析仪上进行，图 3-32 所示为模拟等温转变实验工艺，具体操作步骤如下：

（1）准备阶段：将试样利用镍铬丝悬挂于高温热重分析仪的石墨电阻炉炉腔内，每次悬挂一个试样。待调整天平稳定后，利用设备自带的真空泵对炉体内进行抽真空，当炉腔内气压达到 0Pa 并稳定时，开始向炉腔内通入保护性气体氩气，气体流速为 200mL/min，当炉内气压达到 10^5Pa 时开始实验。

（2）升温阶段：以 20mL/min 的流速继续向炉腔内充入氩气，在氩气的保护下实验试样以 60mL/min 的升温速率升至氧化温度 1000℃。

（3）氧化阶段：当温度达到 1000℃时，在此温度下保温 1min 以稳定温度。接着关闭氩气，同时向炉腔内以 100mL/min 的流速充入空气，开始等温氧化过程以生成原始氧化铁皮，等温氧化时间为 5min。

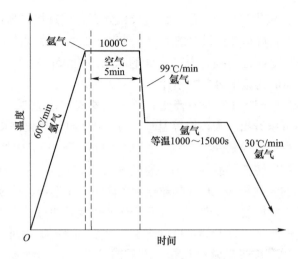

图 3-32　模拟等温冷却转变实验工艺

（4）一阶冷却阶段：等温氧化结束后，试样在氩气的保护下以 99mL/min 的速率快速冷却至模拟卷取温度（300~550℃）。

（5）等温阶段：当温度达到模拟卷取温度时，通入流量为 100mL/min 的保护气体氩气并保温 1000s、3000s、5000s、7000s、10000s、15000s。

（6）二阶冷却阶段：等温阶段结束后，试样在氩气的保护下以 30mL/min 的速率冷却至室温，结束实验。

（7）试样制备与检测：将上述经过不同工艺冷却结束后的试样利用热镶嵌机进行热镶，接着利用 1000 号、1200 号和 1500 号的砂纸进行水磨，经机械抛光后利用 4% 的盐酸酒精进行腐蚀处理并吹干，最后观察氧化铁皮断面组织结构。

图 3-33 为实验钢在 1000℃ 氧化 5min 形成的氧化铁皮微观断面形貌。从图

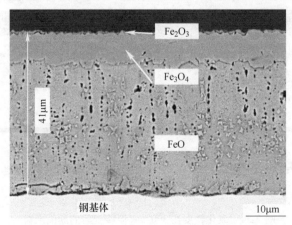

图 3-33　实验钢在 1000℃ 下氧化 5min 形成的氧化铁皮的断面形貌

3-33 中可以看出，氧化铁皮由三层结构组成，分别为最外层极薄的 Fe_2O_3、中间层较厚的 Fe_3O_4 和靠近基体侧最厚的 FeO，氧化铁皮的总厚度约为 $44\mu m$；其中，中间层 Fe_3O_4 的厚度约为 $8\mu m$，内层 FeO 的厚度约为 $35\mu m$。由于外层 Fe_2O_3 的厚度极薄，在下面的讨论中可忽略不计。

　　在 300℃ 下经过不同时间等温转变后的氧化铁皮断面微观形貌如图 3-34 所示。从图3-34 中可以看出，当模拟等温时间为 1000s 时，氧化铁皮中出现大量弥散分布在 FeO 层中的颗粒状先共析 Fe_3O_4，而在 FeO/Fe_3O_4 界面处和 FeO/基体界面处有较多尚未发生转变的残余 FeO。通过观察先共析 Fe_3O_4 的分布可以发现，位于 FeO 层中部的先共析 Fe_3O_4 的晶粒数量和体积大于边部，造成这种差异的原因可归因于铁离子的扩散：一方面，由于 FeO 的相变是通过铁离子的扩散而进行的，当卷取温度较低时，较大的过冷度有利于先共析 Fe_3O_4 的形核；另一方面，由于在 FeO 中存在铁离子的浓度梯度，在低温下 FeO 中的铁离子向 FeO/Fe_3O_4 界面的迁移扩散速率降低，扩散距离变短，不利于 FeO/Fe_3O_4 界面位置处 Fe_3O_4 的形核与长大，而在靠近基体处，由于铁离子浓度高，空位少，扩散速度慢，最

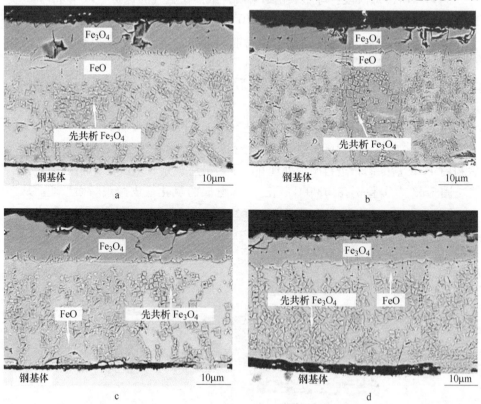

图 3-34　氧化铁皮在 300℃ 等温转变后的断面形貌

a—1000s；b—5000s；c—10000s；d—15000s

终表现为 FeO 层中部的先共析 Fe₃O₄ 数量最多，体积最大。随着等温时间的延长，先共析 Fe₃O₄ 的体积和数量均增大，呈现向 FeO/Fe₃O₄ 界面和基体侧靠近的趋势。

图 3-35 为试样在 350℃ 下等温不同时间后氧化铁皮的断面微观形貌。从图 3-35 中可以看出，当模拟等温时间从 1000s 增加至 15000s 时，氧化铁皮中共析

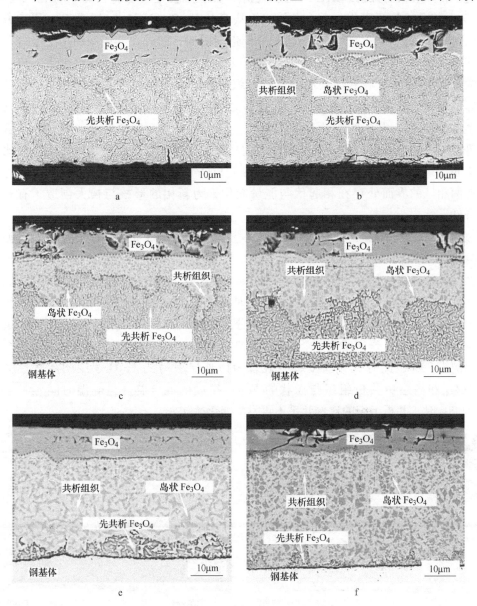

图 3-35 氧化铁皮在 350℃ 等温转变后的断面形貌

a—1000s；b—3000s；c—5000s；d—7000s；e—10000s；f—15000s

组织（α-Fe+Fe$_3$O$_4$）所占的比例（体积比）逐渐增加，依次为 0、2%、18%、35%、71% 和 75%。当等温时间为 1000s 时，可以发现氧化铁皮中析出许多短棒状和不规则颗粒状的先共析 Fe$_3$O$_4$，与在 300℃ 下等温相同时间相比，此时先共析 Fe$_3$O$_4$ 的比例明显增加。当等温时间延长至 3000s 时，在 FeO/Fe$_3$O$_4$ 界面处出现少量片层状的共析组织，同时在共析组织中弥散分布着岛状的 Fe$_3$O$_4$。等温 5000s 和 7000s 后可以发现，共析组织从 FeO/Fe$_3$O$_4$ 界面处向基体/FeO 界面方向处生长，且在氧化铁皮中所占的比例逐渐增加，同时在共析组织中夹杂着一些岛状的 Fe$_3$O$_4$，在共析区域的下方可以观察到先共析 Fe$_3$O$_4$ 颗粒也进一步长大。等温 10000s 后氧化铁皮中共析组织的比例大幅度增加，此外，在靠近基体的位置处，在共析组织与先共析组织之间有少量残余的 FeO。等温时间延长至 15000s 时，共析组织比例达到最大，FeO 几乎全部发生转变。此外，随着等温时间的延长，可以发现共析组织内岛状的 Fe$_3$O$_4$ 组织体积逐渐变大。对比实验结果可以发现，共析反应总是开始于 FeO/Fe$_3$O$_4$ 的界面位置处，这是因为在两相区的界面处存在相起伏与能量起伏，为新相的形核与长大创造了有利条件。

在 400℃ 下等温不同时间后的氧化铁皮断面微观形貌如图 3-36 所示。当等温时间为 1000s 时，共析组织在 FeO/Fe$_3$O$_4$ 界面处析出，共析组织占氧化铁皮的比例（体积分数）约为 4%。当等温时间为 3000s 时，氧化铁皮中共析组织的区域面积增加，共析比例约为 15%。当等温时间延长至 5000s 和 7000s 后，共析组织的比例显著增加，经测量共析组织比例分别为 34% 和 73%。当等温时间为 10000s 时，氧化铁皮中 FeO 层几乎全部转变成岛状的 Fe$_3$O$_4$ 和共析组织，其中共析组织比例为 75%，此时氧化铁皮结构表现为最外层极薄的 Fe$_2$O$_3$、中间层较厚的 Fe$_3$O$_4$ 和内层由共析组织与岛状的 Fe$_3$O$_4$ 组成的混合物。当等温时间延长至 15000s 时，共析组织的比例几乎不再发生变化。

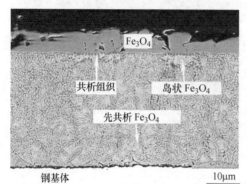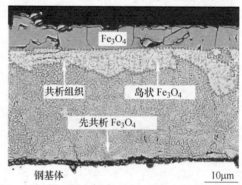

a　　　　　　　　　　　　　　　　　b

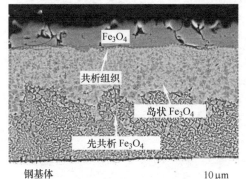
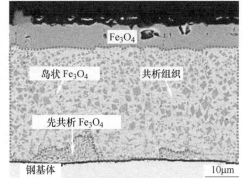

c

d

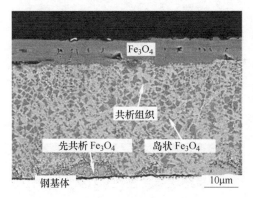
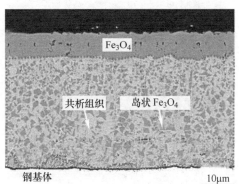

e

f

图 3-36　氧化铁皮在 400℃等温转变后的断面形貌

a—1000s；b—3000s；c—5000s；d—7000s；e—10000s；f—15000s

　　图 3-37 示出了在 450℃下等温不同时间后的氧化铁皮断面微观形貌。当等温时间为 1000s 时，共析组织比例约为 9%，在基体附近有部分残留的 FeO。此外，与在 350℃和 400℃的等温结果进行对比可以发现，在 450℃下等温时的先共析 Fe_3O_4 数量少于前者，但体积明显增加，这是因为在 450℃等温时，过冷度较小，先共析 Fe_3O_4 的形核数较少，而较高的温度为 Fe_3O_4 晶粒的长大提供了足够的能量，最终出现上述差异。当等温时间为 3000s 和 5000s 时，共析组织比例（体积分数）分别为 45%和 72%。当等温时间为 7000s，共析组织比例约为 75%，此时共析转变已经基本完成，即使等温时间延长至 10000s 和 15000s 时，氧化铁皮的组织结构也不再发生变化。

　　在 500℃下不同时间等温转变的氧化铁皮断面微观形貌如图 3-38 所示。当等

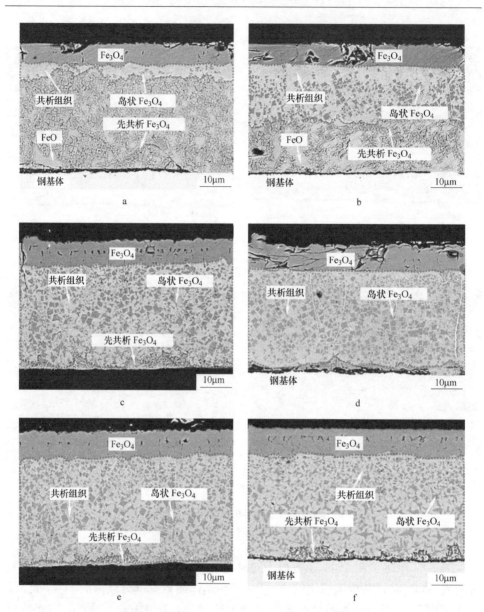

图 3-37　氧化铁皮在 450℃等温转变后的断面形貌

a—1000s；b—3000s；c—5000s；d—7000s；e—10000s；f—15000s

温时间为 1000s 时，在 FeO/Fe_3O_4 的界面位置处出现少量不连续的共析组织，所占比例约为 2%，而在 FeO 层析出大量体积较大的先共析 Fe_3O_4；此外，在 FeO/Fe_3O_4 和 FeO/基体的界面位置处保留有未发生转变的 FeO。当等温时间为 3000s 时，氧化铁皮中的共析组织比例增加，约为 7%，此时先共析 Fe_3O_4 的析出量进一步增加，但仍有少量未发生转变的 FeO 分布在先共析 Fe_3O_4 的周围。当等温时

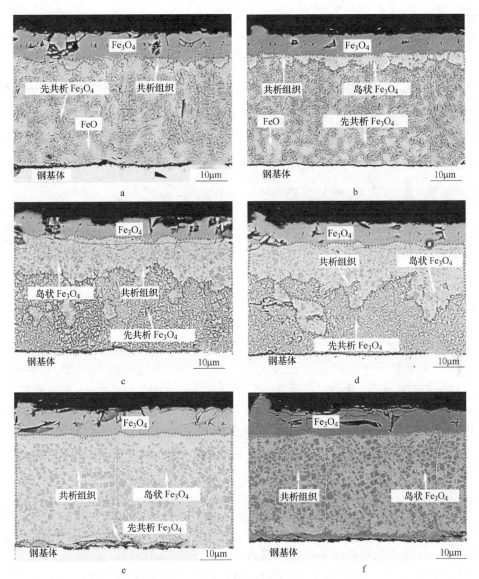

图 3-38　氧化铁皮在 500℃等温转变后的断面形貌

a—1000s；b—3000s；c—5000s；d—7000s；e—10000s；f—15000s

间延长到 5000s 和 7000s 时，共析组织的比例继续增加，分别为 28% 和 60%。等温时间延长到 10000s 和 15000s 时，FeO 几乎全部分解转变为共析组织，在氧化铁皮中所占的比例约为 75%。

在 550℃下等温不同时间后的氧化铁皮断面微观形貌如图 3-39 所示。对比经过不同时间等温后的氧化铁皮结构可以发现，在 550℃下均没有析出共析组织。此外，在 FeO 层中先共析 Fe_3O_4 的数量随着等温时间的延长而逐渐增加，且析出

的先共析 Fe_3O_4 逐渐向 FeO/Fe_3O_4 界面和 $FeO/$基体界面处靠近。对比图 3-34 的分析可知，这是因为在较高温度下等温时，离子扩散的速度增加，促进了先共析 Fe_3O_4 的析出。

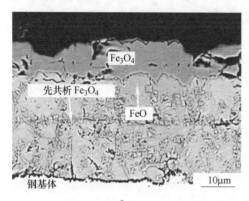 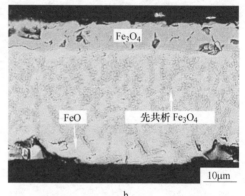

图 3-39　氧化铁皮在 550℃等温转变后的断面形貌
a—5000s；b—15000s

FeO 是阳离子缺乏型的铁氧化物，由 Fe-O 二元相图可知，在 1424℃ 时 FeO/Fe_3O_4 中的氧原子平衡浓度达到最大，为 54.57%；当温度降至 912℃ 左右时，FeO/Fe 中的氧原子平衡浓度降至最小，为 51.10%；表明 FeO 中的 Fe 和 O 的原子浓度存在较大的波动范围。当温度从 1424℃ 降至 570℃ 时，在 FeO/Fe_3O_4 处的氧原子平衡浓度由 54.57% 降至 51.38%，在靠近 Fe_3O_4 处的 FeO 层中的氧含量更容易达到过饱和状态。根据先共析反应方程式，富氧的 FeO 将分解析出先共析 Fe_3O_4：

$$Fe_{1-x}O \longrightarrow \frac{x-y}{1-4y}Fe_3O_4 + \frac{1-4x}{1-4y}Fe_{1-y}O \qquad (3-1)$$

式（3-1）中，$x>y$。由式（3-1）可以看出，富氧的 FeO 比富铁的 FeO 更容易发生先共析反应。Paidassi J 的研究结果进一步表明，从高温冷却到低温的过程中，几乎是无法阻止在 FeO 层中析出先共析产物 Fe_3O_4 的。此外，从 Fe-O 相图中可以看出，在 570℃ 时 FeO、Fe_3O_4 和 α-Fe 达到三相平衡的状态。在温度下降至 570℃ 以下时，由于 FeO 的吉布斯自由能比 Fe_3O_4 和 α-Fe 的自由能下降的更快，Fe^{2+} 和 O^{2-} 的配位不协调难以满足 FeO 的晶胞稳定性，导致 FeO 亦处于不稳定的状态，此时 FeO 中的 Fe^{2+} 从八面体位置迁移到四面体位置以平衡晶格能量，在此过程中一部分 Fe^{2+} 被氧化为 Fe^{3+}，形成新相 Fe_3O_4，另一部分 Fe^{2+} 则被还原为 Fe，最终 FeO 通过这种自身发生氧化还原反应的共析相变机制达到平衡状态。FeO 的共析反应方程式为：

$$4FeO \longrightarrow Fe + Fe_3O_4 \qquad (3-2)$$

对氧化铁皮等温转变后共析组织的比例进行统计，绘制出等温过程中共析转变的动力学曲线，如图 3-40 所示。可以看出，共析转变的反应进程可以分为三个阶段，分别为孕育阶段、加速阶段和停滞阶段。在等温 1000s 以内，共析反应处于孕育阶段，此时在 350℃、400℃ 和 500℃ 等温时几乎无共析组织产生，而在 450℃ 等温 1000s 时，共析反应已经开始，在 FeO 和 Fe_3O_4 的界面处出现少量的共析组织，比例约 8%。由于共析组织的形核受温度的影响，在 450℃ 时，适当的过冷度和较高的扩散能量促使共析组织的形核率达到最大，共析组织首先出现在具有能量起伏的 FeO/Fe_3O_4 界面处。在加速阶段，共析组织的生长速度在 450℃ 等温时达到最大，400℃ 和 500℃ 时依次减小，在 350℃ 达到最小。等温 5000s 时，在 450℃ 下的共析比例接近最大值，约为 72%，此时在 350℃、400℃ 和 500℃ 下等温转变的共析比例依次为 18%、34% 和 28%。在停滞阶段，各温度下的共析组织比例几乎不再发生变化。由于在不同等温温度下达到最大共析量的时间不同，因此各温度下的共析停滞阶段的开始时间点不同，其中，在 450℃ 等温 7000s 时共析转变最先完成，而在 400℃、500℃ 和 350℃ 完成共析转变的时间依次延长。此外，从图 3-40 中可以看出，在 300℃ 和 550℃ 等温 1000~15000s 后氧化铁皮中均无共析组织产生。整体而言，氧化铁皮的等温转变是一个与时间有关的动态过程，等温时间越长，氧化铁皮中共析组织含量越多。

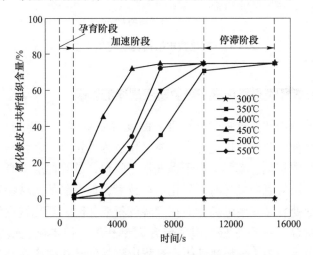

图 3-40　氧化铁皮等温转变动力学曲线

为了清晰地显示在不同温度和等温时间下氧化铁皮结构转变产物，以时间为横坐标，温度为纵坐标，绘制如图 3-41 所示的氧化铁皮等温转变的 TTT 曲线。TTT 曲线表明在等温过程中氧化铁皮的共析转变遵循"C"型曲线的特性，其中曲线①代表共析转变开始，曲线②代表共析转变加速开始，曲线③代表共析转变终了，纵坐标轴与曲线①之间的距离长度表示共析转变的孕育期。从图 3-41 中可以看出，模拟实验使用的普碳钢，其共析转变的鼻尖温度为 450℃，在此温度下共析转变的孕育期最短，表明在 450℃时 FeO 最不稳定，转变速度最快，最先完成共析转变，这与图 3-40 观察结果一致。在 350℃等温时，共析转变的孕育期最长，这是因为随着温度的降低，等温转变的过冷度增加，相变驱动力也增加。但当温度低于 450℃时，过冷度增加将导致原子扩散速度逐渐减慢，在 350℃时扩散速度最慢，不利于共析组织的形核与生长。

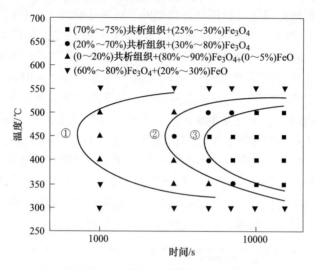

图 3-41　氧化铁皮结构转变的 TTT 曲线

3.3.2　FeO 形成环境对氧化铁皮等温转变规律的影响

氧化铁皮的结构转变过程受到温度、湿度等多重因数的影响。有研究表明，水蒸气对不同钢种生产或使用过程中高温氧化过程的影响，多数钢铁材料在含水蒸气的潮湿气氛中氧化速率要比在干燥气氛下的快，并且内层 FeO 的显微结构却明显不同。在干燥气氛中氧化时，氧化铁皮致密，但在局部区域特别是在氧化铁皮和基体的界面处容易发生剥离。而在潮湿气氛氧化时，氧化铁皮沿着整个界面都与基体保持结合，并且在 FeO 层中包含大量孔隙，使得氧化铁皮内部缺陷增多，容易发生破碎。为了分析热轧生产过程中钢材的氧化铁皮在潮湿气氛下的演变规律，通过热重分析仪和水蒸气发生器研究了不同湿度气氛对氧化铁皮厚度、结构以及氧化铁皮和基体界面处元素分布的影响。

切取长 15mm、宽 6mm 的低碳钢实验试样若干，在每个试样的顶部边缘处钻一个直径为 1.5mm 的孔，便于将试样悬挂在炉腔内。试样表面用砂纸逐级打磨并进行抛光，经丙酮脱脂后进行氧化实验。实验在同步热分析仪上进行，为了模拟生产现场的潮湿气氛，在设备上增加了水蒸气发生器。具体操作步骤如下：

（1）准备阶段：将试样悬挂在炉腔内部，每次实验炉内只能放置一个试样，然后启动真空泵,待炉内气压低于 100Pa 时向炉腔内充氩气,直到炉腔压力恢复到 10^5Pa 开始实验。

(2) 氧化实验阶段:实验试样在氩气中以 30℃/min 的升温速度加热至实验温度 750℃。向炉内通入流速 50mL/min 的实验气体(干燥空气或水蒸气体积分数为 4% 的潮湿空气)并等温氧化 10min 生成原始铁皮。预氧化阶段结束后开启真空泵待炉内气压低于 100Pa 时向炉腔内充入氩气,直到炉腔压力恢复到 10^5Pa,与此同时炉腔内的温度以 30℃/min 冷却至实验温度(300~550℃)进行等温实验,等温时间为 10~240min。

(3) 冷却阶段:等温阶段结束后以 60℃/min 冷却至室温。

(4) 试样制备与观测:等温转变实验结束后,每个实验试样均需经镶嵌、打磨、机械抛光和腐蚀,采用 EPMA 和 EDS 观测氧化铁皮的厚度和微观结构,并使用 Cu 靶的 XRD 分析氧化铁皮的物相组成。

图 3-42 为试样在干燥空气与潮湿空气条件下 750℃ 等温氧化 10min 生成原始铁皮。在两种不同气氛中预氧化生成的氧化铁皮不同位置上的 EDS 测量结果见表 3-5,结合两种气氛下生成的氧化铁皮断面形貌,可以看出氧化铁皮呈现分层结构,分别为外侧较薄的是 Fe_3O_4 层,靠近基体较厚的是 FeO 层。为了标注方便,在下文叙述中干燥气氛下预氧化生成的氧化铁皮简写成"OSD",潮湿气氛下预氧化生成的氧化铁皮简写成"OSW"。

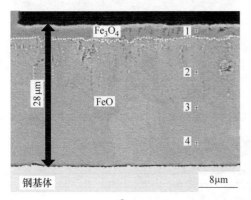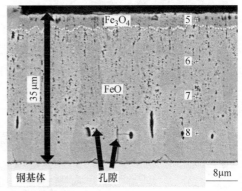

图 3-42 实验钢的氧化铁皮断面形貌

a—干燥空气;b—潮湿空气

表 3-5 氧化铁皮不同位置处的能谱分析 (质量分数,%)

位置	O	Fe	位置	O	Fe
1	26.45	73.55	5	26.11	73.89
2	23.84	76.16	6	22.02	77.98
3	24.02	75.98	7	22.23	77.64
4	24.54	75.46	8	22.30	77.76

　　干燥气氛中生成的氧化铁皮在 350℃ 等温 10min、30min、60min、120min、240min 后的断面形貌如图 3-43 所示。等温 10min 后在外侧 Fe_3O_4 层和 FeO 层的界面处有少量共析组织析出，这部分共析组织约占氧化铁皮的 7%；此外，在 FeO 层上还析出了大量岛状的先共析 Fe_3O_4，并且在靠近氧化铁皮和基体的界面出现了先共析组织的富集层。等温 30min 后的显微形貌表明，共析组织持续增多，并从 Fe_3O_4 层和 FeO 层界面向基体方向生长，共析组织所占比例提高到

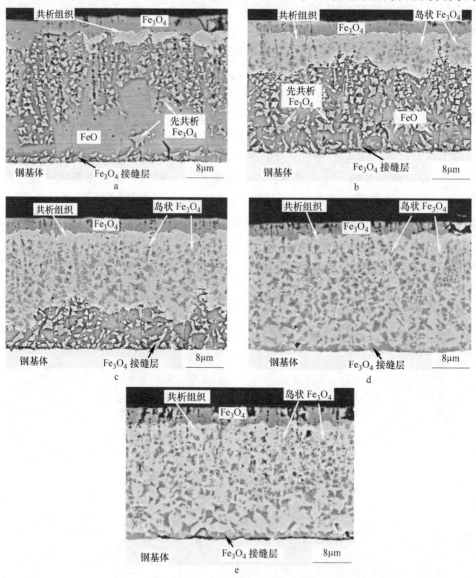

图 3-43　干燥气氛下生成的氧化铁皮在 350℃ 等温转变后的断面形貌

a—10min；b—30min；c—60min；d—120min；e—240min

25%，同时在共析组织内部存在一些颗粒状的 Fe_3O_4。等温 60min 后共析组织的比例大幅增加，所占的比例达到了 54%。等温时间延长到 120min 和 240min 时，FeO 全部转变为共析组织，此时共析组织所占的比例分别为 69% 和 70%。

干燥气氛中生成的氧化铁皮在 400℃ 等温 10min、30min、60min、120min、240min 后断面显微形貌如图 3-44 所示。等温时间从 10min 延长至 240min，共析组织在氧化铁皮中所占的比例也逐渐增加，依次为 6%、60%、71%、72% 和 74%。等温 10min 后在 Fe_3O_4 层和 FeO 层界面处有少量共析组织出现，同时在

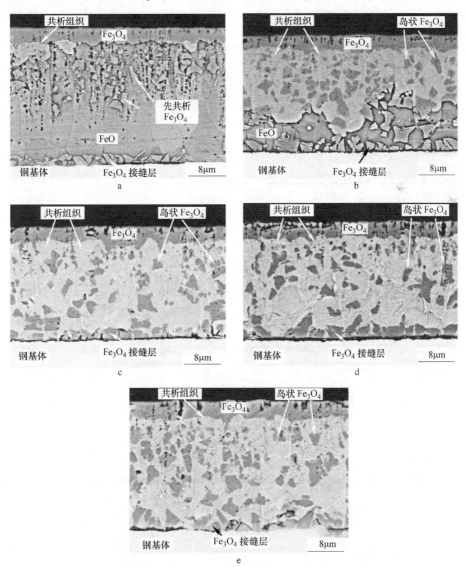

图 3-44　干燥气氛下生成的氧化铁皮在 400℃ 等温转变后的断面形貌

a—10min；b—30min；c—60min；d—120min；e—240min

FeO 层上发现了岛状的先共析 Fe_3O_4，主要分布在 Fe_3O_4 层和 FeO 层界面下方。等温时间延长至 30min，氧化铁皮中的共析组织大幅度增加，共析组织层的平均厚度约为 15μm。在等温 60min 后的显微形貌中 FeO 层全部转变成共析组织和颗粒状的 Fe_3O_4。等温 120min 后 FeO 也全部转变为共析组织，即使等温时间继续延长至 240min，氧化铁皮的结构不会再发生变化。Fe_3O_4 层和 FeO 层界面是共析组织形核和长大的起始点，相界面的能量起伏为新相形成提供了有利条件[15]。

　　干燥气氛中生成的氧化铁皮在 450℃ 等温 10min、30min、60min、120min、240min 后的断面显微形貌如图 3-45 所示。等温 10min 后在 FeO 层中未出现共析

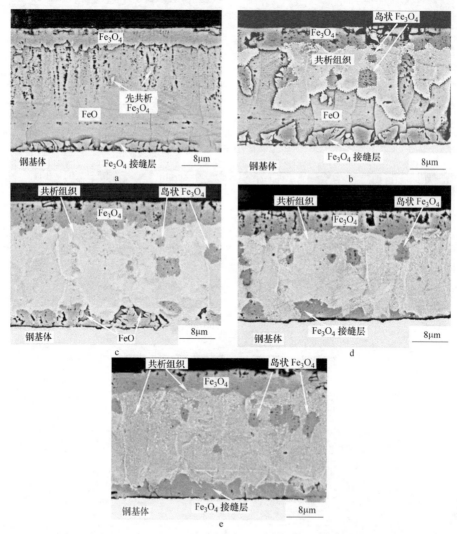

图 3-45　干燥气氛下生成的氧化铁皮在 450℃ 等温转变后的断面形貌

a—10min；b—30min；c—60min；d—120min；e—240min

组织，只有极少量的岛状先共析 Fe_3O_4 分布在 FeO 层。在等温 30min 后的显微形貌发现 FeO 发生了相变，形成大面积的共析组织，经测量共析组织占氧化铁皮的比例约为 33%。等温 60min 后的显微形貌发现除了少量位于共析组织和先共析组织界面处的 FeO 未发生歧化反应外，其余的 FeO 都已全部转化为共析组织，此时共析组织占氧化铁皮的 68%。等温时间延长至 120min 和 240min，氧化铁皮中 FeO 全部分解生成共析组织，在氧化铁皮中所占的比例分别为 71% 和 72%，此时，氧化铁皮的结构由外侧的 Fe_3O_4 层、中间的共析组织层和靠近基体的先共析 Fe_3O_4 层组成。

潮湿气氛中生成的氧化铁皮在 350℃ 等温 10min 后的断面形貌如图 3-46 所

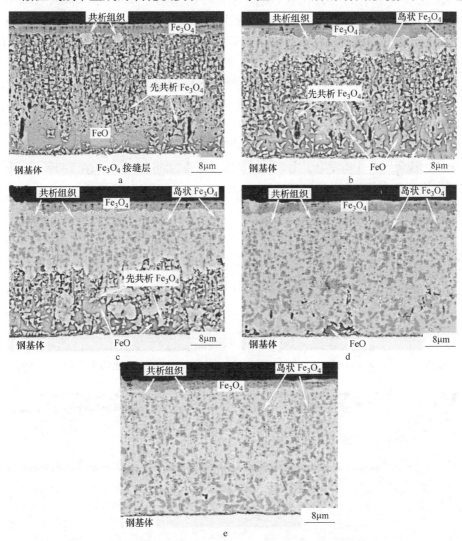

图 3-46 潮湿气氛下生成的氧化铁皮在 350℃ 等温转变后的断面形貌

a—10min；b—30min；c—60min；d—120min；e—240min

示。可以看出，等温 10min 后在 Fe₃O₄ 层和 FeO 层界面形成少量共析组织，所占比例约为 1%，同时还观察到有大量的岛状先共析 Fe₃O₄ 在 FeO 层析出；等温 30min 后共析组织从 Fe₃O₄ 层和 FeO 层界面开始长大，共析组织所占比例约为 18%。等温 60min 后 FeO 层进一步分解使得共析组织有所增加，所占比例约为 38%，此时共析组织层的平均厚度约为 15μm。等温时间延长至 120min 后，除了共析组织和基体界面处少量 FeO 尚未分解外，其余均发生了完全共析转变，共析组织所占比例约为 66%。等温 240min 后氧化铁皮中的 FeO 全部分解，完全转变为共析组织。

　　潮湿气氛中生成的氧化铁皮在 400℃ 等温 10min、30min、60min、120min、240min 的断面显微形貌如图 3-47 所示。经统计，等温时间从 10min 延长至 240min，共析组织在氧化铁皮中所占的比例也逐渐增加，依次为 6%、22%、62%、66% 和 67%。等温 10min 后在 Fe₃O₄ 层和 FeO 层界面有少量共析组织出现，同时在 FeO 层上发现了少量岛状的先共析 Fe₃O₄，主要分布在 Fe₃O₄ 层和 FeO 层界面的下方。等温 30min 后氧化铁皮中的共析组织大幅度增加，共析组织层的平均厚度约为 11μm。等温时间延长至 60min，氧化铁皮中的 FeO 进一步分解，共析组织层的平均厚度约为 22μm。当等温时间为 120min 时，除了共析组织和基体界面处少量尚未分解的 FeO 外，其余的 FeO 均发生了完全共析反应。等温时间进一步延长至 240min，氧化铁皮中的 FeO 全部转变为共析组织。

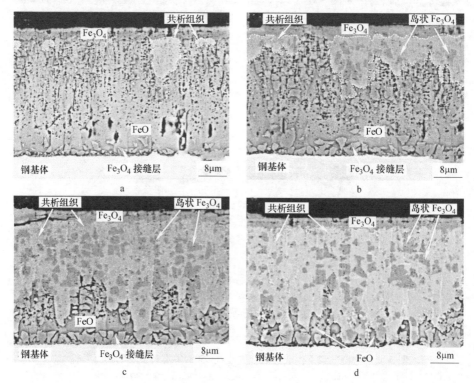

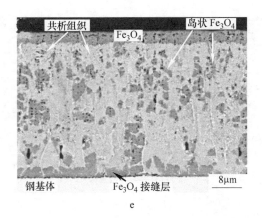

图 3-47 潮湿气氛下生成的氧化铁皮在 400℃等温转变后的断面形貌
a—10min；b—30min；c—60min；d—120min；e—240min

潮湿气氛中生成的氧化铁皮在 450℃等温 10、30、60、120、240min 后的断面形貌如图 3-48 所示。等温 10min 后在 FeO 层中未发现共析组织，只有靠近氧化铁皮和基体的界面出现了先共析 Fe_3O_4 的富集层。等温 30min 后，共析组织出现在外侧 Fe_3O_4 层和 FeO 层的界面处，这部分共析组织所占比例约为 1%。等温 60min 后的氧化铁皮断面形貌表明，共析组织开始快速长大，生长是从外侧 Fe_3O_4 层和 FeO 层的界面向基体的方向生长，此时共析组织的平均厚度约为 13μm，所占比例约为 26%。等温 120min 后氧化铁皮中除少量位于共析组织和基体界面的 FeO 尚未分解，其余的 FeO 均发生歧化反应生成了 $Fe_3O_4+\alpha$-Fe 的共析组织，所占比例约为 66%。等温 240min 后氧化铁皮中的 FeO 全部分解生成共析组织，所占比例约为 67%。

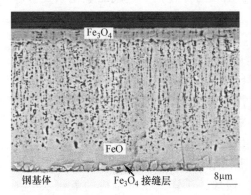

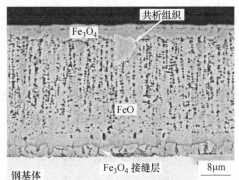

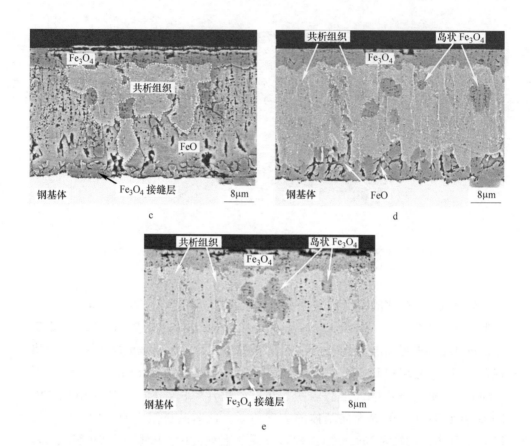

图 3-48　潮湿气氛下生成的氧化铁皮在 450℃ 等温转变后的断面形貌

a—10min；b—30min；c—60min；d—120min；e—240min

　　干燥和潮湿气氛中生成的氧化铁皮在 350~450℃ 等温不同时间时得到的 FeO 层分解动力学曲线如图 3-49 所示。可以看出，两种气氛中生成的氧化铁皮分解可以划分为三个阶段，分别为孕育阶段、加速阶段和缓慢阶段。在孕育阶段，两种气氛中生成的氧化铁皮在 350℃ 和 400℃ 等温 10min 后均在外侧 Fe_3O_4 层和 FeO 层的界面处发现少量共析组织，说明此时由于界面处有能量起伏，所以共析组织在此处开始形核，而两种气氛下生成的氧化铁皮在 450℃ 时均未发生共析反应。在加速阶段，350~450℃ 等温 30~120min，两种气氛下生成的氧化铁皮均发生快速的共析转变，在 120min 时共析组织所占比例（体积比）约为 66%。在缓慢阶段，其等温时间是从 120min 到 240min，由于大部分的 FeO 在加速阶段均已分解，共析组织比例在这一阶段变化较小[16]。预氧化时氧化铁皮的生成气氛对后续共析转变的影响主要集中在共析组织的加速阶段，干燥气氛下生成的氧化铁皮在 350℃、400℃、450℃ 等温转变 30min 后共析组织比例分别是 25%、60% 和 33%；

而潮湿气氛下生成的氧化铁皮在350℃、400℃、450℃等温转变30min后共析组织比例分别是18%、22%和1%。同时，干燥气氛下生成的氧化铁皮在350℃、400℃、450℃等温转变60min后共析组织比例分别是54%、71%和68%；而潮湿气氛下生成的氧化铁皮在350℃、400℃、450℃等温转变60min后共析组织比例分别是38%、62%和26%。通过上述两个等温时间的对比发现，等温时间一致时，干燥气氛中生成的氧化铁皮共析组织比例均显著高于潮湿气氛中生成的氧化铁皮，表明潮湿气氛中生成的氧化铁皮共析转变速率较慢[17]。

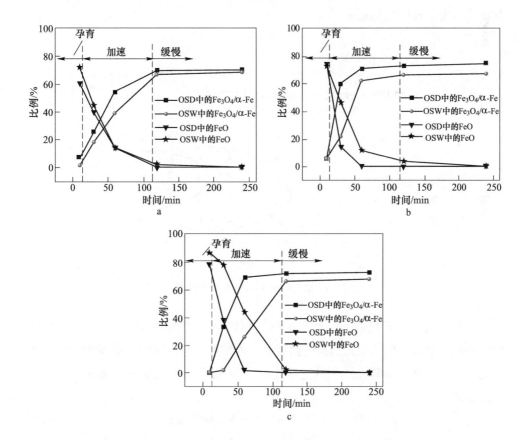

图 3-49　氧化铁皮等温转变后共析组织和 FeO 的比例（体积比）
a—350℃；b—400℃；c—450℃

根据不同条件下的氧化铁皮断面显微形貌，绘制出了氧化铁皮结构 TTT 曲线如图 3-50 所示。图 3-50 中根据氧化铁皮显微结构上的差异，划分出三种类型：Ⅰ型氧化铁皮由最外层的 Fe_3O_4 层和内侧的 FeO 层组成，Ⅱ型氧化铁皮包括最外层的 Fe_3O_4 层、一定数量的共析组织和未分解的 FeO，Ⅲ型氧化铁皮由最外层的 Fe_3O_4 层和内部的共析组织层组成，此类型氧化铁皮中的 FeO 通过歧化反应全部

分解为 $Fe_3O_4+\alpha$-Fe 的共析组织。TTT 曲线可以表征出在干燥和潮湿两种气氛中预氧化后的氧化铁皮在不同温度和时间条件下的共析组织转变的"C"型规律。图中的实线和虚线分别代表干燥和潮湿气氛下生成的氧化铁皮共析"C"曲线，通过对比发现，两种氧化铁皮的共析转变"C"曲线的鼻温均在400℃，主要差异是潮湿气氛下生成的氧化铁皮中代表 FeO 层100%共析转变的曲线与干燥气氛下生长的氧化铁皮中代表 FeO 层100%共析转变的曲线相比发生了右移，因此可以确定潮湿气氛中生成的 FeO 与干燥气氛中生成的 FeO 相比分解速度低，完全共析所需的反应时间变长[18]。

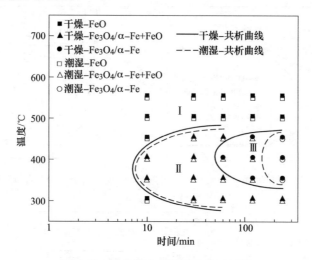

图 3-50　氧化铁皮共析转变的 TTT 图

在潮湿空气中氧化时，气氛中水蒸气不仅与表层的 Fe_2O_3 和 Fe_3O_4 发生反应，而且还会通过生长应力造成的微裂纹向内扩散，与内层的 FeO 发生反应，对氧化铁皮的微观结构和原子扩散造成影响。Fe 的三种氧化物与水蒸气反应的化学方程式：

$$FeO(s) + H_2O(g) =\!=\!= Fe(OH)_2(g) \tag{3-3}$$

$$2Fe_3O_4(s) + 6H_2O(g) =\!=\!= 6Fe(OH)_2(g) + O_2(g) \tag{3-4}$$

$$2Fe_2O_3(s) + 4H_2O(g) =\!=\!= 4Fe(OH)_2(g) + O_2(g) \tag{3-5}$$

根据化学反应方程，推测水蒸气可以进入氧化铁皮内部，促进反应产物 $Fe(OH)_2$ 的向外扩散。由于 $Fe(OH)_2$ 的向外扩散，氧化铁皮的生长过程中 Fe_3O_4 层和 FeO 层中都形成大量的孔洞，这些孔洞为之后的水蒸气和 O_2 的向内扩散提供了通道和迁移空位。借助这些内部缺陷，气体分子（O_2/H_2O）就可以穿过初始的氧化铁皮层，渗透到氧化铁皮和基体的界面，直接与基体接触发生

"气－固"反应，促进了氧化铁皮的生长。因此，可以确定在潮湿空气中生成的氧化铁皮内部缺陷会高于在干燥气氛中生成的氧化铁皮，因此潮湿气氛下生成的氧化铁皮中出现大量孔洞。

通过分析图 3-49 和图 3-50 中的结果可知，在潮湿气氛中生成的氧化铁皮，其共析转变速率要显著低于在相同条件下干燥气氛中预氧化生成的氧化铁皮。引起这种现象的原因可以归结为两方面如图 3-51 所示，首先，Fe 的氧化物和潮湿气氛中的水蒸气发生反应，生成的挥发性反应产物 $Fe(OH)_2$，消耗了氧化铁皮中 Fe 的氧化物，造成了氧化铁皮中出现孔洞缺陷，破坏了氧化铁皮的致密性，削弱了氧化铁皮抑制物质传质的作用，在一定程度上加速了氧化反应速率，氧化铁皮中 FeO 的厚度增加；在等温时间相同的情况下，潮湿气氛中生成的 FeO 层厚度变厚，因此造成了 FeO 层的分解量增加。此外，共析组织转变属于固相中扩散型相变，转变速率较慢，因此潮湿气氛中生成的 FeO 层完全分解所需时间变长。其次，水蒸气和 FeO 反应生成挥发性 $Fe(OH)_2$ 后，在 FeO 层留下了大量的孔洞，由于共析反应是扩散型相变，从外侧 Fe_3O_4 和 FeO 界面处开始向基体方向生长，这些分散在 FeO 层中的孔洞就起到了钉扎晶界的作用，阻碍共析组织长大，延迟共析反应速率[19]。

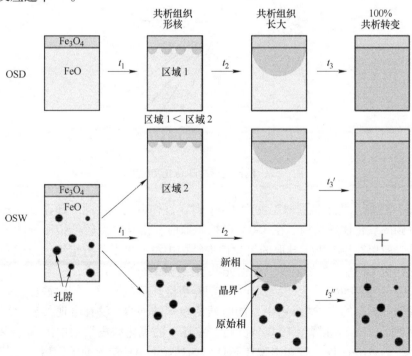

图 3-51　初始氧化气氛对氧化铁皮中 FeO 等温相变的影响机制

3.3.3　连续冷却过程氧化铁皮的相变行为

工业生产中，热连轧的板卷通常采用卷取后堆放空冷的方式冷却，钢卷不同位置的供氧和冷却速度都有很大差别。本节通过设定不同的模拟卷取温度和冷却速度，观察对比不同冷却速度条件下得到的氧化铁皮的结构，研究冷却过程中氧化铁皮中氧化物相的变化，总结连续冷却条件下氧化铁皮的结构变化规律。

将低碳钢切制成 2mm×10mm×15mm 的方形试样，经钻床钻孔后，利用超声波清洗仪对试样表面进行清洗，然后用酒精清洗、吹干以备实验使用。实验工艺如图 3-52 所示，首先将试样悬挂于石墨电阻炉内，对加热炉内腔抽真空，然后通入保护气氩气，试样随加热炉一起升温；当温度到达预设定温度时，在该温度下保温 5min，然后以不同的冷速冷却到室温，整个过程都在氩气中进行，工艺曲线如图 3-52 示。实验设定七个模拟卷取温度（650℃、600℃、550℃、500℃、450℃、400℃、350℃）和五个冷却速率（0.2℃/min、1℃/min、5℃/min、10℃/min、25℃/min），观察不同冷却条件下的氧化铁皮结构变化。

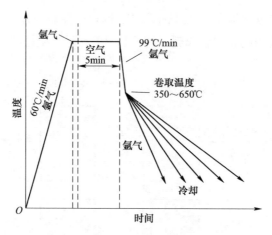

图 3-52　模拟连续冷却转变实验工艺

图 3-53 所示为模拟卷取温度为 350℃时，试样以五种不同冷却速度冷却至室温后得到的氧化铁皮结构。在 350℃模拟卷取时，由于温度较低，原子的扩散能力减弱，所以在该温度下卷取的氧化铁皮结构中没有出现共析组织。组织中均出现了先共析 Fe_3O_4，虽然温度低，但先共析反应始终会发生。

400℃模拟卷取时，以 25℃/min 冷却速率冷却至室温后，氧化铁皮组织中出现大量弥散分布的先共析 Fe_3O_4，同时残留较多的 FeO，没有出现共析组织，如图 3-54 所示。当冷速降至 10℃/min 时，室温下的氧化铁皮结构中出现了少量的共析组织 $Fe_3O_4+\alpha$-Fe，首先出现在 FeO 层与原始 Fe_3O_4 层界面的区域。冷却速度进一步降低时，氧化铁皮中的片层状共析组织 $Fe_3O_4+\alpha$-Fe 含量逐渐增多。当冷

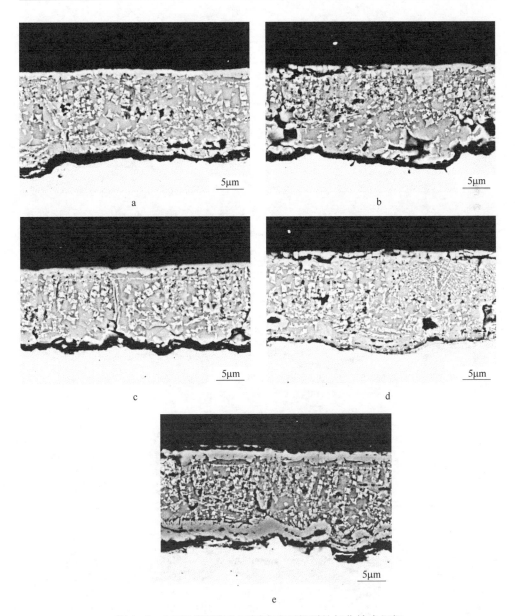

图 3-53　350℃模拟卷取不同冷速下得到的氧化铁皮组织

a—0.2℃/min；b—1℃/min；c—5℃/min；d—10℃/min；e—25℃/min

速降至 0.2℃/min，氧化铁皮的结构为少量的先共析 Fe_3O_4 和大部分的共析组织 $Fe_3O_4+\alpha\text{-}Fe$。冷却速率的降低促使 FeO 有足够的时间进行共析反应，所以越小的冷速可以得到越多的共析组织[20]。

450℃模拟卷取后，冷却速率设为 25℃/min 时得到的氧化铁皮结构中也无共

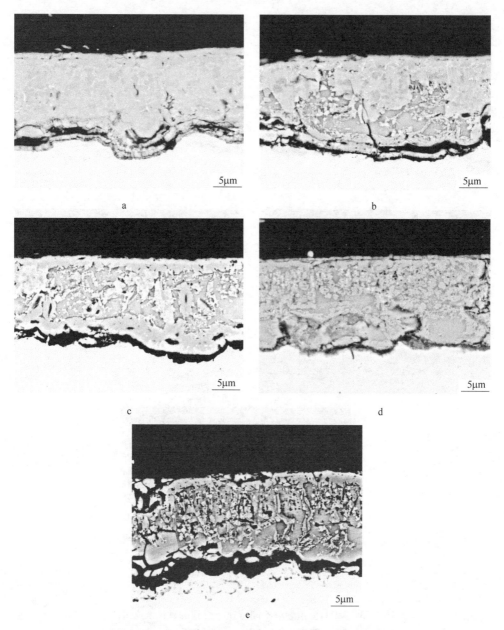

图 3-54　400℃模拟卷取不同冷速下得到的氧化铁皮组织

a—0.2℃/min；b—1℃/min；c—5℃/min；d—10℃/min；e—25℃/min

析组织出现。如图 3-55 所示，当冷却速率小于 25℃/min 时，得到的氧化铁皮组织中均出现了片层状共析组织。当冷却速率在 0.2℃/min 和 1℃/min 时，原始的FeO 基本上都转变成了共析组织，共析组织占整个氧化铁皮体积分数的 80%~90%，只是在靠近基体附近残留有极少量的 FeO。在 450℃模拟卷取时，共析反应达到最大程度。

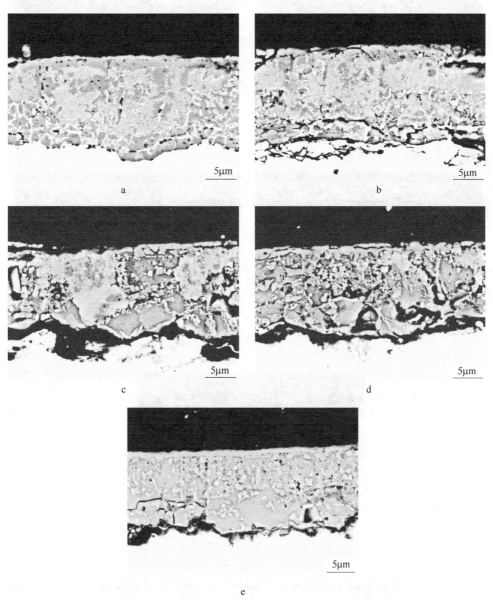

图 3-55　450℃模拟卷取不同冷速下得到的氧化铁皮组织

a—0.2℃/min；b—1℃/min；c—5℃/min；d—10℃/min；e—25℃/min

500℃模拟卷取后的氧化铁皮组织如图 3-56 所示。0.2℃/min 冷速下得到的氧化铁皮组织中先共析 Fe_3O_4 含量增多，约占整个氧化铁皮层体积分数的 40%。

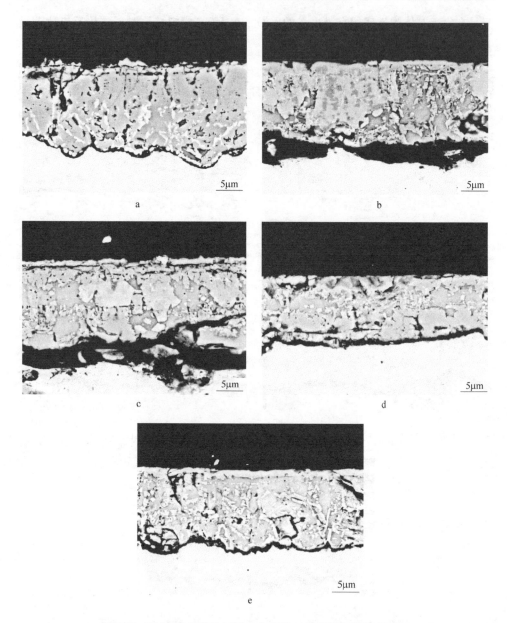

图 3-56　500℃模拟卷取不同冷速条件下得到的氧化铁皮组织

a—0.2℃/min；b—1℃/min；c—5℃/min；d—10℃/min；e—25℃/min

五个冷却速率下得到的氧化铁皮中均有残留 FeO 存在，且冷速越小共析反应和先共析反应进行得越充分，残留的 FeO 越少。25℃/min 冷却得到的室温氧化铁皮结构中没有出现共析组织，其他冷却速率下的氧化铁皮中均存在片层状共析组织。

　　如图 3-57 所示，550℃模拟卷取后得到氧化铁皮组织中，在冷速为 0.2℃/min、1℃/min 和 5℃/min 的冷却条件下，氧化铁皮中出现了片层状共析组织。当以 10℃/min 和 25℃/min 的冷却速率冷却到室温时，氧化铁皮中没有共析反应发生，组织为先共析 Fe_3O_4 和大量残留 FeO。与 500℃模拟卷取相似，550℃模拟卷取时，以 0.2℃/min 冷速冷却得到的氧化铁皮组织中，先共析的 Fe_3O_4 层并不是弥散分

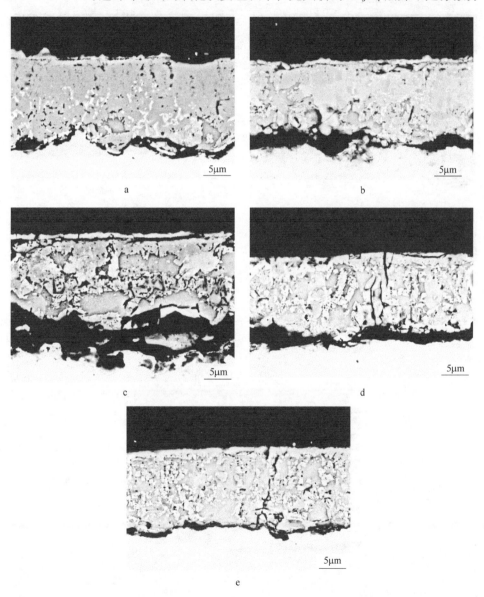

图 3-57　550℃模拟卷取不同冷速下得到的氧化铁皮组织

a—0.2℃/min；b—1℃/min；c—5℃/min；d—10℃/min；e—25℃/min

布的，而是连接在一起，形成了连续的 Fe₃O₄ 层。这是因为在氧化铁皮进入共析反应区间之前，由于冷却速率非常小，原始 FeO 有足够的时间进行先共析反应，大量的 FeO 都转变成了先共析 Fe₃O₄，从而形成了连续的先共析 Fe₃O₄ 组织[4]。

如图 3-58 所示，600℃模拟卷取的氧化铁皮组织中，冷速为 0.2℃/min 得到的氧化铁皮组织中在靠近基体附近的区域出现了片层状的共析组织，并存在少量

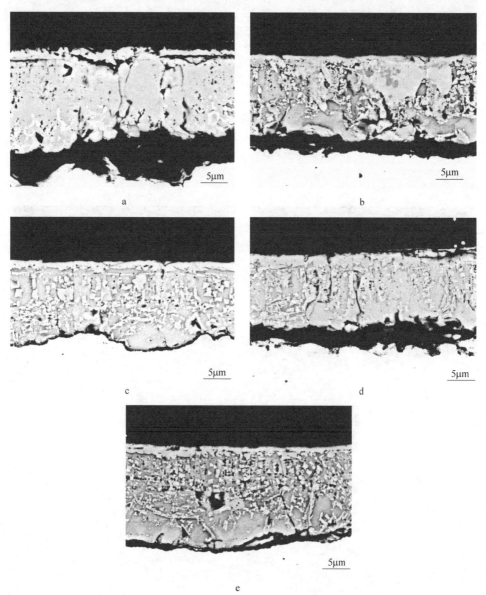

图 3-58　600℃模拟卷取不同冷速下得到的氧化铁皮组织

a—0.2℃/min；b—1℃/min；c—5℃/min；d—10℃/min；e—25℃/min

的残留 FeO。同时在这个冷却速率下得到的氧化铁皮组织中得到了连续的先共析 Fe_3O_4 层，占整个氧化铁皮层体积分数的 60%~70%。以 1℃/min 的冷速冷却到室温得到的氧化铁皮组织中同样出现了共析组织，该氧化铁皮组织中残留有较多的 FeO。其他三个冷速下得到的氧化铁皮组织中均没有出现共析组织。

如图 3-59 所示是模拟卷取温度为 650℃时得到的氧化铁皮组织。冷却速率为

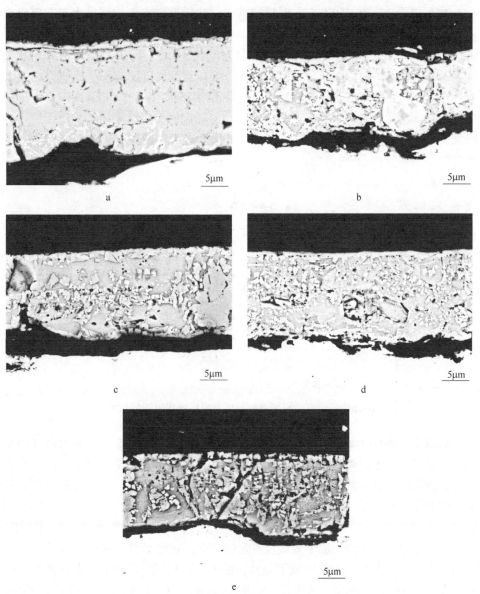

图 3-59 650℃模拟卷取不同冷速下得到的氧化铁皮组织

a—0.2℃/min；b—1℃/min；c—5℃/min；d—10℃/min；e—25℃/min

0.2℃/min 时，在靠近基体位置的氧化铁皮出现了少量的共析组织，其余氧化铁皮组织均为先共析 Fe_3O_4。冷速为 1℃/min 时，出现的共析组织较多。其余三个冷却速率下得到的氧化铁皮组织中均无共析组织 $Fe_3O_4+\alpha$-Fe 存在。

图 3-60 所示为冷却速率和模拟卷取温度对氧化铁皮组织转变的影响，将冷却到室温得到的氧化铁皮组织进行大致分类，得到类似于 C 曲线的规律。从图 3-60 中可以发现，在 450℃ 左右时模拟卷取，共析反应程度达到最大，在氧化铁皮组织结构中的片层状的共析组织最多。平衡状态下，温度达到 570℃ 时，原子百分含量 51.38% 的 $Fe_{1-y}O$ 会发生共析反应，组织中出现 Fe_3O_4 和 Fe 的片层状结构。非平衡状态下，温度低于 570℃ 时，仍然有延迟共析反应发生。研究结果表明：在 480℃ 左右（由成分决定）FeO 是最不稳定的，Fe_3O_4 和 Fe 同时作为分解产物出现，这样就出现了延迟共析产物，这与我们的实验结果相符。温度进一步降低，当卷取温度设为 350℃ 时，室温下氧化铁皮组织中没有出现共析组织，也没有观察到颗粒状 Fe 的出现。

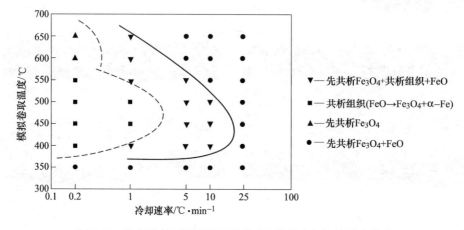

图 3-60　冷却速率和模拟卷取温度对氧化铁皮组织的影响关系

高温模拟卷取（如 650℃），以 5℃/min、10℃/min 和 25℃/min 的冷速冷却到室温的氧化铁皮组织中无共析组织出现。其原因是，在较低冷速下，由于氧化铁皮有较长时间处于高温区域，使得 Fe 有充足的时间扩散，FeO 层厚度方向的成分均匀化，Fe 的含量也相对多一些，而富铁的 FeO 要比富氧的 FeO 更稳定，因此在这种冷却条件下得到的室温氧化铁皮组织中无共析组织出现。高冷速下，由于冷却速率太快，FeO 层中的氧没有足够的时间进行扩散，从而抑制了共析反应的发生，在室温组织中仅出现了先共析的 Fe_3O_4 和残留的 FeO。在较高温度模拟卷取，如 550℃、600℃、650℃，以 0.2℃/min 的极低冷速冷却到室温得到的氧化铁皮组织中几乎检测不到残留的 FeO，氧化铁皮组织以先共析的 Fe_3O_4 为主。这是由于冷却速率很小，FeO 长时间停留在高温阶段，在进入共析反应区间之前，大部分的 FeO 进行了先共析反应，形成了大量的先共析组织。400℃和 450℃模拟卷取时，FeO 组织长时间停留在共析区间，有足够的时间进行共析反应，所以冷却到室温的组织中出现了大量的片层状共析组织 $Fe_3O_4+\alpha\text{-}Fe$。低温卷取时（350℃），由于温度过低，没有达到共析点温度，低温导致原子扩散能力减弱，从而抑制了共析反应的进行，冷却到室温的组织中残留了较多的 FeO。

3.3.4 Cr 元素对氧化铁皮相变行为的影响

随着低合金高强度钢的发展，发现添加少量的 Cr 元素（通常 $w(Cr) \leqslant$ 1.5%）可以起到稳定过冷奥氏体、降低热轧温度的作用，同时保证动态转变的纳米铁素体具有热稳定性[22]。在这些低合金高强度钢的热轧过程中，即使钢中 Cr 含量较低，也会在基体表面形成铬氧化物，这些氧化物会影响热轧带钢的表面质量。迄今为止，国内外对高铬钢在高温和复杂工作环境下耐蚀性的影响研究由来已久，如炉内零件、蒸汽管道和废气系统等[23]。然而，由于高铬钢中 Cr 的质量分数始终在 5%（质量分数）以上，Cr 含量较高钢种的高温氧化速率和氧化机制的研究结果不能完全适用于只有微量 Cr 的低合金高强度钢表面氧化铁皮的形成机理分析。此外，微量 Cr 元素的添加对氧化铁皮中 FeO 相变行为的影响还不清楚。采用热重分析法（TGA）对 Fe-0Cr 和 Fe-0.42Cr 的氧化铁皮中 FeO 在连续冷却条件下的相变行为进行了研究。将试样悬挂于炉腔中，然后在保护气体（氩气）中以 30℃/min 的加热速率升温至预氧化温度（750℃）。当温度达到 750℃后，用干燥空气代替炉腔内的氩气，气体的通入速率为 50mL/min，样品在干燥空气中氧化 10min。随后，在氩气中以 90℃/min 的冷却速率将样品冷却至模拟卷取温度（600℃、550℃、500℃、450℃、400℃、350℃），然后以 $1 \sim 40$℃/min 的冷却速率降至室温。实验结束后，采用场发射电子探针（EPMA）和 X 射线衍射仪（XRD）对氧化铁皮的截面形貌、元素分布和物相组成进行表征。

图 3-61a 和图 3-61b 分别示出了无 Cr 钢和含 Cr 钢在 750℃预氧化 10min 后形成的初始氧化铁皮的横截面形貌和 Fe、O 和 Cr 的元素分布。氧化铁皮均由外侧的 Fe_3O_4 层和内侧靠近基体的 FeO 层组成。在图 3-61c 中给出了含 Cr 钢表面氧化铁皮/基体界面的元素分布，从图中可以看出氧化铁皮/基体界面完全被 Cr 的氧化物覆盖，这个富 Cr 层中 Cr 的质量分数为 4.1%，明显高于钢基体中的 Cr 含量。图 3-61d 示出了无 Cr 钢表面初始氧化铁皮上的元素分布，表明在氧化铁皮由外向内 Fe 含量增加，而 O 含量呈现降低趋势。此外，图 3-61e 示出了含 Cr 钢表面初始氧化铁皮中 O、Fe 和 Cr 的含量分布[24]。氧化铁皮/基体界面处的 Cr 含量变化明显，但 Fe 和 O 的含量变化趋势基本上与无 Cr 钢表面初始氧化铁皮一致。无 Cr 钢的初始氧化铁皮厚度约为 26μm，Fe_3O_4 和 FeO 的厚度分别为 4μm 和 22μm；含 Cr 钢的初始氧化铁皮厚度约为 21μm，Fe_3O_4、FeO 和 Cr 富集层的厚度

分别为 3μm、17.5μm 和 0.5μm。可见，与含 Cr 钢相比，无 Cr 钢表面氧化铁皮厚度要厚约 20%[25]。

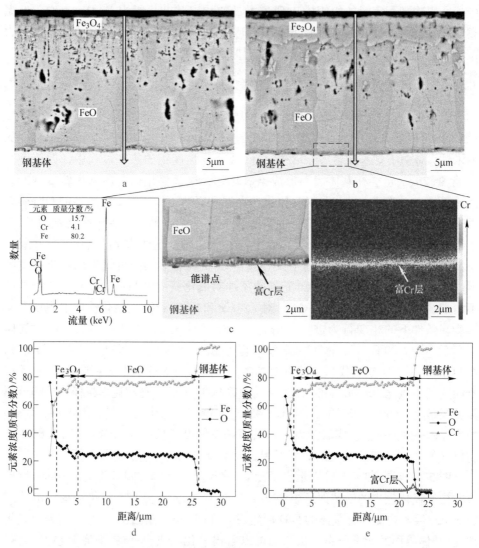

图 3-61　初始氧化铁皮形貌和元素分布

a—含 Cr 钢；b—无 Cr 钢；c—含 Cr 钢氧化铁皮/基体界面；d—无 Cr 钢；e—含 Cr 钢

　　根据在不同冷却起始温度和冷却速率下无 Cr 钢和含 Cr 钢表面氧化铁皮的显微形貌，绘制出了氧化铁皮结构转变曲线（CCT 图）。图 3-62~图 3-65 示出了不同冷却速率下，从 350~600℃冷却至室温后，无 Cr 钢表面氧化铁皮的 CCT 图和典型显微形貌。无 Cr 钢表面氧化铁皮从 500℃以 40℃/min 的速率冷却至室温，其显微形貌如图 3-63a 所示，初始氧化铁皮的形貌基本保持不变。图 3-63b 表明

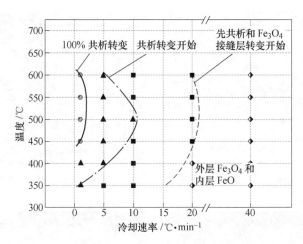

图 3-62　不同冷却条件下无 Cr 钢表面氧化铁皮的 CCT 图

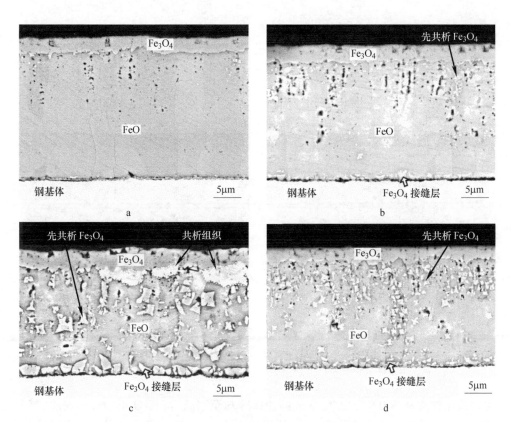

图 3-63　无 Cr 钢表面氧化铁皮显微形貌

a—500℃、40℃/min；b—500℃、20℃/min；c—500℃、10℃/min；d— 450℃、10℃/min

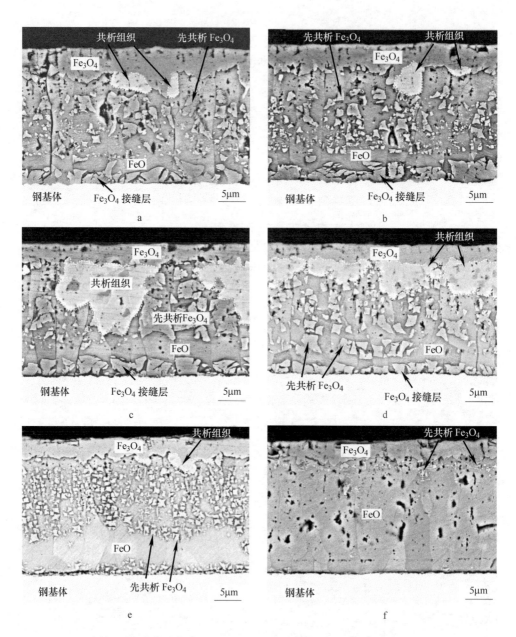

图 3-64　冷却速率为 5℃/min 时无 Cr 钢表面氧化铁皮的显微形貌
a—600℃；b—550℃；c—500℃；d—450℃；e—400℃；f—350℃

初始氧化铁皮从 500℃ 以 20℃/min 的速率冷却至室温后，FeO 层中观测到块状先共析 Fe_3O_4 组织，且在氧化铁皮/基体界面出现了 Fe_3O_4 接缝层。当 500℃ 时冷却速率降低至 10℃/min 后，氧化铁皮的显微形貌如图 3-63c 所示，FeO 层中多边形

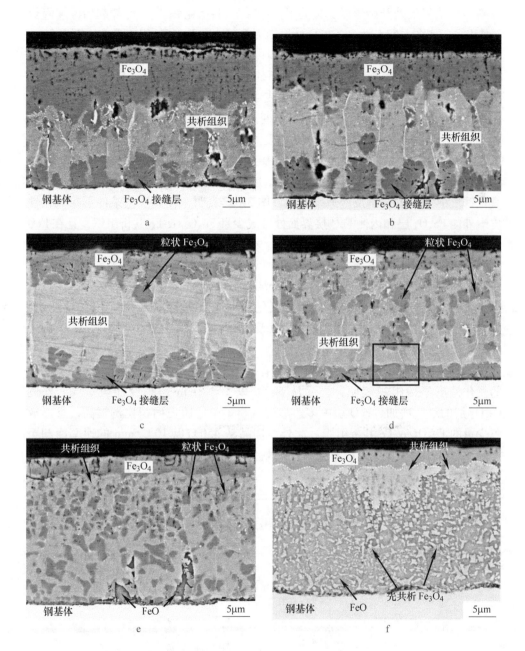

图 3-65 冷却速率为 1℃/min 时无 Cr 钢表面氧化铁皮的显微形貌
a—600℃；b—550℃；c—500℃；d—450℃；e—400℃；f—350℃

先共析 Fe_3O_4 的含量和尺寸增加，且 Fe_3O_4 接缝层完全覆盖了氧化铁皮和基体之间的界面；此外，由于 FeO 向 $Fe_3O_4/\alpha\text{-Fe}$ 共析组织的转变，在外侧 Fe_3O_4 层和内侧 FeO 层界面处开始形成少量的 Fe_3O_4/α-Fe 共析组织[26]。冷却起始温度降低至 450℃，如图 3-63d 所示，在 FeO 层中无 Fe_3O_4/α-Fe 共析组织形成。图 3-64 示出了在 400~600℃ 的开始冷却温度范围内，以 5℃/min 的冷却速率冷却至室温时，在外侧 Fe_3O_4 层与内侧 FeO 层界面处均会观测到 Fe_3O_4/α-Fe 共析组织。但冷却起始温度降低至 350℃ 时，氧化铁皮中除了有少量岛状先共析 Fe_3O_4 形成外，仍保持预氧化后的初始氧化铁皮结构不变。此外，随着开始冷却温度的降低，外侧 Fe_3O_4 层和界面处 Fe_3O_4 接缝层的厚度均减薄。如图 3-65e 所示，样品从 400℃ 以 1℃/min 冷却至室温，表面氧化铁皮中的 FeO 近乎完全转变成 Fe_3O_4/α-Fe 共析组织和氧化铁皮/基体界面处的 Fe_3O_4 接缝层。冷却起始温度降低至 350℃ 时，氧化铁皮中 FeO 的分解反应速率变缓，图 3-65f 表明，在此工艺条件下在氧化铁皮中外侧 Fe_3O_4 层和内侧 FeO 层界面处形成少量 Fe_3O_4/α-Fe 共析组织，且在 FeO 层中形成了大量多边形先共析 Fe_3O_4。

　　图 3-66~图 3-69 示出了含 Cr 钢表面氧化铁皮在不同冷却制度下获得氧化铁皮的 CCT 图和典型显微形貌。样品从 500℃ 以 40℃/min 的速率冷却至室温，氧化铁皮的显微组织与预氧化后的初始氧化铁皮显微组织一致，如图 3-67a 所示，主要是由外侧 Fe_3O_4 层、内侧 FeO 层以及氧化铁皮/基体界面处的 Cr 富集层组成。将冷却速率由 40℃/min 降低至 20℃/min 后氧化铁皮显微组织开始发生变化，如图 3-67b 所示，在 FeO 层中开始有多边形先共析 Fe_3O_4 析出。图 3-67c 中的氧化铁皮显微组织表明，样品从 500℃ 以 10℃/min 速率冷却至室温，外侧 Fe_3O_4 层的厚度增加，FeO 层中多边形先共析 Fe_3O_4 所占面积比例提高，且形成了少量的 Fe_3O_4/α-Fe 共析组织。此外，样品从 450℃ 以 10℃/min 的速率冷却至室温后，在图 3-67d 中可以看到，在外侧 Fe_3O_4 层和内侧 FeO 层的界面处观察到少量 Fe_3O_4/α-Fe 共析组织。

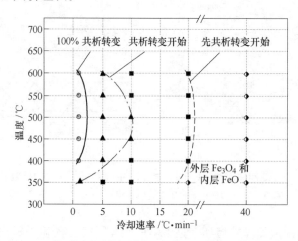

图 3-66　不同冷却条件下含 Cr 钢表面氧化铁皮的 CCT 图

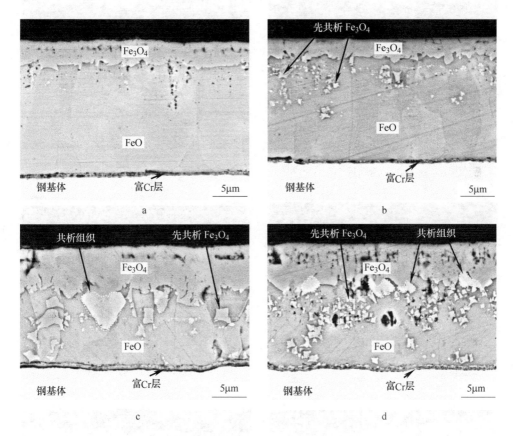

图 3-67　含 Cr 钢表面氧化铁皮显微形貌

a—500℃、40℃/min；b—500℃、20℃/min；c—500℃、10℃/min；d— 450℃、10℃/min

　　图 3-68a~e 示出了样品从 400~600℃ 以 5℃/min 的速率冷却至室温后的氧化铁皮显微组织，从中可以看出显微组织的结构基本相同均是由外侧 Fe_3O_4 层、Fe_3O_4/α-Fe 共析组织、少量先共析 Fe_3O_4、未发生转变的 FeO 以及 Cr 的富集层等组成。值得注意的是，将冷却起始温度降至350℃，实验样品仍以 5℃/min 的速率冷却至室温，此时的氧化铁皮中未发现 Fe_3O_4/α-Fe 共析组织。为了对比冷却速率对氧化铁皮显微组织的影响，将样品的冷却速率设定为 1℃/min。样品从 400~600℃ 以 1℃/min 的速率冷却至室温，如图 3-69a~e 所示，氧化铁皮中的 FeO 层完全由外侧 Fe_3O_4 层和 Fe_3O_4/α-Fe 共析组织所取代，表明在这一冷却制度下 FeO 的相变完全。然而，将冷却起始温度降低至350℃，样品仍以该冷速降至室温，氧化铁皮中的 FeO 会有大量残留，并未完全转变为多边形先共析 Fe_3O_4 和 Fe_3O_4/α-Fe 共析组织。

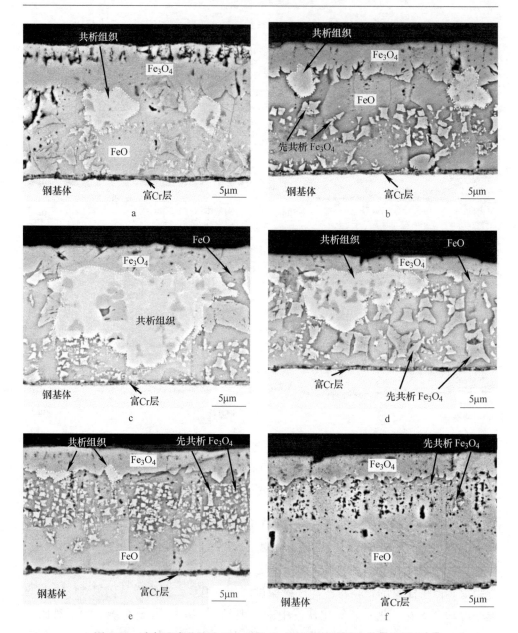

图 3-68　冷却速率为 5℃/min 时含 Cr 钢表面氧化铁皮的显微形貌

a—600℃；b—550℃；c—500℃；d—450℃；e—400℃；f—350℃

　　图 3-70 示出了样品在 450℃以 1℃/min 的速率冷却至室温后，其表面氧化铁皮与基体界面处的显微结构。共析组织是由 Fe_3O_4 和 α-Fe 交替分布的片层状结构，其中深灰色和白色分别为 Fe_3O_4 和 α-Fe。图 3-70a 表明在无 Cr 钢表面氧化铁皮/基体界面处可以观察到 Fe_3O_4 接缝层。然而，含 Cr 钢表面氧化铁皮/基体界

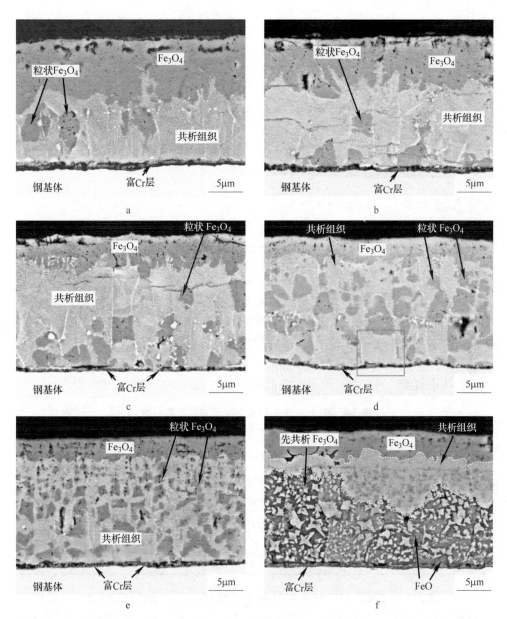

图 3-69 冷却速率为 1℃/min 时含 Cr 钢表面氧化铁皮的显微形貌

a—600℃；b—550℃；c—500℃；d—450℃；e—400℃；f—350℃

面处的 Fe_3O_4 接缝层却被 Cr 的富集层所取代，如图 3-70b 所示。此外，与无 Cr 钢表面氧化铁皮相比，含 Cr 钢表面氧化铁皮中共析组织的层状间距也呈现出了明显的差异。无 Cr 钢表面氧化铁皮中共析组织的片层间距约为 0.127μm，含 Cr 钢表面氧化铁皮中共析组织的片层间距约为 0.094μm。

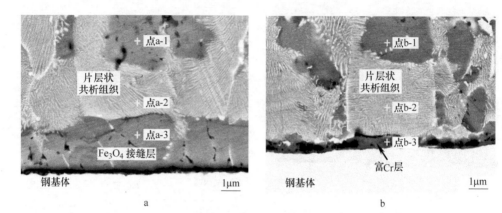

图 3-70   在冷却温度为 450℃、冷却速率为 1℃/min 条件下
实验钢表面氧化铁皮/基体界面显微结构
a—无 Cr 钢；b—含 Cr 钢

采用 EDS 对图 3-70 中微区的元素含量进行测量，结果见表 3-6。块状先共析 Fe_3O_4 和片层状共析组织中 Fe 和 O 的质量分数基本相同，但 Fe_3O_4 接缝层中 O 的质量分数是富 Cr 层的 2 倍。此外，发生共析反应结束后的 Cr 富集层中 Cr 元素质量分数高于预氧化后初始氧化铁皮中 Cr 富集层中 Cr 的质量分数，表明 Cr 可以在基体中持续向外扩散，然后在冷却条件下与 FeO 中的氧原子相结合[27]。

表 3-6   图 3-70 中不同微区的元素的质量分数   （%）

样品简称	位置	物相	$w(Fe)$	$w(O)$	$w(Cr)$
	a-1	块状先共析 Fe_3O_4	73.26	26.74	—
无 Cr 钢	a-2	片层状共析组织	76.97	23.03	—
	a-3	Fe_3O_4 接缝层	72.26	27.74	—
	b-1	块状先共析 Fe_3O_4	74.55	25.45	—
含 Cr 钢	b-2	片层状共析组织	76.63	23.37	—
	b-3	界面处富 Cr 层	81.50	13.12	5.38

为了分析 Cr 元素的添加对氧化铁皮中共析组织转变速率的影响，统计出了样品从 350~600℃ 以 10℃/min、5℃/min、1℃/min 的冷却速率冷却至室温后表面氧化铁皮中共析组织的面积分数，如图 3-71 所示。当冷却起始温度为 500℃、冷却速度为 10℃/min 时，无 Cr 钢表面氧化铁皮中可观察到 Fe_3O_4/α-Fe 共析组织；而在相同冷却速率下，从 450℃ 和 500℃ 冷却至室温时，在含 Cr 钢表面氧化铁皮中均可观察到 Fe_3O_4/α-Fe 共析组织。含 Cr 钢表面氧化铁皮中 Fe_3O_4/α-Fe 共析组织的面积百分数高于无 Cr 钢，表明微量 Cr 元素的添加起到了加速 FeO 向共析组织转变的作用，并且随着冷却速度的降低，这一现象越明显。随着冷却起始

温度的由低到高，$Fe_3O_4/\alpha\text{-}Fe$ 共析组织的面积分数的变化趋势是先增大后减小，在 500℃时达到最高点，可见无 Cr 钢和含 Cr 钢表面氧化铁皮共析转变的鼻尖温度均为 500℃。此外，对比无 Cr 钢和含 Cr 钢表面氧化铁皮的 CCT 图可以发现，无 Cr 钢表面氧化铁皮中最早形成共析组织的温度只是一个点（500℃），而含 Cr 钢表面氧化铁皮中最早形成共析组织的温度则是一个范围区间（450~500℃）。

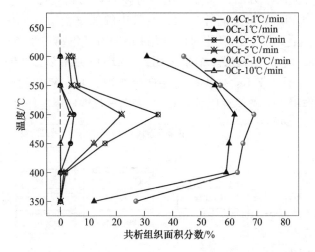

图 3-71 两种钢在不同冷却条件下表面氧化铁皮中共析组织的面积百分数

图 3-72 示出了含 Cr 钢在预氧化后，其表面初始氧化铁皮的物相衍射峰，可以发现氧化铁皮中存在 Fe_3O_4、FeO 和（$Fe_{0.6}Cr_{0.4}$）$_2O_3$（$FeCr_2O_4$ 尖晶石）。由此

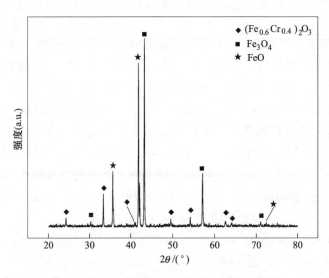

图 3-72 含 Cr 钢表面氧化铁皮的 XRD 衍射峰

可见，氧化铁皮/基体界面处 Cr 的富集层可以确认为 $FeCr_2O_4$ 尖晶石。$FeCr_2O_4$ 尖晶石是 Fe 的氧化物和 Cr 的氧化物之间的连续固溶体。在高温下 Cr 的平衡氧分压低于 Fe 的平衡氧分压，铬氧化物会率先在基体表面形成，尖晶石层的形成对氧化铁皮的生长起到显著的影响。无 Cr 钢和含 Cr 钢表面的氧化铁皮在预氧化阶段和冷却阶段的演变过程如图 3-73 所示，Cr 的添加对氧化铁皮的厚度和显微组织的影响可分为两个方面：高温氧化行为和 FeO 的相变行为。首先，含 Cr 钢在预氧化过程中，Cr 元素会向外扩散与空气中的氧发生反应，在基体表面形成 Cr 的氧化物。然后，随着预氧化时间的增加 Cr 的氧化物逐步覆盖在基体表面，形成均匀的 $FeCr_2O_4$ 尖晶石层。结果表明，$FeCr_2O_4$ 尖晶石层外侧铁氧化物的形成是需要钢中 Fe 通过 $FeCr_2O_4$ 尖晶石层向外扩散，其在氧和铁扩散过程中起到了阻碍扩散的作用，使得预氧化后含 Cr 钢表面氧化铁皮厚度比无 Cr 钢要薄。

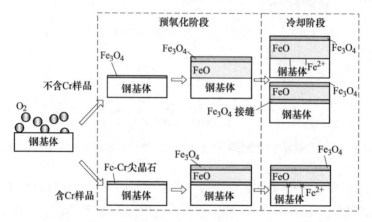

图 3-73　Fe-Cr 尖晶石层在氧化铁/基体界面上的演变过程示意图

在无 Cr 钢的冷却阶段，由于其表面氧化铁皮中 FeO 的分解、Fe 的析出以及 FeO 晶格与氧的交互作用，使得氧化铁皮与基体的界面处会形成 Fe_3O_4 接缝层。其中，FeO 的分解和 Fe 的析出都属于扩散型相变；FeO 晶格与氧的交互作用表明，氧通过吸附 Fe 中的电子从而形成 Fe^{3+}；FeO/基体的界面可以为 Fe_3O_4 接缝层的形核和长大提供异相质点。含 Cr 钢表面氧化铁皮中，由于 Cr 具有较好的亲氧性，使 $FeCr_2O_4$ 层附近氧的浓度降低，从而导致 FeO 晶格中氧的数量增加。另外，$FeCr_2O_4$ 层/基体的界面处，基体中 Fe 向外扩散变得非常困难。$FeO/FeCr_2O_4$ 层的界面处 Fe 过饱和度较低，不能为该界面处 Fe 析出提供足够的驱动力。因此，含 Cr 钢的氧化界面处几乎没有 Fe_3O_4 接缝层形成。

无 Cr 钢样品从 500℃以 1~40℃/min 的冷却速率冷却至室温后，氧化铁皮的显微形貌如图 3-63a~c、图 3-64c 和图 3-65c 所示。同时，在相同的冷却条件下含 Cr 钢表面氧化铁皮的显微形貌如图 3-67a~c、图 3-68c 和图 3-69c 所示。通过对比发现，无 Cr 钢和含 Cr 钢表面氧化铁皮的相变过程相似，主要包括先共析和共析转变。冷却速率为 40℃/min 时，无 Cr 钢和含 Cr 钢表面氧化铁皮都没有发生相变，氧化铁皮均由外侧 Fe_3O_4 层和内侧 FeO 层组成；冷却速率从 40℃/min 降低到 20℃/min 时，无 Cr 钢和含 Cr 钢表面氧化铁皮的块状先共析 Fe_3O_4 开始在 FeO 中析出；冷却速率为 10℃/min 时，$Fe_3O_4/\alpha\text{-Fe}$ 共析组织开始在外侧 Fe_3O_4 层与内侧 FeO 层的界面处形核和长大；冷却速率降低到 5℃/min，$Fe_3O_4/\alpha\text{-Fe}$ 共析组织开始由外侧 Fe_3O_4 层与内侧 FeO 层的界面处向着基体方向生长；FeO 层在 1℃/min 的冷却速率下完全转变为 $Fe_3O_4/\alpha\text{-Fe}$ 共析组织。结果表明，由于 FeO 向先共析 Fe_3O_4 和 $Fe_3O_4/\alpha\text{-Fe}$ 共析组织的转变是一种扩散相变，冷却速率可以决定 Fe 和 O 在氧化铁皮中的扩散速率，这就导致在不同的冷却速率下氧化铁皮的显微组织呈现出明显的差异。

连续冷却条件下，无 Cr 钢和含 Cr 钢表面氧化铁皮组织演变的主要区别在于同一冷却条件下共析组织的形成速率。如前所述，由于 Cr 元素的选择性氧化，在含 Cr 钢表面形成 $FeCr_2O_4$ 层。含 Cr 钢在 750℃ 预氧化 10min 后形成的氧化铁皮厚度相比无 Cr 钢略薄，说明 $FeCr_2O_4$ 层对防止基体中的 Fe 在氧化过程中向外扩散起着重要作用。此外，$FeCr_2O_4$ 层在冷却过程中也成为了氧化铁皮中 Fe 和 O 从氧化铁皮向基体内扩散的化学屏障。因此，含 Cr 钢表面氧化铁皮中 FeO 层内的 Fe 过饱和，含 Cr 钢表面氧化铁皮中 FeO 向 $Fe_3O_4/\alpha\text{-Fe}$ 共析组织的转变速率要快于无 Cr 钢[28]。

Cr 元素的添加能有效地诱发和加速 FeO 在冷却阶段的共析转变，其关键机理可以分为动力学和热力学两方面：一方面，$FeCr_2O_4$ 尖晶石层作为扩散抑制层，减少了氧化铁皮/基体界面处氧的消耗，从而增加了 FeO 层中的氧浓度，同时这部分多出来的氧容易在外侧 Fe_3O_4 层与内侧 FeO 层的界面处富集，为新相的形核提供了更多的形核点。另一方面，氧从低浓度区向高浓度区扩散，促使氧在 FeO 中出现了过饱和，导致 O 和 Fe 的浓度呈现两极分化，如图 3-74 所示，氧化铁皮

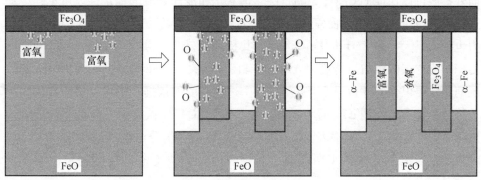

图 3-74　FeO 基体共析反应机理

中的氧进入初始 FeO 的晶格中形成了过饱和状态，然后在晶格重构后形成一个新的共析相（富氧的 Fe_3O_4 和贫氧的 α-Fe）；Fe-O 二元平衡相图表明，FeO 在 560℃ 以下不稳定会发生分解。然而，图 3-75 中的 Fe-Cr-O 平衡相图表明，随着 Cr 含量的增加，FeO 的稳定区扩大到了 580℃ 以上。

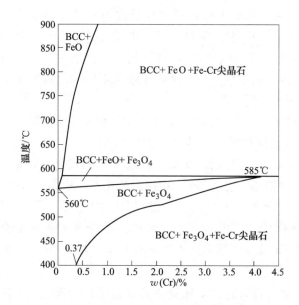

图 3-75　Thermo-Calc 热力学软件提供的 Fe-Cr-O 平衡相图

　　结合前文分析，预氧化阶段氧化铁皮/基体界面处的 Cr/Fe（质量分数）明显高于基体的 Cr/Fe，特别是经过冷却阶段后差别进一步增大，基体中 Cr 的持续向外扩散可以保证 $FeCr_2O_4$ 尖晶石层在预氧化和冷却阶段的稳定性。可见，冷却过程中，由于含 Cr 钢表面氧化铁皮中 FeO 的相变过冷度提高，FeO 的相变驱动力也随着增大，为 FeO 向 Fe_3O_4/α-Fe 共析组织转变提供了热力学保证。此外，由于平均片层间距与过冷度（ΔT）具有反比例关系，Fe_3O_4/α-Fe 共析组织的片层间距也可以作为评价 O 和 Fe 在 FeO 中过饱和度的依据。根据测量的片层间距计算，ΔT_{Fe-Cr} 大约是 ΔT_{Fe} 的 1.3 倍，含 Cr 钢表面氧化铁皮中 FeO 的平衡分解温度约为 580℃，比无 Cr 钢表面氧化铁皮中 FeO 的平衡分解温度高出约 20℃。该计算结果与图 3-76 中含 Cr 钢和无 Cr 钢表面氧化铁皮中 FeO 的稳定区域基本一致。

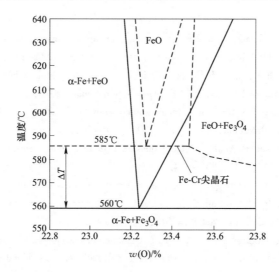

图 3-76 Thermo-Calc 热力学软件计算出的两种钢氧化铁皮中 FeO 的稳定区域

参 考 文 献

[1] 孙彬. 热轧低碳钢氧化铁皮控制技术的研究与应用 [D]. 沈阳：东北大学，2011.

[2] 徐蓉. 热轧氧化铁皮表面状态研究和控制工艺开发 [D]. 沈阳：东北大学，2012.

[3] 孙先朕. FTSR 产线热轧酸洗板表面质量控制机理研究 [D]. 沈阳：东北大学，2017.

[4] 何永全. 热轧碳钢氧化铁皮的结构转变、酸洗行为及腐蚀性能研究 [D]. 沈阳：东北大学，2011.

[5] 周忠祥. 热轧炊具用钢氧化铁皮控制及免酸洗工艺开发 [D]. 沈阳：东北大学，2019.

[6] Mousa E A, Bahgat M, El-Geassy A A. Reduction of iron oxide compacts with simulated blast furnace top and shaft gases to mitigate CO_2 emissions [J]. Ironmaking & Steelmaking, 2013, 40 (6): 452~459.

[7] Effects of Coiling Temperature and cooling condition on transformation behavior of tertiary oxide scale [J]. Journal of Iron and Steel Research International, 2015 (10): 892~896.

[8] West G D, Birosca S, Higginson R L. Phase determination and microstructure of oxide scales formed on steel at high temperature [J]. Journal of Microscopy, 2005, 217 (2): 122~129.

[9] Zhou C H, Ma H T, Wang L. Effect of compressive stresses on microstructure of scales formed on pure iron during continuous air cooling [J]. Journal of Iron and Steel Research International, 2010, 17 (2): 27~30.

[10] Liu Xiaojiang, He Yongquan, Cao Guangming, et al. Effect of Si content and temperature on oxidation resistance of Fe-Si alloys [J]. Journal of Iron and Steel Research International, 2015, (3): 238~244.

[11] Cao Guangming, Liu Xiaojiang, Sun Bin, et al. Morphology of oxide scale and oxidation kinetics of low carbon steel [J]. Journal of Iron & Steel Research International, 2014, 21

(3)：335~341.

[12] Yu X, Jiang Z, Zhao J, et al. Effects of grain boundaries in oxide scale on tribological proper-ties of nanoparticles lubrication [J]. Wear, 2015, 332-333: 1286~1292.

[13] Hu X J, Zhang B M, Chen S H, et al. Oxide scale growth on high carbon steel at high temper-atures [J]. Journal of Iron and Steel Research International, 2013, 20 (1): 47~52.

[14] Kim B K, Szpunar J A. Orientation imaging microscopy for the study on high temperature oxida-tion [J]. Scripta Materialia, 2001, 44 (11): 2605~2610.

[15] Graham M, Hussey R. Analytical techniques in high temperature corrosion [J]. Oxidation of Metals, 1995, 44 (1-2): 339~374.

[16] Li Zhifeng, Cao Guangming, Lin Fei, et al. Characterization of oxide scales formed on plain carbon steels in dry and wet atmospheres and their eutectoid transformation from FeO in inert at-mosphere [J]. Oxidation of Metals, 2018, 90: 337~354.

[17] Abuluwefa H T, Guthrie R I L, Ajersch F. Oxidation of low carbon steel in multicomponent ga-ses: Part I. Reaction mechanisms during isothermal oxidation [J]. Metallurgical and Materials Transactions A, 1997, 28 (8): 1633~1641.

[18] Chen R Y. Reduction of Wustite Scale by Dissolved Carbon in Steel at 650-900℃ [J]. Oxidation of Metals, 2018, 89 (1-2): 1~31.

[19] Bagatini M C, Zymla V, Osório E, et al. Carbon gasification in self-reducing mixtures [J]. ISIJ International, 2014, 54 (12): 2687~2696.

[20] Haruta M, Tsubota S, Kobayashi T, et al. Low-temperature oxidation of CO over gold supported on TiO_2, $\alpha\text{-}Fe_2O_3$, and Co_3O_4 [J]. Journal of Catalysis, 1993, 144 (1): 175~192.

[21] Seo M, Lumsden J, Staehle R. An AES analysis of oxide films on iron [J]. Surface Science, 1975, 50 (2): 541~552.

[22] Li Z F, Cao G M, He Y Q, et al. Effect of chromium and water vapor of low carbon steel on oxidation behavior at 1050℃ [J]. Steel Research International, 2016, 87 (11): 1469~1477.

[23] Ding D J, Peng H, Peng W J, et al. Isothermal hydrogen reduction of oxide scale on hot-rolled steel strip in 30 pct $H_2\text{-}N_2$ atmosphere [J]. International Journal of Hydrogen Energy, 2016, 42 (50): 29921~29928.

[24] Chen R Y, Yuen W Y D. Oxide-scale structures formed on commercial hot-rolled steel strip and their formation mechanisms [J]. Oxidation of Metals, 2001, 56 (1-2): 89~118.

[25] Kuila S K, Chatterjee R, Ghosh D. Kinetics of hydrogen reduction of magnetite ore fines [J]. International Journal of Hydrogen Energy, 2016, 41 (22): 9256~9266.

[26] Gleeson B, Hadavi S M M, Young D J. Isothermal transformation behavior of thermally-grown wüstite [J]. Materials at High Temperatures, 2000, 17 (2): 311~318.

[27] Gutierrez-Platas J L, Artigas A, Monsalve A, et al. High-temperature oxidation and pickling behaviour of hsla steels [J]. Oxidation of Metals, 2018, 89 (1-2): 33~48.

[28] Pineau A, Kanari N, Gaballah I. Kinetics of reduction of iron oxides by H_2 part Ⅱ. Low tem-perature reduction of magnetite [J]. Thermochimica Acta, 2007, 456 (2): 75~88.

4   氧化铁皮形态精准预测及智能控制

钢铁材料是应用最广泛的结构性材料和重要的功能材料之一,作为国民经济重要的支柱性产业,钢铁工业在我国工业化进程中发挥着重要作用。日前,在全球钢铁需求量已经进入饱和状态的前提下,性能卓越、品质优良、成本低廉的产品倍受消费者的青睐,钢材用户企业不仅严格要求钢铁产品的力学性能与尺寸精度,而且对钢材的表面质量提出了更为苛刻的要求。由于热轧产品表面氧化铁皮与众多工艺参数密切相关且动态演变,因此对其精准控制属于世界性难题。在节能环保、降耗减排等方面的法规和要求日益严格的背景下,钢铁行业生产过程正在向"绿色化"的方向进行全面转型。因此,在追求高表面质量环境友好型产品的驱动下,氧化铁皮精准控制技术逐渐成为当前我国钢铁企业急需突破的技术瓶颈。

氧化铁皮控制技术包含氧化铁皮厚度控制和氧化铁皮结构控制,通过相关技术的研发与应用,在很大程度上增加了企业效益,提高了企业竞争力,改善了我国钢铁产品品质,提升了我国钢铁产品外在形象,但这些技术的开发与应用背后有很多理论及技术问题尚需深入研究。首先,热轧过程中氧化铁皮的厚度和结构是动态演变的,由于其演变过程的动态跟踪极其困难,所以现有的技术只考虑了氧化铁皮的最终形态,没有充分考虑氧化铁皮在轧制过程中演变过程;其次,尚未理清氧化铁皮演变过程与轧制生产工艺之间的联系,因此针对表面质量的生产工艺的制定存在一定程度的盲目性;最后,现有技术都是科研工程人员凭借经验并结合大量的工业试制开发的,这种开发现状延长了产品的研发周期,增加了企业的研发成本,进而在很大程度上降低了企业的生产效益。

为了解决上述问题,急需对热轧过程中氧化铁皮厚度与结构演变的动态过程展开研究,建立热轧过程中氧化铁皮厚度演变模型与卷取后冷却过程中氧化铁皮结构演变模型,开发氧化铁皮厚度与结构演变行为精准预测技术,实现氧化铁皮演变过程中的动态跟踪与精准控制,从而为氧化铁皮控制技术的深入发展提供理论依据。

4.1   热轧带钢温度场模型

4.1.1   热轧带钢温度场模型建立

在热连轧过程中,热传导过程非常复杂,完全采用理论方法得到的模型又缺乏实际应用性。在建立温度场模型前，作出以下假设：（1）与厚度相比，轧制方向的热流很小，因此忽略沿轧制方向的导热；（2）出加热炉时，铸坯的温度分布均匀；（3）板坯的温度分布沿着宽度方向对称；（4）铸坯的物理参数皆为温度的函数；（5）轧制变形所产生的热量视为内热源；（6）忽略板坯纵向延展对传热的影响；（7）不考虑摩擦热；（8）钢板与工作辊接触过程中工作辊中心温度不变。对于二维平面问题，固体导热的数学描述可以写成式（4-1）~式（4-3）[1~6]。

$$\frac{\partial^2 T}{\partial x^2} + \frac{\partial^2 T}{\partial y^2} + \frac{q_s}{\lambda} = \frac{1}{a}\frac{\partial T}{\partial t} \tag{4-1}$$

$$\lambda\left(\frac{\partial T}{\partial x}l_x + \frac{\partial T}{\partial y}l_y\right) + h(T - T_\infty) = 0 \tag{4-2}$$

$$a = \frac{\lambda}{\rho c} \tag{4-3}$$

式中　T——温度，K；

　　　T_∞——周围流体的温度，K；

　　　q_s——单位时间单位面积内热源的生成热，W/m^3；

　　　λ——导热系数，W/(m·K)；

　　　a——导温系数，m^2/s；

　　　t——时间，s；

　l_x, l_y——边界法向上的方向余弦；

　　　h——边界上物体与周围流体间的换热系数，W/(m^2·K)；

　　　ρ——板坯的密度，kg/m^3；

　　　c——板坯的比热容，J/(kg·K)。

　　假设钢板对称，可在钢板的二分之一断面上划分单元。单元划分如图 4-1 所

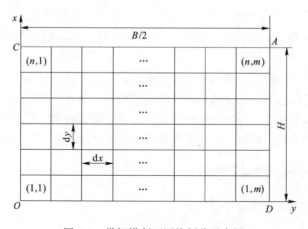

图 4-1　带钢横断面网格划分示意图

示，图中 B 为板材宽度，H 为板材厚度，对称轴 AD 为绝热边界。如用 i 表示 x 方向的坐标位置，用 j 表示 y 方向的坐标位置，$x \leqslant n$，$y \leqslant m$，则在 x 方向上，$x_i + \Delta x = x_{i+1}$；在 y 方向上，$y_j + \Delta y = y_{j+1}$。

从数学观点出发，在求解区域网格各节点处，用差商近似代替微商，使原导热微分方程转化为差分方程。根据用差商代替微商的方法，经过积分中值定理的变化，就得到导热微分方程的有限差分近似表达式。

4.1.2　热轧过程各阶段导热系数确定

轧制过程中，轧件表面与周围介质之间存在极其复杂的换热行为，并且在不同的轧制阶段，换热现象也大不相同。因此，在温度场建模过程中，换热系数的确定极为重要的，以下对各阶段换热系数的确定进行简介。

4.1.2.1　加热阶段

在加热过程中，板坯外表面与炉气接触，通过对流和辐射进行热交换。钢坯的上表面、下表面受到炉气对它的对流和辐射传热。加热炉中温度一般高达 1100℃ 以上，辐射传热量占总传热量的 90% 以上。热流密度计算式为：

$$q = C_{gwm} \left[(T_g/100)^4 - (T_m/100)^4 \right] \tag{4-4}$$

式中，C_{gwm}——导莱系数，可以表示为：

$$C_{gwm} = \frac{\sigma \varepsilon_g \varepsilon_m [1 + \varphi_{wm}(1 - \varepsilon_g)]}{\varepsilon_g + \varphi_{wm}(1 - \varepsilon_g)[\varepsilon_m + \varepsilon_g(1 - \varepsilon_m)]} \tag{4-5}$$

　　T_g——炉气温度，K；

　　T_m——加热板坯温度，K；

　　ε_g——实际炉气黑度，取 0.213；

　　ε_m——板坯黑度，与温度和钢坯氧化皮厚度相关；

　　σ——斯忒藩-玻耳兹曼常数，$5.67 \times 10^{-8} \mathrm{W}/(\mathrm{m}^2 \cdot \mathrm{K}^4)$；

　　φ_{wm}——炉壁对板坯的角系数，取 0.5~0.6。

4.1.2.2　空冷阶段

轧件自由表面在空冷过程中，主要有热辐射和热对流两种传热方式，在空冷过程中可忽略热对流的影响。空冷期间的综合热交换系数可表示为：

$$h_a = (T_{i,j} - T_0)^{1/3} + \varepsilon \sigma (T_{i,j}^2 + T_0^2)(T_{i,j} + T_0) \tag{4-6}$$

式中　T_0——室温。

钢板黑度的准确设定对热辐射造成的温度变化起着决定性作用。轧件的黑度与氧化铁皮、表面温度及表面的粗糙度有关，根据在热轧线上测定的结果可知，黑度在出加热炉后为 0.8 左右、在粗轧机轧制后为 0.6 左右、在精轧机轧制后为 0.58 左右。

大量实验数据表明，对流换热基本上为热辐射换热的 10% 以下，为了简化计算，轧件空冷过程中与外界的对流换热较辐射引起的热量损失小，可忽略不计。

4.1.2.3　除鳞阶段

利用高压水流冲击钢坯表面来清除一次或二次氧化铁皮是目前采用的主要方法，由于大量高压水流和钢坯（板坯）表面接触将带走一部分热量使钢坯（板坯）产生温降，这种热量损失属于强迫对流形式。强迫对流的热交换过程比较复杂，它不但和钢坯温度、介质温度以及钢的物理性能有关，还和流体的流动状态（流速，水压等）有关，因此要从理论上写出各种因素的影响方程是比较困难的，目前一般都采用牛顿公式来计算。

$$\Delta Q = h_{\mathrm{d}}(T - T_{\mathrm{w}})A\tau \tag{4-7}$$

式中　h_{d}——热交换系数；

　　　T——物体温度；

　　　T_{w}——冷却水的温度；

　　　A——热交换面积；

　　　τ——热交换时间。

把各种因素的影响都归结于系数 h_{d} 中，描述高压水除鳞时对流换热系数和水流量的关系的经验公式非常少。这里采用 Sasakl 等提出的除鳞综合热交换系数的计算公式为：

$$h_{\mathrm{d}} = 708W^{0.75}T^{-1/2} + 0.116 \tag{4-8}$$

式中　W——水流量；

　　　T——板坯表面温度。

4.1.2.4　轧制阶段

在轧制过程中，水平表面与轧辊表面接触，垂直表面则通过对流和辐射而冷却。在钢材表面与轧辊发生接触时，总的热交换系数可通过式（4-9）来计算：

$$h_{\mathrm{R}} = 2\lambda\sqrt{t_{\mathrm{r}}/(\alpha\pi)} \tag{4-9}$$

式中　t_{r}——轧件与轧辊接触时间。

单位时间、单位体积内因塑性应变产生的热量，取决于钢材的瞬时屈服应力和应变。单位体积的塑性变形功 W_{P} 由以下公式表示：

$$W_{\mathrm{P}} = \int_0^\varepsilon \sigma \mathrm{d}\varepsilon \tag{4-10}$$

式中　σ——变形抗力；

　　　ε——轧件发生的应变。

板带在轧制过程中单位体积塑性变形功转化成热的部分可表示为：

$$Q_\mathrm{P} = \eta \cdot W_\mathrm{P} \tag{4-11}$$

式中 η——塑性功与热量之间的转换效率，取 $0\sim1$。

4.1.2.5 层流冷却阶段

用于热轧板带上部冷却的层流冷却系统的水冷能力，一般可用下式求出[1]：

$$h_\mathrm{w} = \frac{9.72 \times 10^5 w^{0.355}}{T - T_\mathrm{w}} \times \left[\frac{(2.50 - 1.51\lg T_\mathrm{w})D}{p_1 p_\mathrm{c}}\right]^{0.645} \times 1.163 \tag{4-12}$$

式中 w——水流密度；

$\quad T_\mathrm{w}$——水温；

$\quad p_1$——轧制线方向的喷嘴间距；

$\quad p_\mathrm{c}$——轧制线方向垂直的喷嘴间距；

$\quad D$——喷嘴直径。

4.1.2.6 卷取后冷却阶段

在卷取后冷却过程中，钢卷的每个自由表面都与周围介质之间存在热辐射和热对流，因此换热系数可以表示为[5~13]：

$$\alpha = \alpha_\mathrm{c} + f\alpha_\mathrm{r} \tag{4-13}$$

$$\alpha_\mathrm{r} = \varepsilon\sigma(T + T_\infty)(T^2 + T_\infty^2) \tag{4-14}$$

式中 α——钢卷表面与周围介质的综合换热系数，$\mathrm{W/(m^2 \cdot K)}$；

$\quad T$——钢卷温度，$℃$；

$\quad T_\infty$——环境温度；

$\quad \alpha_\mathrm{c}$——钢卷表面与空气的对流换热系数，$\mathrm{W/(m^2 \cdot K)}$；

$\quad \alpha_\mathrm{r}$——钢卷表面与空气的辐射换热系数，$\mathrm{W/(m^2 \cdot K)}$；

$\quad f$——辐射换热角系数，对于外径壁表面和两端面，$f=1$，对于内径壁表面，由于辐射得到自持，$0<f<1$[5,6]。

4.1.3 温度场模型预测结果

本节对某热连轧产线薄规格低碳钢热轧全流程的温度场演变行为进行预测，板坯的生产工艺参数见表4-1~表4-4。以下对轧制各阶段温度场演变行为进行分析。

表4-1 板坯加热制度

入炉温度/℃	预热段		加热一段		加热二段		均热段	
	温度/℃	时间/min	温度/℃	时间/min	温度/℃	时间/min	温度/℃	时间/min
41	1062	81	1250	36	1252	37	1220	57

表 4-2　轧制温度实测值

粗轧末道次温度/℃	终轧末道次温度/℃	卷取温度/℃
1088	883	642

表 4-3　轧制各道次带钢出口厚度实测值　　　　　　　　（mm）

R1	R2	R3	R4	R5	F1	F2	F3	F4	F5	F6	F7
156.0	110.0	72.5	45.7	32.5	18.7	10.3	6.5	4.5	3.3	2.7	2.3

表 4-4　钢卷尺寸及冷却工艺参数

带钢宽度/mm	带钢厚度/mm	钢卷内径/mm	钢卷外径/mm	卷取温度/℃	冷却方式
1200	2.3	762	1800	642	自然冷却

4.1.3.1　加热过程温度演变规律

在设定的加热制度下，板坯的表面、中心部位的温度分布曲线如图 4-2 所示。可以看出，在加热过程中，板坯中心部位与板坯表面的温差先增大后减小。这是因为，在预热段和加热一段，板坯的初始温度与环境温差大，板坯表面的升温速率明显高于中心部位，进入加热二段和均热段，板坯表面温度不断上升，与环境温差逐渐缩小，加热热量主要用于板坯内部升温，此时板坯中心部位的升温速率迅速超过板坯表面的升温速率。

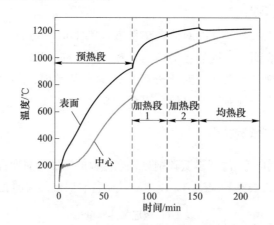

图 4-2　加热过程铸坯表面及心部温度随时间的变化

图 4-3 所示为模拟所得二维钢坯断面的等温线分布，图 4-3a 为预热段结束时连铸坯横断面的温度分布。因为钢坯表面上、下角点区域吸收的热量比较多，所以钢坯角点区域温度为最高值。

图 4-3b 是钢坯在加热段结束后的温度分布情况。最高温度分布在钢坯断面 4 个角点区域,最低温度位于钢坯断面接近中心处。这一点与预热段的钢坯温度分布相同。进入加热段,钢坯温度急剧上升,这是因为预热段的炉顶和侧墙都有烧嘴,烟气燃烧反应剧烈,使加热段气体的温度相对于预热段急剧上升,因为加热段炉气温度非常高,钢坯吸收的热量相对预热段有很大提高。钢坯内部温度梯度很大,因为随着钢坯温度的上升,其导热率在逐渐下降,而比热容又逐渐上升,导致钢坯内部的导热效率下降。

图 4-3c 是钢坯在均热段出加热炉时的温度。最高点为钢坯断面表面角点区域,钢坯温度逐渐分布均匀。这是因为钢坯进入均热段,由于烟气温度相对加热段有所降低,而钢坯的温度经过加热段的加热后有了很大的提高,钢坯温度与烟气温度的差值有所减小,钢坯吸收的热量相对加热段降低,这段时间主要是把钢坯烧透,使钢坯内部温度分布均匀。

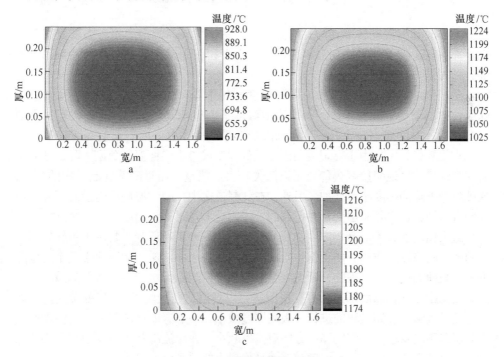

图 4-3 不同时间铸坯横截面温度分布

a—预热段结束;b—加热二段结束;c—均热段结束

4.1.3.2 轧制过程温度演变规律

图 4-4 示出了某钢种轧制过程温度场曲线。图 4-4 中的表面平均温度是指带钢横断面上最外表面处沿宽度各节点的平均温度值;中心平均温度是指带钢横断

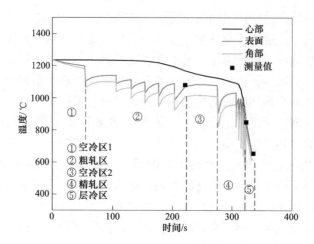

图 4-4　热轧带钢全流程温度场计算结果

面上中心面处沿宽度各节点的平均温度值；总体来说，带钢的中心温度要高于带钢表面平均温度，随着轧制过程的进行，中心和表面温度差呈减小的趋势。对各部分计算结果讨论如下。

从图 4-4 可看出，板坯出炉后的温度开始下降，中心与表面温差逐渐增大，除鳞使中心温度下降得很少，但使表面温度下降近 150℃ 以上，随着粗轧过程的进行，板坯厚度减小，中心温度逐渐降低，沿断面厚度方向的温差逐渐减小。

在粗轧过程中，由于轧辊表面温度较低，造成带钢表面温度急剧下降，随后又有回升趋势，这说明接触热传导可以散失较多的热量，而且随着轧制道次的进行，这种急剧下降的幅度略有增加。另外，在轧制道次中，中心温度不但没有下降，反而略有增加，这主要是由变形热引起的，说明变形热对带钢温度有一定的影响。

进入精轧前，中心平均温度与表面平均温度的差别有所减小是由于粗轧后到精轧间较长的空冷的作用，使带钢中心的热量不断向表面传递，从而使带钢中心温度下降而表面温度上升，因此，断面温差减小在带钢与除鳞水和轧辊接触的瞬间，表面温度急剧下降，然后迅速回升，由图还可以看出，在精轧 F1 入口处带钢内外温差达到最大随着轧制过程的进行，板坯厚度减小，中心温度逐渐降低，沿截面厚度方向温差逐渐减小，且带钢厚度方向温差也减小。在层流冷却阶段，带钢中心及表面温度迅速下降，中心平均温度与表面平均温度的差别已经很小[2,3]。

图 4-5 示出了热轧带钢横截面温度场计算结果。在实验钢进入粗轧机前，连铸坯较厚，实验钢表面和心部传热不均匀，其表面和心部温度梯度较大，最大温差约为 94℃。在粗轧阶段，实验钢厚度逐渐减小，心部热量更容易扩散到表面，因此实验钢横断面温度不均匀性减小，表面与心部温差为 47℃。在精轧出口处，实验钢厚度为 3.75mm，其表面和心部温度分布比较均匀。当实验钢出层流冷却区后，其表面和心部温差为 2℃ 左右，侧边和角部温度稍低。

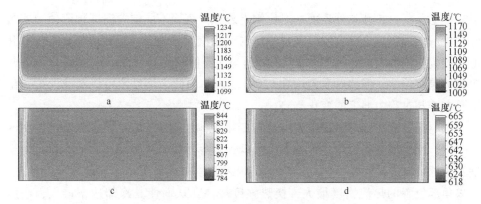

图 4-5 热轧带钢截面温度场计算结果

a—粗轧入口处；b—粗轧出口处；c—精轧出口处；d—卷取机前

4.1.3.3 卷取后冷却过程温度演变规律

卷取后冷却过程中钢卷不同位置温度随时间变化曲线如图 4-6 所示，图中的

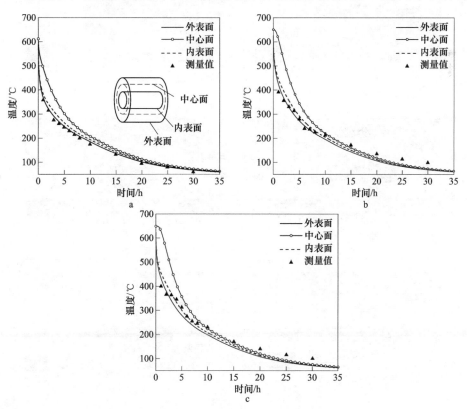

图 4-6 钢卷不同位置冷却过程中温度随时间变化曲线

a—钢卷边部；b—距钢卷边部 1/4 处；c—钢卷心部

实测数据采集自热轧卷外表面。对比钢卷外径壁表面不同位置温度预测值与实测值，可以发现钢卷边部位置模型预测值与实测值十分吻合，距离边部1/4位置和中心位置在温度为150℃以上模型预测值与实测值较为接近，150℃以下预测值与实测值稍有偏差，但绝对误差均在±20℃之内。因此，该模型可以准确地描述出钢卷在冷却过程中温度的变化趋势。

钢卷横截面在冷却过程中温度分布变化规律如图4-7所示。可以看出，在同一时刻，钢卷横截面边角位置处温度最低，且等温线始终呈现椭圆形。这是由于钢卷角部可以通过钢卷外侧端面和钢卷内表面或外表面进行多表面之间的换热，所以角部位置的热流密度最大，换热强度最高，从而使其冷却速率最大，温度最低[5,12,13]。

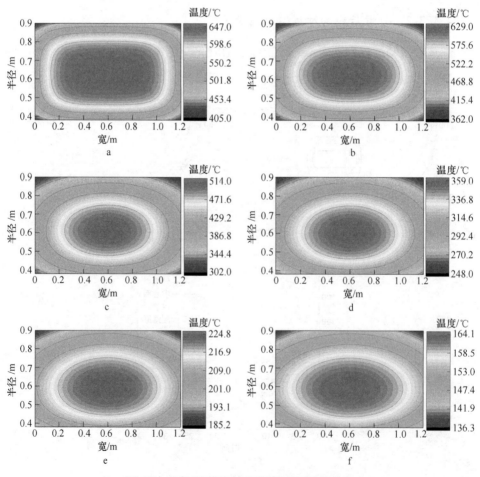

图4-7　冷却后不同时间钢卷横截面温度分布
a—0.5h; b—1h; c—2.5h; d—5h; e—10h; f—15h

在冷却过程中，钢卷截面温度梯度先上升后下降，并在 1h 左右温度梯度达到最大值。由于表面温差的存在是温度梯度产生的原因，所以钢卷截面温度梯度变化的原因与表面温差变化规律产生的原因相同。

在同一时间内，钢卷边部端面温度始终高于钢卷外径壁表面。这种现象可以用钢卷轴向和径向导热系数的差异来解释。在宽度方向上，热量只沿着钢基体进行传输；而在半径方向上，热量的传输需要穿越钢卷层之间的氧化铁皮与空气层等多种介质。在相同的温度下，钢的导热系数高于氧化铁皮与空气的导热系数，所以轴向导热系数高于径向导热系数，半径方向上热量的传输受到了阻碍，相同的时间内到达钢卷外径壁表面的热量少于到达边部端面的热量。当外径壁表面与边部端面换热条件相同时，即热量损失相同时，外径壁表面的温度会低于边部侧面温度。

在同一时间，钢卷边部的温度明显低于其中部温度，并且钢卷两边温度关于钢卷中部呈对称分布，温度最高的位置始终在表面中心处。这是由于在冷却过程中，带钢两个侧面都直接通过对流、辐射与周围低温介质进行热量交换，而心部位置的热量只能以热传导的方式向其周边位置扩散，使钢卷边部热量传输效率大于同一时期钢卷心部热量传输效率，这种传热行为造成钢卷同一表面边部热量损失多于心部，因此钢卷同一表面的边部温度最低、心部温度最高。在设定的条件下，由于钢卷两侧面的换热方式和换热强度完全相同，所以两侧面热量损失完全相同，在宽度方向上钢卷中心两侧温度分布完全相同，钢卷同一表面上温度最高的位置始终保持在中心部位。

此外，从图 4-7 中可以看出，在冷却过程中，温度最高点的位置均向钢卷内径壁表面的方向偏移。这是由于钢卷内径壁表面一部分辐射换热被钢卷自持，因此与钢卷外径壁表面相比，钢卷内径孔腔内的辐射散热过程受到了一定程度削弱，所以钢卷内径壁表面位置附近的温度始终比外径壁表面附近的温度高。在相同时间内，钢卷内径壁表面位置周围的热量损失相对较小，这种现象在冷却过程中可以不断积累，进而在宏观尺度上表现为温度最高位置向钢卷内径壁表面周围迁移。

4.2 氧化铁皮厚度演变模型

4.2.1 变温氧化动力学模型开发

金属的氧化反应可用以下化学反应方程式表示：

$$mM(s) + \frac{n}{2}O_2(g) \Longrightarrow M_mO_n(s) \tag{4-15}$$

而氧化过程任意时刻 t 的氧化反应速率可以表示为：

$$\frac{\mathrm{d}x}{\mathrm{d}t} = f(t) \tag{4-16}$$

式中　x——氧化膜的厚度，mm；

　　　t——氧化时间，min；

　$f(t)$——氧化反应速率方程。

依据氧化反应速率的不同，可以将氧化反应分为线性速率方程、抛物线速率方程和对数速率方程等，对于钢材的氧化，最常见的是线性速率方程和抛物线速率方程，下面对其进行简单的介绍。

钢材在氧化前期，由于生成的氧化膜很薄，氧化过程受气相扩散的控制，此时，相界过程为反应速率的控制步骤，在该阶段氧化过程可以分为若干步骤。O_2分子接近氧化膜表面并吸附在其上面，然后吸附的O_2分子变为吸附氧，吸附氧从氧化物晶格获得电子变为化学吸附，最后进入晶格，而电子从氧化膜中移走引起氧化膜-气相界面附近氧化膜中电子缺陷浓度的变化。研究表明，该阶段氧化反应速率为常数，即：

$$f(t) = k' \tag{4-17}$$

式中　k'——氧化反应速率，mm/min。

对式（4-17）积分可得：

$$x = k't \tag{4-18}$$

随着氧化膜厚度的不断增加，离子在氧化膜中的扩散通量必须等于表面反应速率。为了保持这一通量，氧化膜-气相界面金属活度必然降低，最后等于其在气氛平衡时的数值。由于金属的活度不能低于此平衡值，氧化膜的进一步增厚必然引起氧化膜中金属活度梯度的降低，继而引起离子通量和反应速率的降低，这时 Fe^{2+} 和 O^{2-} 通过氧化膜中的扩散成为反应速率的控制步骤，在此阶段氧化反应速率可以表示为：

$$f(t) = \frac{k''}{x} \tag{4-19}$$

式中　k''——氧化反应速率，mm^2/min。

对式（4-19）积分可得：

$$x^2 = 2k''t \tag{4-20}$$

由于在氧化过程中，氧化铁皮厚度 x 为较难直接测量的物理量，大多数研究中常用单位面积氧化增重 W（以下简称为"氧化增重"）来表征氧化反应的进程，其物理意义为时间 t 内单位面积参与氧化反应的 O_2 的质量，对于反应产物 M_mO_n，氧化增重 W 可以表示为：

$$W^2 = k_p t \tag{4-21}$$

式中　k_p——抛物线速率常数，$mg^2/(mm^4 \cdot min)$。

由 Arrhenius 公式，k_p 与温度之间存在以下关系：

$$k_p = k_0 \exp\left(-\frac{Q}{RT}\right) \tag{4-22}$$

式中　k_0——模型常数，$mg^2/(mm^4 \cdot min)$；

　　　Q——氧化激活能，J/mol；

　　　T——氧化温度，K；

　　　R——气体常数，$8.314 J/(mol \cdot K)$。

满足抛物线速率方程时氧化增重可以表示为：

$$W^2 = k_0 \exp\left(-\frac{Q}{RT}\right) t \tag{4-23}$$

恒温氧化动力学模型可以实现恒温条件下氧化铁皮生长过程的预测，但对于变温条件下钢材的氧化过程，恒温氧化动力学模型不再适用。为了拓展模型的适用范围，Wolf 以及 Markworth 等学者分别在恒温氧化动力学模型的基础上建立了温度线性变化条件下氧化铁皮生长的 W-G 模型和 Markworth 模型，此类模型较为准确地实现了线性温度场下氧化铁皮生长行为的预测；但在轧制过程中，如图 4-8 所示，带钢表面温度场是非线性变化的，加之轧制工艺参数与生产设备使用情况对氧化铁皮的演变有着十分重要的影响，因此此类模型无法准确地描述出轧制条件下氧化铁皮厚度的演变过程。

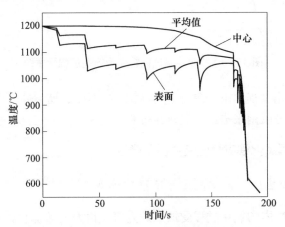

图 4-8　带钢热轧过程中温度随时间的变化

为了解决上述问题，Liu 基于氧化过程满足可加性法则的思想，在 Wagner 理论的基础上建立了变温条件下氧化动力学模型，并通过实验证明了模型的合理性。变温氧化动力学模型可以表示为：

$$W_{n+1}^2 = W_0^2 + W_1^2 + \cdots + W_n^2 = W_0^2 + \sum_{i=1}^{n} k_p^i \Delta t \tag{4-24}$$

式中　W_{n+1}^2——氧化反应结束时的氧化增重；

　　　W_0^2——氧化反应初始时刻的氧化增重；

　　　k_p^i——第 i 时刻的氧化反应速率；

　　　Δt——相邻两时刻的时间间隔。

式（4-24）为本节所采用的变温氧化动力学模型。如图 4-9 所示，从物理角度而言，它可以解释为连续变温过程的温度变化区间可以等效为无穷多个微小温度梯度之和，每个微小的温度区间温度都保持恒定，所以在每个微小温度梯度内，氧化过程都可以视为等温氧化过程，因此变温氧化过程可以视为由无穷多个温度梯度内的恒温氧化过程叠加而成。

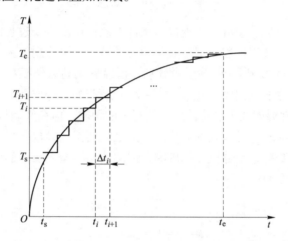

图 4-9　连续非等温过程转变为等温过程示意图

对于恒温氧化过程，由于氧化速率 k_p^i 保持不变，所以本章所建立的变温氧化动力学模型也可以用来描述恒温氧化过程。

4.2.2　热轧带钢氧化铁皮厚度演变模型开发

4.2.2.1　加热过程氧化铁皮厚度预测模型

钢材在加热炉内的氧化过程受加热炉内气氛以及加热温度曲线的影响。在整个加热过程中，氧化铁皮生长过程遵循变温氧化动力学，氧化铁皮厚度可以直接由式（4-24）计算得到。

4.2.2.2　除鳞过程氧化铁皮厚度预测模型

除鳞过程中氧化铁皮在除鳞水的冷却与冲击下从带钢基体剥离并从带钢表面脱落，同时，氧化铁皮在板坯表面热作用的影响下也存在生长行为。受除鳞设备的影响，氧化铁皮通常不能完全去除，可采用下述模型描述除鳞过程中氧化铁皮的厚度变化：

$$x_{j+1} = \gamma x_j \tag{4-25}$$

式中　x_{j+1}——除鳞后氧化铁皮厚度，mm；

　　　x_j——除鳞前氧化铁皮厚度，mm；

　　　γ——除鳞效率。

4.2.2.3　冷却过程氧化铁皮厚度预测模型

在轧制过程中，带钢在各设备之间运输过程中受到空冷的作用；在除鳞过程以及层流冷却工序中受到水冷的作用。在轧制过程的空冷阶段，氧化铁皮的厚度可由式（4-24）直接计算得到。

对于层流冷却过程，带钢所处的环境中存在着大量的水蒸气。由于潮湿气氛会使氧化铁皮中出现大量的孔洞，从而加速氧化铁皮中离子的扩散，并加速氧化铁皮生长，所以计算此阶段氧化铁皮厚度的氧化激活能为潮湿气氛钢种的氧化激活能。

对于卷取后冷却过程，只有带钢外径壁和内径壁表面以及两个端面暴露于空气环境中，其余位置都处于贫氧环境中，因此可以认为钢卷表面氧化铁皮已停止生长。

4.2.3　热轧带钢氧化铁皮厚度演变预测

本节对国内某热轧生产线热轧低碳钢轧制过程氧化铁皮厚度演变进行了预测，下面对其热轧过程中氧化铁皮厚度演变行为的预测结果进行讨论。

4.2.3.1　加热过程中氧化铁皮厚度预测

连铸坯在加热炉内表面温度与氧化铁皮演变行为如图4-10所示。在预热段和加热段，随着温度的升高，氧化铁皮厚度不断增加。

在预热段和加热段，氧化铁皮厚度生长速率随温度的升高不断增加。这是由于这两个阶段氧化铁皮生长速率由氧化铁皮内 Fe^{2+} 和 O^{2-} 的扩散速率和扩散距离两个因素决定：一方面，温度的升高使氧化铁皮内 Fe^{2+} 和 O^{2-} 扩散速率加快，从而加速了氧化反应进程，氧化铁皮的生长速率也随之增加；另一方面，随着氧化反应的进行，氧化铁皮厚度不断变厚，Fe^{2+} 和 O^{2-} 的扩散距离增加使它们在氧化层中的扩散时间不断延长，从而使氧化反应速率变慢。这两方面因素是同时存在且相互矛盾的，但在加热段 Fe^{2+} 和 O^{2-} 扩散速率增加对氧化反应的促进作用占主导地位，它削弱了氧化层变厚引起的扩散时间延长的影响，使氧化速率总体呈现增加趋势。

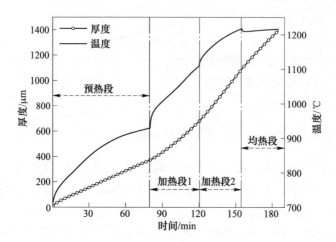

图 4-10　加热过程铸坯表面温度与氧化铁皮厚度随时间变化曲线

4.2.3.2　轧制过程中氧化铁皮厚度预测

粗轧过程中带钢表面温度场与氧化铁皮生长行为预测结果如图 4-11 所示。连铸坯离开加热炉进入除鳞设备之后，其表面氧化铁皮厚度迅速减薄，但受氧化铁皮黏附性与除鳞设备性能的影响，氧化铁皮并不能被完全除净，各道次除鳞之后氧化铁皮均存在一定程度的残留。

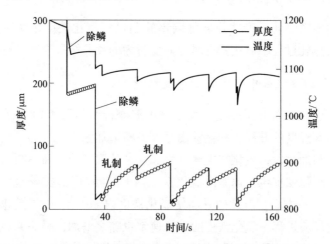

图 4-11　粗轧过程带钢表面温度与氧化铁皮厚度随时间变化曲线

在相邻两设备之间的冷却过程中，带钢表面与中心位置存在较大的温差，钢板中心可以视为内热源对带钢表面进行加热，从而使带钢表面温度升高，进而加速了氧化层中 Fe^{2+} 和 O^{2-} 的扩散和迁移过程，氧化反应进程也随之加速，这种趋势最终表现为氧化层厚度的增加。在压下过程中，带钢表面与轧辊之间发生热传导，与轧辊的冷却水之间发生热对流，带钢表面热量损失加剧引起表面温度降低，氧化铁皮生长速率变慢。

精轧过程中带钢表面温度场与氧化铁皮生长行为预测结果如图 4-12 所示。精轧过程中氧化铁皮厚度进一步减薄，其演变趋势与粗轧过程相似。但在精轧过程中氧化铁皮厚度演变趋势又有新的特点。精轧过程轧前除鳞与压下过程对氧化铁皮厚度的影响与粗轧过程相似，因此此处将不予讨论，只讨论精轧道次间隙氧化铁皮厚度演变行为。

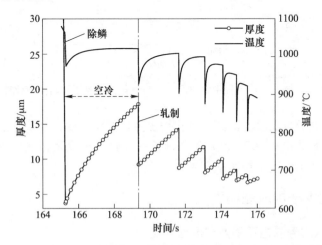

图 4-12　精轧过程带钢表面温度与氧化铁皮厚度随时间变化曲线

在轧制道次间隙，一方面，由于各机架轧制速度逐渐加快，精轧轧制道次间隔时间逐步缩短，进而氧化层内可供 Fe^{2+} 和 O^{2-} 迁移的时间越来越短。此外，带钢表面温度降低导致 Fe^{2+} 和 O^{2-} 扩散速率变慢，氧化层在压应力作用下孔状结构的愈合减少了 Fe^{2+} 和 O^{2-} 扩散通道，而氧化膜厚度增厚增加了 Fe^{2+} 和 O^{2-} 扩散距离，这些因素都阻碍了氧化层内离子扩散过程，减缓了氧化反应进程，因此空冷区内氧化铁皮厚度增加量越来越小。

4.2.3.3　层流冷却过程中氧化铁皮厚度预测

带钢层流冷却过程中表面温度场与氧化铁皮厚度演变行为预测结果如图 4-13 所示。在层流冷却过程中，随着时间的延长，氧化铁皮厚度不断增加，以下对层流冷却水冷段和空冷段氧化铁皮厚度变化过程进行分析。

在水冷段，带钢表面温度迅速下降，带钢中心与表面的温差迅速变小。此阶段氧化层内 Fe^{2+} 和 O^{2-} 扩散速率急剧下降，氧化反应速率随之下降，因此氧化铁皮生长减缓。在空冷阶段，带钢表面温度继续降低，氧化层内 Fe^{2+} 和 O^{2-} 扩散速

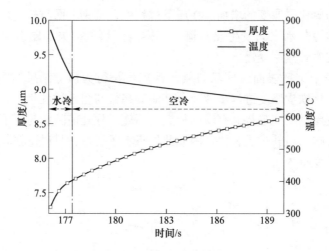

图 4-13　层流冷却过程带钢表面温度与氧化铁皮厚度随时间变化曲线

率不断变慢，由于表面温度仍高于氧化铁皮生长所需温度，氧化铁皮厚度将继续增加，从而使 Fe^{2+} 和 O^{2-} 扩散距离不断延长，因此此阶段氧化铁皮内离子的扩散受到了束缚，氧化铁皮生长速率变慢。

4.3　氧化铁皮结构演变模型

4.3.1　氧化铁皮等温相变动力学模型开发

关于氧化铁皮中 FeO 相的等温转变规律已经有较多的研究成果，本节主要利用 FeO 的等温转变结果来预测连续冷却过程中的组织转变。高温氧化产生的氧化铁皮组织中各相的比例与铁的氧化铁皮相近，但是也受到氧化反应条件的影响，本节简化处理认为 Fe_2O_3、Fe_3O_4 和 FeO 层的厚度比例为 $1:4:95$。

Avrami 提出的半经验公式来描述等温相变动力学，其计算相变动力学的模型为[14~18]：

$$X = 1 - \exp[-K(T)t^n] \tag{4-26}$$

式中　$K(T)$——与温度相关的参数；

　　　　n——描述相变模式和长大方式的参数，n 在 1~4 的范围内变化，符合形核长大机制时，n 均为 4，其中：

$$K(T) = \exp[-e(T-b)^2 - c] \tag{4-27}$$

　　　　e，c——常量；

　　　　b——TTT 曲线的鼻尖温度。

式（4-26）可变换成下式：

$$\ln\ln\frac{1}{1-X} = \ln K(T) + n\ln t \tag{4-28}$$

可见 $\ln\ln[1/(1-X)]$ 与 $\ln t$ 之间存在线性关系。将氧化铁皮在不同温度的等温转变数据代入式（4-28），并做线性拟合，结果如图 4-14 所示。由此可得出，在不同温度下的 $\ln K(T)$ 和 n 值，见表 4-5。

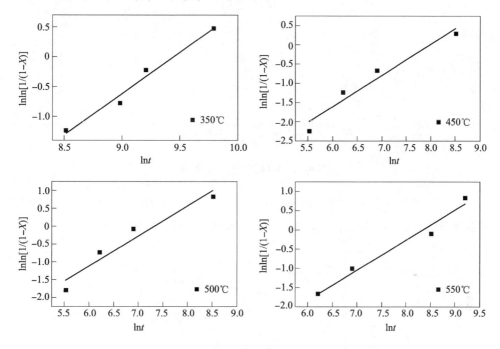

图 4-14 $\ln\ln[1/(1-X)]$ 与 $\ln t$ 的关系

表 4-5 拟合的 $\ln K(T)$ 和 n 值

温度/℃	350	450	500	550
$\ln K(T)$	-13.03	-6.48	-6.17	-6.53
n	1.379	0.812	0.843	0.783

将上面拟合得出的不同温度下的 $K(T)$ 与 T 值代入拟合，拟合结果见图 4-15 和表 4-6。

表 4-6 Avrami 公式中的参数

b	e	c	n
480℃	4.20318×10^{-4}	5.62524	0.95

通常当 FeO 层内共析组织体积分数达到 5%时，可以认为共析转变已经开始，将转变开始时间记为 "$t_{5\%}$"，将 FeO 中共析组织体积分数达到 50%所需的时间记

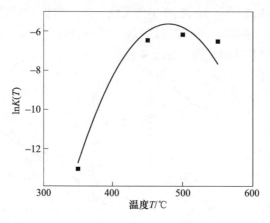

图 4-15　lnK(T) 与 T 的关系

为 "$t_{50\%}$"，共析组织相变结束时间记为 "$t_{78\%}$"。本节利用式（4-35）预测了不同温度下的 $t_{5\%}$、$t_{50\%}$ 与 $t_{78\%}$，绘制了 FeO 等温转变曲线，如图 4-16 所示。

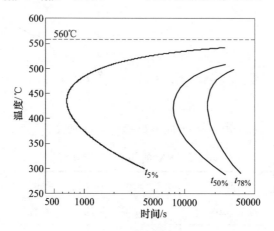

图 4-16　FeO 等温转变曲线

　　由图 4-16 可以看出，FeO 等温转变曲线呈 "C" 型，其鼻尖温度在 425～450℃区间内，在鼻尖温度处，共析相变开始时间最短；在鼻尖温度以上，随着温度的增加，相变开始时间不断增加；在鼻尖温度以下，随着等温温度的降低，相变开始时间亦不断增加。这是由于过冷 FeO 中共析转变速率与共析组织形核率、生长速率有关，而形核率和生长速率皆为过冷度的函数。当等温转变温度较高，即 FeO 过冷度较大时，相变驱动力较小；随着转变温度的降低，FeO 过冷度不断增加，相变驱动力亦增加，但 FeO 层内 Fe^{2+} 和 O^{2-} 的扩散系数不断减小；在温度降至鼻尖温度之前，共析组织转变速度受相变驱动力的控制，随着温度的降低，相变驱动力不断增大，共析转变速率亦增加。在鼻尖温度以下，共析转变速率受 FeO 层内 Fe^{2+} 和 O^{2-} 的扩散行为控制，当等温温度降低时，Fe^{2+} 和 O^{2-} 的扩散速率减小，共析转变速率亦减小。因此，在相变驱动力和 Fe^{2+}、O^{2-} 扩散系数的综合作用下，鼻尖温度处共析组织转变速率最快，转变开始时间最短。

4.3.2 氧化铁皮连续冷却相变动力学模型开发

FeO 共析转变属于扩散型相变，其特点之一是有孕育期的存在。相变孕育期表示相变的开始时间，反映了过冷 FeO 的稳定性。根据前面的讨论可知，过冷度对相变孕育期有很大的影响，过冷度过大或过小都会使相变孕育期延长。Kirkaldy[19] 研究指出，相变孕育期与温度、过冷度之间的关系可由以下方程来精确描述：

$$\tau(T) = \frac{A \exp\left(\dfrac{e}{RT}\right)}{(\Delta T)^m} \tag{4-29}$$

式中　T——等温状态下相变温度；

　$\tau(T)$——温度 T 下共析相变孕育期；

　A, e——模型常数；

　　R——理想气体常数，8.314J/(mol·K)；

　ΔT——过冷度。

4.3.2.1 共析相变开始时间的确定

由 JMAK 方程建立的相变模型仅适用于预测相变机制比较简单的等温相变过程。而在大多数情况下，FeO 的共析相变发生于非等温过程，即相变过程为连续加热过程或连续冷却过程，而非单一的特定温度。由于共析组织的形核和生长过程属于热激活过程，其形核速率、长大速率与温度紧密相关，因此当温度变化时，共析转变的建模过程十分复杂。在此条件下，可以基于 FeO 等温相变模型，利用 Scheil 可加性法则，建立连续冷却过程中共析相变模型。

Scheil 可加性法则的基本思想：假设非等温相变过程由一系列极其微小的不同温度的等温相变过程组成，其转变时间要求每个等温转变过程所持续的相对时间之和为 1，其目的在于寻找给定温度变化路径 $T(\xi)$ 的相变过程中共析组织体积分数达到 f^* 所需的时间 t，其满足下式[14,15]：

$$\int_0^t \frac{\mathrm{d}\xi}{\tau(T(\xi))} = 1 \tag{4-30}$$

式中　　ξ——相变时间，s；

　$T(\xi)$——ξ 时刻的温度，℃；

　$\tau(T(\xi))$——温度 $T(\xi)$ 时共析组织体积分数达到 f^* 时的时间，s。

当等温相变过程有限时，式（4-30）可以近似为：

$$\sum_{i=1}^{n} \frac{\Delta t_i}{\tau_i} = 1 \tag{4-31}$$

式中　Δt_i——时间间隔，s；

　　　τ_i——当共析组织体积分数 $f^* = 0.05$ 时，T_i 温度下的相变孕育期，T_i 为 t_i 时刻的温度。

4.3.2.2　共析组织体积分数的计算

连续冷却条件下 FeO 层内共析组织体积分数也可用 Scheil 可加性法则计算。T_{i+1} 等温 Δt_i 时间生成的共析组织体积分数即为 t_{i+1} 时刻共析组织的体积分数，即：

$$X_{共析}^{i+1} = 1 - \exp(-K_{i+1}\Delta t_i^{n_{i+1}}) \tag{4-32}$$

将连续冷却转变过程中的温度曲线数据代入式（4-32），即可计算出连续冷却转变过程中 FeO 层内共析组织的体积分数。

连续冷却条件下 FeO 共析转变动力学模型可以预测出任意冷却速率下 FeO 共析转变开始时间与结束时间，以及该冷却速率下共析组织最终的体积分数。根据预测结果可以绘制出 FeO 的 CCT 曲线，结果如图 4-17 所示，曲线中各冷却速率下的数字为该条件下共析组织的体积分数，E_s 和 E_f 分别为 FeO 共析转变开始线和共析转变结束线。在 E_s 线以上温度区间内，FeO 层的物相为先共析组织和残留 FeO；在 E_s 线和 E_f 之间的温度区间内，FeO 层的物相为先共析组织、共析组织以及残留 FeO；在 E_f 线以下的温度区间内，FeO 层内的物相为先共析组织和共析组织。因此依据不同温度和冷却速率下 FeO 层内物相的不同，可以将 FeO 连续冷却转变曲线分为 3 个区域，分别为 FeO+先共析组织相区（W+PE）、FeO+先共析组织相区+共析组织相区（W+PE+E）以及先共析组织+共析组织相区（PE+E）。

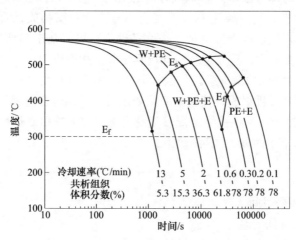

图 4-17　FeO 连续冷却转变曲线

当冷却速率低于 0.6℃/min 时，FeO 便会发生完全共析转变；当冷却速率介于 0.7~13℃/min 时，FeO 共析转变不完全，并且冷却至室温后共析组织的体积分数随冷却速率的增加逐渐减少；当冷却速率高于 13℃/min 时，过快的冷却速率使 FeO 中 Fe^{2+} 和 O^{2-} 的扩散时间变短，FeO 不会发生共析转变。

4.3.3 热轧带钢氧化铁皮结构演变预测

热轧带钢氧化铁皮结构转变主要发生于带钢卷取后冷却过程，此阶段带钢从设定的卷取温度开始冷却，冷却曲线会不可避免地经过 FeO 的共析转变区间。此温度区间内 FeO 属于热力学不稳定相，在经历一段时间的孕育期后，FeO 会在相变驱动力的作用下自发分解为共析组织。氧化铁皮中共析组织体积分数对带钢表面质量有着重要的影响。因此，卷取后冷却过程的氧化铁皮共析转变行为预测是十分重要的。本节应用卷取温度场预测模型预测了卷取温度为 560℃条件下钢卷心部和边部温度场演变行为，在此基础上利用基于 JMAK 相变动力学模型与 Scheil 可加性法则建立的非等温状态下 FeO 共析转变动力学模型，对不同卷取温度和钢卷位置处 FeO 层内共析组织体积分数演变行为进行预测，预测结果如图 4-18 所示。

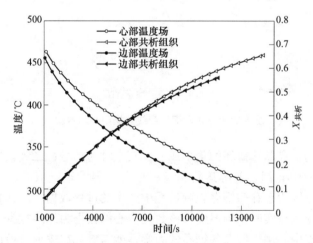

图 4-18 560℃卷取温度下钢卷表面不同位置温度和共析组织体积分数随时间变化

图 4-18 所示为卷取温度 560℃条件下钢卷边部和中部温度场以及共析组织体积分数变化情况。可以看出，钢卷边部温度始终低于心部温度，并且随着冷却时间的增加，边部和心部共析组织体积分数也随之增加。在冷却起始阶段，钢卷边部共析组织体积分数多于心部，而随着时间的延长，边部和中部共析组织体积分数之差先减小后增加，在冷却过程后段时间心部共析组织体积分数多于边部。

4.4　氧化铁皮预测软件开发及应用

4.4.1　热轧带钢氧化行为数据平台建立

生产现场为了缓解服务器运行与存储的负担，所采集的数据一般是按照功能进行划分并存储在不同的数据中心；数据中心由特定数目的服务器组成，服务器之间采取耦合的方式来实现数据的存储与交换。本节以国内某热轧带钢生产线数据存储中心为例，对热轧带钢氧化铁皮形态预测相关数据存储中心进行介绍，其组成如图 4-19 所示。

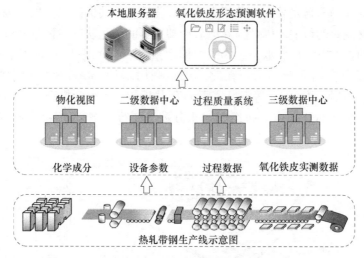

图 4-19　热轧带钢生产线数据中心示意图

物化视图用于存储连铸坯的化学成分，其主键为炉号；二级数据中心用于存储带钢轧制过程中轧制设备的运行信息，如各轧辊的辊缝值等，其主键为钢卷号；过程质量系统用于存储钢卷轧制过程中产生的过程数据，例如各机架实时轧制力以及温度检测点实时检测温度，该数据中心的数据为二维数据，其主键为钢卷号；三级数据中心用于储存各钢卷的力学性能与氧化铁皮形态检测数据，其主键为钢卷号。

氧化铁皮形态预测软件（以下简称"预测软件"）的正常运行需要数据的支持，现场各数据中心为了保持数据的安全性会设置极其严格的权限，导致软件无法与各个数据中心直接进行数据交换。因此，在现场配置了具有一定权限的本地服务器，对预测软件所需的各数据中心的数据进行采集，并按照数据的功能存储于本地服务器不同的化学成分表、钢卷生产工艺表以及氧化铁皮形态检测数据表等数据库的表中，其中化学成分表中储存了炉号及其对应的化学成分；钢卷生产工艺表中存储的数据为钢卷对应的钢种、连铸坯炉号、连铸坯厚度及宽度、板坯号、轧制各道次出口厚度以及带钢成品宽度、厚度、轧制速度、轧制设备参数信息等数据；氧化铁皮形态检测数据表中包含了钢卷号与其对应的氧化铁皮厚度、结构检测信息。如图 4-20 所示为本地服务器数据库中部分表以及存储于其中的部分数据。

	VE	F_FMDELWIDMAX	F_FMDELWIDMIN	F_FMDELWIDSTD	F_FMDELWIDPCNTONTOL	F_FMDELTEMPAVE	F_FMDELTEMPMAX	F_FMDELTEMPMIN
969		2057.626	2014.066	2.545	99.433	880.715	906.043	866.288
970		2060.981	2044.552	1.935	99.43	891.262	913.474	882.386
971		2053.991	2044.524	1.344	100	882.353	894.883	852.34
972		2056.36	2042.275	1.739	98.755	859.956	878.541	849.386
973		2058.954	2042.522	1.929	98.75	860.385	885.924	842.865
974		2071.161	2036.449	2.306	97.46	887.683	910.024	871.225
975		2064.24	2051.249	1.141	99.367	889.905	912.811	850.558
976		2068.914	2037.081	3.807	95.42	883.72	918.369	867.678
977		2072.593	2040.156	3.656	98.099	889.308	922.119	874.05
978		2075.517	2041.53	4.163	97.71	884.776	912.425	870.343
979		2068.046	2043.741	2.71	97.368	867.859	894.622	853.325
980		2067.192	2044.199	2.747	96.07	864.169	880.169	853.419
981		2073.7	2057.606	1.748	0	863.193	881.123	850.03

	F7 frc mea	F1 spd m..	F2 spd m..	F3 spd m..	F4 spd m..	F5 spd m..	F6 spd m..	F7 spd m..	F1 pw mea	F2 pw mea
▶	9955	1.061	1.787	2.673	3.852	5.573	7.474	8.866	2942.89	3305.88
	13458	0.948	1.669	2.647	3.907	5.634	7.509	9.096	3055.41	3971.11
	0	0	0	0	0	0	0	0	0	0
	7860	1.326	1.995	2.753	3.706	5.083	6.406	7.368	3129.3	3748.5
	8908	1.229	1.912	2.727	3.864	5.406	6.973	8.133	3074.63	3516.02
	7855	1.195	1.873	2.729	3.917	5.642	7.403	8.614	2787.11	3166.64
	8253	1.225	1.928	2.79	3.973	5.625	7.377	8.612	2846.69	3091.93
	8237	1.061	1.739	2.656	3.884	5.757	7.735	9.093	2541.6	2827.55
	10412	0.961	1.6	2.486	3.648	5.453	7.524	9.132	2187.75	3269.95
	8700	1.084	1.801	2.737	4.066	6.052	8.269	9.818	2883.68	3223.22
	10731	0.882	1.465	2.274	3.454	5.292	7.443	8.925	2304.62	3175.63
	11787	0.904	1.54	2.4	3.497	5.685	8.205	10.073	2524.27	3613.56
	10507	0.933	1.568	2.417	3.628	5.659	8.068	9.723	2544.72	3460.84
	11305	0.944	1.588	2.429	3.606	5.643	8.084	9.837	2612.9	3708.38
	11709	0.981	1.645	2.529	3.749	5.796	8.291	10.188	2902.94	3923.9
	11967	0.926	1.559	2.42	3.571	5.535	7.854	9.64	2740.46	3690.03
	10439	0.94	1.568	2.405	3.531	5.573	7.91	9.624	2517.35	3368.05
	7945	1.305	1.944	2.795	4.002	5.666	7.59	9.299	3465.81	4305.93
	8130	1.229	1.827	2.613	3.783	5.398	7.177	8.736	3349	3961.01
	8711	1.019	1.556	2.25	3.285	4.744	6.292	7.615	2863.4	3399.85
	8863	1.278	1.958	2.83	4.189	6.092	8.198	9.977	3786.01	4330.24
	7084	1.004	1.626	2.459	3.675	5.572	7.623	9.207	2512.58	3280.78
	7346	1.016	1.639	2.485	3.705	5.599	7.57	9.15	2571.8	3175.94

图 4-20　本地服务器数据库

　　本地服务器中采集到的数据按照不同的功能存储于数据库的不同表之中。为了缩短预测软件读取数据的时间，提高软件运行效率，在软件运行之前，需要将本地服务器数据库中各表的数据进行匹配，以便于预测软件直接获取各个钢卷完整的生产数据。

数据匹配通过计算机语言操作数据库的方式完成，当数据采集环节完成之后，便启动数据匹配流程，对位于各级数据中心中每条钢卷的生产数据进行汇总与处理。数据匹配以 SQL 语句为工具，首先以炉号为主键对化学成分表以及钢卷生产工艺表中的数据进行匹配，从而得到钢卷信息表，该表包含了钢卷的钢种、钢卷号、化学成分、生产时间、设备启用情况、生产工艺参数等信息；然后以钢卷号为主键对钢卷信息表与氧化铁皮形态检测数据表中的数据进行匹配，从而获取钢卷号对应钢卷的完整的生产数据并存储于氧化铁皮预测表之中。

4.4.2 氧化铁皮预测软件开发

基于轧制过程温度场模型、氧化铁皮厚度演变模型与氧化铁皮结构演变模型，开发了氧化铁皮厚度与结构预测软件。本软件核心程序通过 C++实现，具有数据读取、轧制温度场计算、氧化铁皮厚度预测与氧化铁皮结构预测四个模块，以下对各个模块的功能与实现过程进行介绍。

4.4.2.1 数据读取模块

数据读取模块根据用户设定的钢种、生产时间以及产品规格等筛选生成满足条件的 SQL 语句，利用 SQL 语句在本地服务器数据库中就可以查询出满足条件的所有数据。如图 4-21 所示预测软件可以将该数据读取并显示在相应的表格中，利用数据保存功能，用户可以根据自己的需求将数据以指定格式存入指定的路径中。

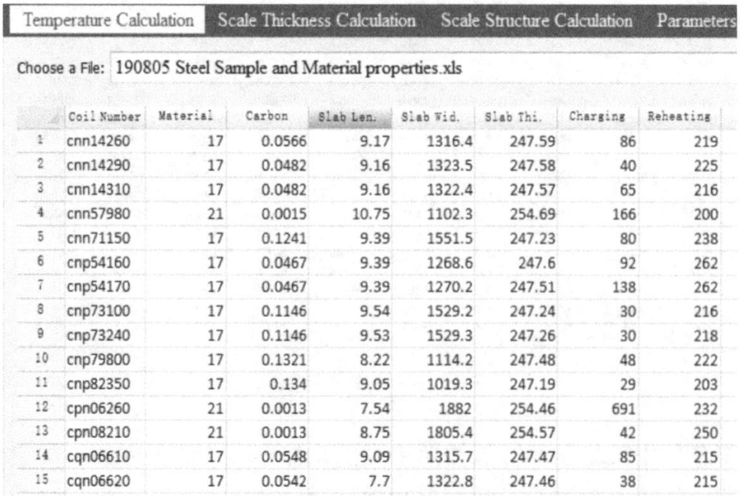

	Coil Number	Material	Carbon	Slab Len.	Slab Wid.	Slab Thi.	Charging	Reheating
1	cnn14260	17	0.0566	9.17	1316.4	247.59	86	219
2	cnn14290	17	0.0482	9.16	1323.5	247.58	40	225
3	cnn14310	17	0.0482	9.16	1322.4	247.57	65	216
4	cnn57980	21	0.0015	10.75	1102.3	254.69	166	200
5	cnn71150	17	0.1241	9.39	1551.5	247.23	80	238
6	cnp54160	17	0.0467	9.39	1268.6	247.6	92	262
7	cnp54170	17	0.0467	9.39	1270.2	247.51	138	262
8	cnp73100	17	0.1146	9.54	1529.2	247.24	30	216
9	cnp73240	17	0.1146	9.53	1529.3	247.26	30	218
10	cnp79800	17	0.1321	8.22	1114.2	247.48	48	222
11	cnp82350	17	0.134	9.05	1019.3	247.19	29	203
12	cpn06260	21	0.0013	7.54	1882	254.46	691	232
13	cpn08210	21	0.0013	8.75	1805.4	254.57	42	250
14	cqn06610	17	0.0548	9.09	1315.7	247.47	85	215
15	cqn06620	17	0.0542	7.7	1322.8	247.46	38	215

图 4-21　数据读取界面

4.4.2.2 轧制温度场预测模块

高精度的温度场是氧化铁皮厚度与结构预测的基础，因此温度场计算具有重要的意义。而轧制过程中温度场的演变是十分复杂的，如图 4-22 所示，根据换热系数与温度场计算模型的不同可以将轧制过程的温度场计算模型划分为空冷模块、轧制模块、水冷模块以及卷取后冷却模块等四大通用子模块，通过子模块之间的组合可以实现板带出加热炉、除鳞、粗轧、精轧、层流冷却以及卷取后冷却过程中的温度场计算，从而得到轧制全流程温度演变规律。由于出加热炉、除鳞以及卷取过程温度场计算所调用的通用子模块较少，所以其计算过程较为简单，仅对粗轧、精轧与层流冷却过程温度场计算过程进行简要介绍。

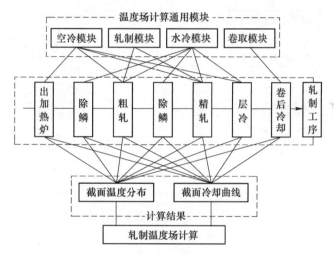

图 4-22 热轧全流程温度场计算流程

粗轧过程中存在空冷、水冷，轧件与轧辊接触换热，轧件变形热等多种换热行为。计算粗轧温度场的算法流程如图 4-23a 所示，需要考虑粗轧机架是否投入使用与粗轧道次是否除鳞等因素。具体计算流程为：

（1）读取粗轧参数文件，获取粗轧工艺参数。

（2）初始化轧制道次数 $n=0$。

（3）判断 RM1 是否投入使用，若投入使用则跳转（4），否则跳转（8）。

（4）调用空冷子模块计算轧前空冷段温度场，之后判断该轧制道次除鳞设备是否投入使用，若是，则跳转（5），否则跳转（6）。

（5）调用水冷子模块计算该道次轧前除鳞温度场。

（6）调用轧制子模块，计算该道次轧制时的温度变化情况，并令轧制道次数 $n=n+1$。

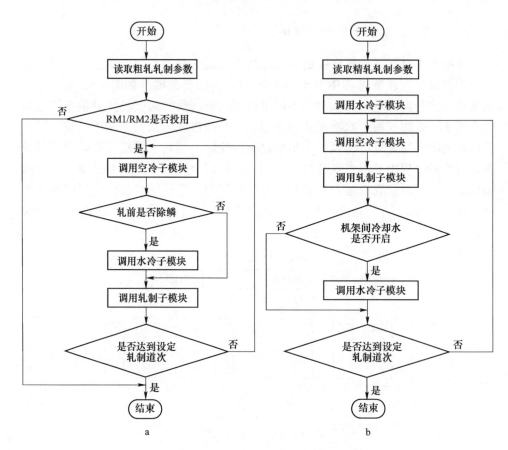

图 4-23　粗轧和精轧过程温度场计算流程
a—粗轧；b—精轧

（7）判断是否达到该机架设定的粗轧道次数，若是，则跳转（8）；否则跳转（9）。

（8）判断 RM2 是否投入使用，若是，则跳转（2）；若否，则跳转（9）。

（9）结束计算，输出计算结果。

精轧过程中的换热行为与粗轧过程类似，温度场计算流程如图 4-23b 所示。与粗轧过程需要考虑是否除鳞不同，该阶段温度场的计算需要考虑机架间冷却水是否投入使用，计算流程为：

（1）读取精轧参数文件，获取精轧工艺参数。

（2）调用水冷子模块计算轧前除鳞过程温度场。

（3）调用空冷子模块计算轧前空冷阶段温度场。

（4）调用轧制子模块，计算该道次轧制时的温度变化情况，之后轧制道次数+1。

（5）判断机架间冷却水是否投入使用，若是，则调用水冷子模块；否则，跳转（6）。

（6）判断精轧道次是否达到设定值，若是，跳转（7）；否则，跳转（3）。

（7）结束计算，输出计算结果。

层流冷却过程温度演变行为与冷却水集管的开启状态有关，根据冷却水的开启状态，对此层流冷却区域采用"按管计算"的方式来实现温度场演变的模拟，若冷却水集管开启，则调用水冷子模块进行计算；否则，调用空冷子模块进行计算，对于所有冷却水集管间的冷却行为均按照此方法进行计算。其计算流程如图4-24 所示。图4-25 所示是轧制温度场预测界面。

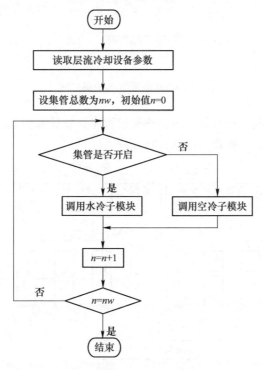

图 4-24 层流冷却温度场计算流程

4.4.2.3 氧化铁皮厚度预测模块

轧制过程中带钢表面氧化铁皮厚度演变十分复杂，与轧制温度场预测模块的建立方式相同，根据所建立的轧制过程中氧化铁皮厚度演变模型与轧件所处状态的不同，可以将氧化铁皮演变过程划分为加热计算模块、空冷计算模块、除鳞计算模块、轧制计算模块与层冷计算模块等5 个通用子模块。如图4-26 所示，通过各子模块的组合与轧制温度场计算结果的耦合，实现从加热炉到卷取前轧制全

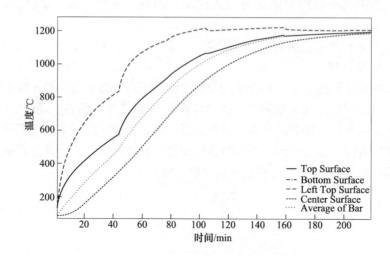

图 4-25　轧制温度场预测界面

流程氧化铁皮厚度演变的计算。由于热轧过程中，粗轧和精轧过程氧化铁皮厚度计算相对较为复杂，下面将介绍其计算流程。

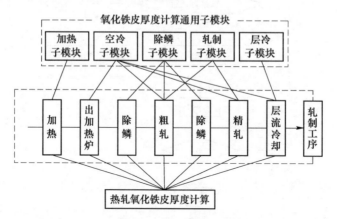

图 4-26　热轧全流程氧化铁皮厚度计算流程

　　粗轧和精轧过程氧化铁皮计算流程如图 4-27 所示。计算时需要考虑到粗轧轧机机架数以及粗轧过程的除鳞制度、除鳞效率和轧制压下率对氧化铁皮厚度的影响，还需考虑轧制压下率对氧化铁皮密度的影响。针对特定钢种，设计了氧化铁皮厚度演变计算算法，详细计算流程为：

　　（1）读取钢种信息（含氧化动力学参数）、轧制工艺参数与温度场计算结果。

　　（2）初始化轧制道次数 $n=0$。

　　（3）调用空冷子模块，计算空冷阶段氧化铁皮厚度演变。

（4）判断轧件是否处于除鳞状态，若是，则跳转（5）；否则，跳转（6）。

（5）调用除鳞子模块，计算除鳞状态下氧化铁皮厚度演变结果。

（6）调用轧制子模块，计算轧制状态下氧化铁皮厚度演变与密度变化。

（7）轧制道次 $n=n+1$。

（8）判断是否达到设定轧制道次，若是，进行（3）；若否，跳转（9）。

（9）结束计算过程，输出计算结果。

轧制过程中氧化铁皮厚度预测界面如图4-28所示，该界面可以直接读取数据库中的数据，对历史生产数据对应的氧化铁皮厚度进行预测，也可以用于预测用户自行设定的工艺条件下氧化铁皮厚度，从而用于新工艺开发以及对比不同工艺条件下氧化铁皮厚度演变规律与最终结果。软件界面的输出结果为该工艺下的轧制温度场以及关键采样点温度预测值，粗轧、精轧以及层流冷却过程中氧化铁皮厚度演变曲线，以及该工艺下氧化铁皮最终厚度预测值，氧化铁皮厚度的预测结果实时数据可以自行导出以供进一步分析。

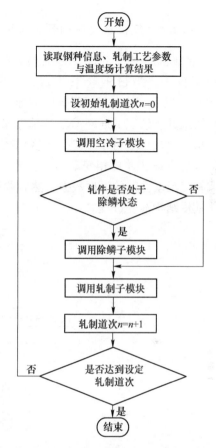

图4-27 轧制过程氧化铁皮厚度计算流程

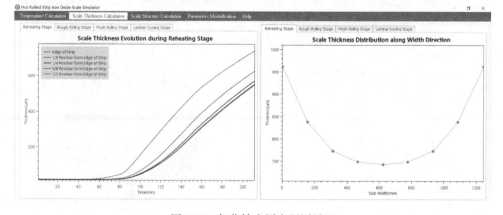

图4-28 氧化铁皮厚度预测界面

4.4.2.4　氧化铁皮结构预测模块

轧制期间，由于轧件表面处于高温高冷却速率的状态，所以氧化铁皮不会发生相变行为。当带钢卷取完成后，钢卷表面温度会降至 FeO 共析转变点（570℃）以下，并在相对降低的冷却速率下进行冷却，此时，FeO 会发生相变生成片层状共析组织 $Fe+Fe_3O_4$。为此，设计了氧化铁皮结构预测算法，对氧化铁皮结构演变过程进行了模拟，该算法流程如图 4-29 所示。该模块首先读取钢种信息（包含氧化铁皮相变动力学参数）与卷取后冷却过程温度场计算结果，并获取相变温度区间的温度数据，然后调用氧化铁皮结构演变模型计算卷取过程中氧化铁皮结构演变过程。

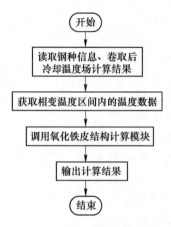

图 4-29　氧化铁皮结构演变计算流程

氧化铁皮结构预测界面如图 4-30 所示。该界面可以由用户自行设置卷取工

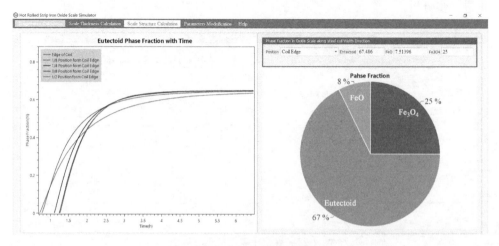

图 4-30　氧化铁皮结构预测界面

艺，包括卷取温度以及卷取后的冷却方式，并预测指定工艺条件下卷取后冷却过程中钢卷温度场变化规律以及钢卷表面氧化铁皮结构演变过程，进而提供室温条件下氧化铁皮结构预测结果。

4.4.3 氧化铁皮预测软件实际应用

为了检验氧化铁皮厚度和结构预测模型预测的精度，对不同工艺条件下带钢生产完成后的氧化铁皮进行取样检测。图 4-31 所示是该钢种氧化铁皮厚度实测值与预测值的对比，可以看出，预测值与实测值之间的相对误差均在±15%以内。多钢卷氧化铁皮中共析组织体积分数预测结果如图 4-32 所示，可以看出，共析

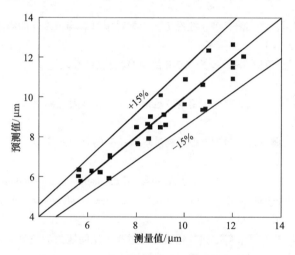

图 4-31　氧化铁皮厚度多钢卷预测结果

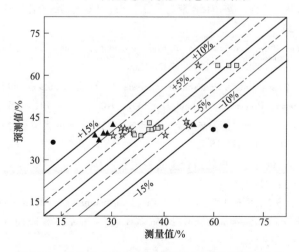

图 4-32　氧化铁皮共析组织体积分数多钢卷预测结果

组织体积分数预测结果和实测结果绝对误差在 15% 以内的钢卷数占样本容量的 90.3%，共析组织体积分数实测结果与预测结果绝对误差均分布在 ±25% 以内。

参 考 文 献

[1] 支颖，刘相华，王国栋. 热轧带钢层流冷却中的温度演变及返红规律 [J]. 东北大学学报（自然科学版），2006，27（4）：410~413.

[2] 张鹏，程树森，常崇明，等. 热轧带钢层流冷却过程温度场研究 [J]. 钢铁，2014，49（10）：51~57.

[3] 朱冬梅，刘国勇，李谋渭，等. 控冷工艺参数对中厚板均匀冷却的影响 [J]. 钢铁研究学报，2008，20（12）：55~58.

[4] 冯辉君，陈林根，孙丰瑞. 基于 Matlab 的中厚板轧后冷却过程温度场数值研究 [J]. 轧钢，2013，30（6）：4~8.

[5] 刘珍珠，余伟，陈银莉. 热轧带钢卷取后钢卷温度场有限元模拟 [J]. 物理测试，2009，27（2）：5~8.

[6] 刘珍珠，余伟，陈银莉. 带钢卷取后温度场和相变的有限元模拟 [J]. 物理测试，2009，27（1）：9~14.

[7] Cheng J F, Liu Z D, Dong H, et al. Analysis of the factors affecting thermal evolution of hot rolled steel during coil cooling [J]. Journal of University of Science & Technology Beijing, 2006, 13（2）：139~143.

[8] 王乙法，余伟，轩康乐，等. 热轧钢卷冷却过程中层间压力的数值模拟 [J]. 塑性工程学报，2017，24（03）：43~49.

[9] 洪慧平，康永林，于浩，等. TRIP 带钢轧后冷却过程温度场的有限元模拟 [J]. 特殊钢，2004，5：22~23.

[10] Park S J, Hong B H, Baik S C, et al. Finite element analysis of hot rolled coil cooling [J]. ISIJ International, 1998, 38（11）：1262~1269.

[11] Saboonchi A, Hassanpour S. Heat transfer analysis of hot-rolled coils in multi-stack storing [J]. Journal of Materials Processing Technology, 2007, 182（1-3）：101~106.

[12] 支颖，刘相华，周晓光，等. 热轧钢卷冷却过程温度演变的模拟和分析 [J]. 钢铁研究学报，2009，21（8）：13~16.

[13] 陈林，张智刚，金自力. 热轧微合金高强钢卷冷却过程温度场数值模拟 [J]. 钢铁，2016，51（10）：72~77.

[14] Bok H H, Kim S N, Suh D W, et al. Non-isothermal kinetics model to predict accurate phase transformation and hardness of 22MnB5 boron steel [J]. Materials Science and Engineering：A, 2015, 626：67~73.

[15] Maisuradze M V, Yudin Y V, Ryzhkov M A. Numerical simulation of pearlitic transformation in steel 45Kh5MF [J]. Metal Science and Heat Treatment, 2015, 56（9-10）：512~516.

[16] Kirkaldy J S, Baganis E A. Thermodynamic prediction of the Ae3 temperature of steels with additions of Mn, Si, Ni, Cr, Mo, Cu [J]. Metallurgical Transactions A, 1978, 9 (4): 495~501.

[17] Liu F, Yang C, Yang G, et al. Additivity rule, isothermal and non-isothermal transformations on the basis of an analytical transformation model [J]. Acta Materialia, 2007, 55 (15): 5255~5267.

[18] Xu J, Liu Y, Zhou S. Computer simulation on the controlled cooling of 82B high-speed rod [J]. Journal of University of Science and Technology Beijing, Mineral, Metallurgy, Material, 2008, 15 (3): 330~334.

[19] Kirkaldy J S, Baganis E A. Thermodynamic prediction of the A_{e3} temperature of steels with additions of Mn, Si, Ni, Cr, Mo, Cu [J]. Metallurgical Transactions A, 1978, 9 (4): 491~501.

5 热轧板带材氧化铁皮控制技术开发及应用

热轧板带材是重要的钢材品种之一，板带材品种的增多、应用领域和范围的扩大，随着制造业转型升级，用户在注重性能的同时，也更加关注板带材的外观质量[1,2]。在很大程度上，板带材的外观质量对用户的使用有着重要的影响。外观质量成为板带材的核心质量指标之一，因而受到生产厂和用户的高度重视[3,4]。而专用板、品种板需求量增加，不仅对板带材内在的性能提出严格的要求，也对其外观质量提出了更高的要求，可以说，没有优良外观质量的钢板是不被用户认可的。因此，生产过程中在保证性能的同时，必须加强对钢板表面质量的检验，完成对钢板外观质量影响因素的科学分析和缺陷的准确判定。

但是随着厚规格、高强度钢板使用量的持续增加，表面质量问题日益突出，以厚规格汽车用钢为例，下游客户将辊压连续成型替代传统冲压成型，在后续冷成型过程中出现了大量氧化铁皮脱落的现象。氧化铁皮脱落对生产环境和设备造成了极大危害。因此，针对厚规格、高强度钢板的氧化铁皮控制技术研发已经迫在眉睫。协同解决厚度规格、力学性能与氧化铁皮三者工艺控制窗口不一致的问题，合理控制氧化铁皮的厚度和结构，提高氧化铁皮黏附性，降低氧化铁皮脱落量是生产出此类合格产品的关键[5~9]。而在热轧钢材生产中，钢坯经加热炉加热后，表面会产生大量氧化铁皮，在除鳞时若不能完全去除，在后续轧制过程中很容易被压入或黏结在钢板表面，从而严重影响产品的表面质量。目前热轧带钢除鳞技术发展的主要趋势集中在提高除鳞水压力及增加除鳞道次。然而，由于热轧生产线受到现有泵站能力限制，提高除鳞水压力的潜力较小；另外，受到场地和投资成本的限制，新增泵站来改造除鳞系统也很难进行。此外，在热轧薄规格产品时，为保证轧制稳定性、确保终轧温度，无法过多地增加除鳞道次。如何提高热轧生产线钢板的可除鳞性，减少钢板表面氧化铁皮残留便成为急待解决的共性难题。针对上述问题，本章针对热轧过程不同类型表面缺陷产生原因进行分析并有针对性提出相应的改进措施。

5.1 典型氧化铁皮缺陷形成机理及控制

5.1.1 黏附性点状缺陷形成机理及控制

图 5-1 为黏附性点状缺陷处的微观表面形貌[10]。从图 5-1 中可以看出，A 处

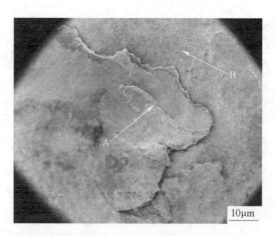

图 5-1 黏附性点状缺陷的微观表面形貌

为点状缺陷处，B 处为钢板表面自生氧化铁皮。这种点状缺陷在扫描电镜下，与钢板表面自生的氧化铁皮的颜色相近。但这种缺陷并未压入到钢板内部形成凹坑，而是直接黏附在钢板自生氧化铁皮上的，因此这种缺陷是一种非压入式的黏附性缺陷。

图 5-2 示出的是钢板表面自生的典型氧化铁皮的断面形貌。典型的氧化铁皮结构由最外层 Fe_2O_3 层、中间的 Fe_3O_4 层和靠近基体侧的 FeO 层构成，在 FeO 层中含有少量的先共析 Fe_3O_4。

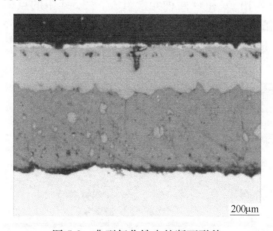

图 5-2 典型氧化铁皮的断面形貌

图 5-3 示出的是黏附性点状缺陷处断面的金相照片。可以看出，极少量的压入且深度较浅。但值得一提的是，缺陷处形成的氧化铁皮结构与图 5-2 示出的典型氧化铁皮的结构完全不同，它并不是由单层的氧化铁皮构成，而是由许多个典型的氧化铁皮结构层叠加到一起构成的。从图 5-3b 中可以清晰地看到，缺陷处

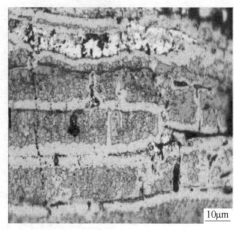

　　　　　　　a　　　　　　　　　　　　　　　b

图 5-3　黏附性点状缺陷的微观断面形貌

a—100 倍缺陷金相照片；b—1000 倍缺陷金相照片

　　的氧化铁皮由许多个单独的 Fe_3O_4 层和 FeO 层重复叠加而成。说明这种缺陷并不是由钢板表面氧化形成的，而是轧制过程中，经过多个道次压下后，黏附在钢板表面形成的。

　　　　图 5-4 示出的是黏附性点状缺陷的 EDS 分析。图 5-4 中的点 1 是钢板自生的氧化铁皮的 EDS 分析由 Fe 和 O 两种元素组成。图 5-4 中的点 2、点 3 和点 4 位置为组成黏附性缺陷的各个氧化铁皮层的 EDS 分析，除了含有 Fe 和 O 氧化铁皮自身的组成元素外，还含有 Si 和 Cr 两种元素。Si 一般在氧化铁皮与基体的结合处

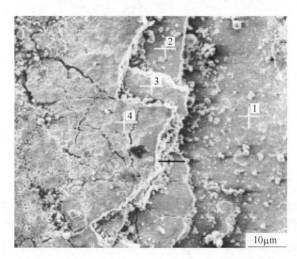

a

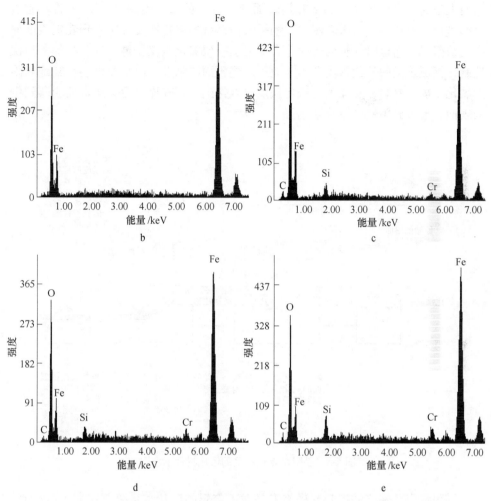

图 5-4　黏附性点状缺陷的 EDS 分析

a—缺陷处表面形貌；b—点 1 处 EDS 分析；c—点 2 处 EDS 分析；

d—点 3 处 EDS 分析；e—点 4 处 EDS 分析

富集，形成 Fe_2SiO_4 相。[11] 能谱分析还含有 Cr 元素。在缺陷处，并没有发现有异常成分如保护渣成分。

钢板表面 Cr 元素的来源主要有两个渠道，一个是钢本身的化学成分中含有的 Cr 元素，通过扩散作用在氧化铁皮层中富集；另一个是由于由高铬铁辊面氧化铁皮轧制过程脱落到钢板表面所致。经图 5-4 中的分析得知，钢板自生的氧化铁皮层中并不含有 Cr 元素，由此推断出黏附性点状缺陷处的 Cr 元素是由于辊面的氧化铁皮层脱落引起的，黏附性点状缺陷的形成机理如图 5-5 所示。在实际的热轧过程中，轧辊的表面会因为在大的负荷和高的轧制温度下产生表面缺陷。轧制温度越高，带钢越薄，那么轧辊表面缺陷发生的概率也愈高[12]。随着轧制过程的进行，经过某一道次轧制后，钢板表面已有的氧化铁皮会压入到轧辊表面原有的缺陷里，而这时轧辊的辊面上会黏附上一层氧化铁皮。再经过后续的多道次轧制，钢板表面的氧化铁皮会不断地压入到辊面缺陷处，而辊面也会不断地黏附上氧化铁皮。黏附在辊面上的氧化铁皮厚度达到一定临界值后会从辊面脱落到钢板表面，形成黏附性的点状缺陷。

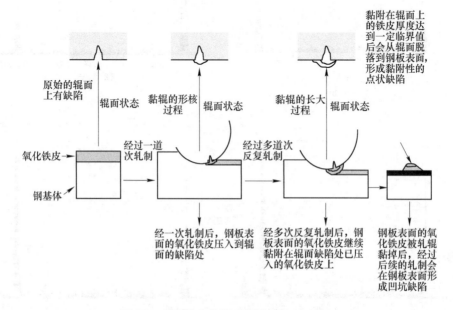

图 5-5　黏附性点状缺陷的形成机理示意图

　　黏附性点状缺陷的控制方法首先是对工作辊的冷却水系统要定期进行检查。对于堵塞的水嘴要及时进行清理，对于磨损严重的刮水板要及时更换。同时要制定合理的烫辊制度。可采取厚规格烫辊，缓慢过渡的压下工艺，在计划允许的范围内，用计划中最厚规格的钢板烫辊，缓慢向薄规格过度，并逐渐加大轧辊冷却水量[13]。通过上述方法烫辊，可使得轧辊表面的氧化膜致密均匀，这样既可以延长轧辊的使用寿命，也可以减少钢板表面缺陷的产生。同时，对于高表面质量产品，可适当地缩短本次轧辊使用时间，也是消除黏附性点状缺陷的有效方法之一。

5.1.2　压入式氧化铁皮缺陷形成机理及控制

　　图 5-6 示出的是压入式缺陷的断面形貌。从图 5-6a 中看到，缺陷压入钢板的深度为 $18 \sim 45 \mu m$。图 5-6b 中对缺陷处进行的 EDS 分析见表 5-1。

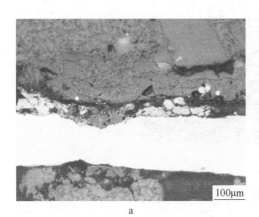
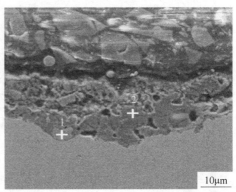

图 5-6 缺陷处断面形貌

a—缺陷处金相组织照片；b—缺陷处 SEM 照片

表 5-1 点 1 和 2 处化学成分的 EDS 分析结果（原子分数,%）

样品	O	Fe	Na	Al	Si	Ca	Mn
1	21.49	78.51	—	—	—	—	—
2	29.19	26.74	8.81	5.15	22.26	5.31	2.54

表 5-1 是点 1 和 2 处的成分分析结果，其中点 1 处是由 Fe 和 O 两种元素组成，说明 A 处由氧化铁皮构成；从点 2 处的能谱分析可以看出，除了含有 Fe 和 O 两种元素外，还有 Si、Al、Mn 元素，特别是还含有 Na 这种典型保护渣元素，说明该缺陷是由氧化铁皮和保护渣构成。[14]

图 5-7 示出的是压入式缺陷的另一种常见形式。可以看出，实际压入物质已延伸到钢板内部的左右两侧，形成了一个"外口小、内洞大"的缺陷，缺陷压入深度超过 200μm。在钢板表面一旦形成这种压入式的缺陷，危害性巨大。

对压入式缺陷进行能谱分析，如图 5-8 所示。图 5-8b 为图 5-8a 中标注位置的断面形貌。压入式缺陷主要由两部分组成：一部分是形状不规则的颗粒状物质，如图 5-8b 中的点 1 位置；另一部分由填充在颗粒之间的絮状物质组成，如图 5-8b 中的点 2 位置。表 5-2 是点 1 和 2 两处的成分分析结果，形状不规则的颗粒状物质是由氧化钙和二氧化硅组成，而填充在颗粒之间的絮状物质是由保护渣和氧化铁皮的混合物组成。

由于图 5-6 所示形成的"柳叶"状或"小舟"状的压入式缺陷的深度较浅，因此称这种缺陷为浅层压入式氧化铁皮。相对图 5-6 而言，图 5-7 形成的"外口小、内洞大"，并且已经压入到钢板内部的缺陷称为嵌入式氧化铁皮。

浅层压入式氧化铁皮又可细分成三小类：图 5-9a 示出的是浅层压入式氧化铁皮，氧化铁皮和保护渣的数量相差无几，二者呈相互包裹的状态，为第一类浅

图 5-7　缺陷的断面形貌

a

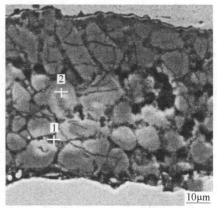

b

图 5-8　缺陷处的 EDS 分析

a—缺陷处金相组织照片；b—缺陷处断面照片

表 5-2　点 1、2 处化学成分的 EDS 分析结果（原子分数,%）

样品	O	Si	Ca	Al	Na	Fe	Mn
1	25.48	19.41	55.11	—	—	—	—
2	22.26	13.22	8.10	7.16	6.30	2.39	5.16

层压入式氧化铁皮；图 5-9b 示出的是第二类浅层压入式氧化铁皮，保护渣的数量占大多数，只有很少量的氧化铁皮被大量的保护渣包裹其中；图 5-9c 示出的是第三类浅层压入式氧化铁皮，氧化铁皮的数量占大多数，并且在轧制过程中已经被轧碎，但轧碎的氧化铁皮缝隙间由保护渣黏在一起，未发生分离。由于在高

温条件下，氧化铁皮具有一定的塑性，保护渣的硬度很大，在高温下几乎不发生变形，所以氧化铁皮占绝大多数的第三类浅层压入式氧化铁皮可以在高温下随着钢板发生一定的变形，它压入到钢板的深度最小，压入的深度一般为十几微米。第二类压入的深度次之，第一类压入到钢板的深度最大，一般为几十微米。

图 5-9　浅层压入式氧化铁皮的断面形貌
a—第一类；b—第二类；c—第三类

图 5-10 示出的是两种压入式氧化铁皮的形成机理。连铸时，在钢坯表面会黏附一些保护渣颗粒。这些保护渣有的聚集在一起，形成保护渣团，有的以较小的颗粒形式存在。进入加热炉后，钢坯表面会产生较厚的炉生氧化铁皮，随着氧化铁皮厚度的增加，炉生氧化铁皮会包覆一些粒度较小黏附在钢坯表面的保护渣，而粒度较大的保护渣团并未被炉生氧化铁皮完全包覆起来，仍有部分保护渣颗粒暴露在炉生氧化铁皮的外表面。钢坯出加热炉后，由于粗除鳞水嘴堵塞、除鳞水嘴的角度和高度不当等原因使得除鳞水的打击力降低[15]，导致除鳞后钢板表面仍然有部分炉生氧化铁皮和保护渣颗粒没有除掉。进入粗轧机后，暴露在炉生氧化铁皮外表面的保护渣被压碎，散落在钢板表面，而包覆在炉生氧化铁皮中的保护渣颗粒被压入到钢板内部。压入到钢板内部的炉生氧化铁皮和保护渣颗粒会随着可逆轧制的进行，其压入深度会逐渐增大，并在钢板内部形成左右分别延

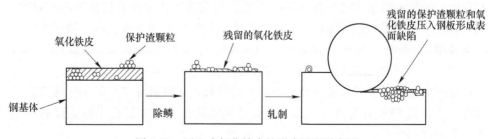

图 5-10　压入式氧化铁皮的形成机理示意图

伸的形态，最终形成嵌入式氧化铁皮。钢板在粗轧过程中，其表面会不断地生长出新的氧化铁皮，即二次氧化铁皮。随着粗轧机的可逆轧制，这些新生长出的氧化铁皮与散落在钢板的保护渣颗粒会形成"柳叶"状或"小舟"状的浅层压入式的氧化铁皮。

由于粗除鳞水嘴堵塞、除鳞水嘴的角度和高度不当等原因使得除鳞水的打击力降低，导致除鳞后钢板表面仍然有部分炉生氧化铁皮和保护渣颗粒没除掉。进入粗轧机后，暴露在炉生氧化铁皮外表面的保护渣被压碎，散落在钢板表面，而包覆在炉生氧化铁皮中的保护渣颗粒被压入到钢板内部。因此需要定期清理除鳞喷嘴、调节除鳞水嘴的角度和高度、增加除鳞水压，以保证除鳞效果。

5.1.3　麻坑缺陷形成机理及控制

图 5-11 示出的是钢板表面未形成麻坑处氧化铁皮的表面形貌。从图 5-11 中可以看出，钢板表面的氧化铁皮较为平整，虽然在个别位置处形成微裂纹，但并没有形成氧化铁皮颗粒。

50μm

图 5-11　钢板表面没有麻坑处的氧化铁皮形貌

图 5-12 示出的是麻坑处的表面形貌。从图 5-12 中可以看出，在麻坑边缘有氧化铁皮发生断裂的痕迹，其断口处有明显的鳞状脆片并含有较多的细小颗粒，断口部位呈现明显的脆性断裂，麻坑缺陷是在热轧的过程中形成的一种压入式的表面缺陷。

图 5-13 示出的是麻坑内部的微观表面形貌。从图 5-13 中可以看出，在麻坑的内部有大量的颗粒状物质存在，而并不像钢板表面没有麻坑处的氧化铁皮表面那样平整。经 EDS 分析得知：麻坑缺陷是氧化铁皮在轧制过程中被轧碎后压入到钢板内部形成的。

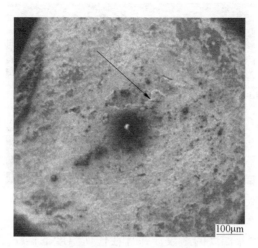

图 5-12 麻坑处的表面形貌

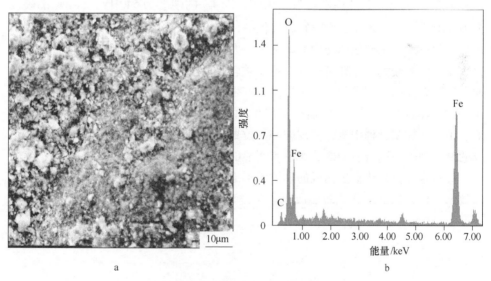

图 5-13 麻坑内部的 EDS 分析
a—麻坑内部表面形貌；b—麻坑内部 EDS 分析

　　中厚板轧制过程中，钢板在辊道上待温时，暴露在空气条件下，钢板表面会产生氧化铁皮。但此时生成的氧化铁皮并不是均匀的，而是在个别位置优先形成，如图 5-14 所示。由于待温时钢板表面的温度较高，这时在钢板表面形成的氧化铁皮极易形成鼓泡并破碎，所以在进入二阶段轧制时破碎的鼓泡易压入到钢板表面从而造成麻坑缺陷，因此在中间坯进入二阶段轧制前的除鳞是非常重要的。

图 5-14　待温时钢板的表面形貌

氧化铁皮的硬度是温度的函数，并且在任何温度下，Fe_3O_4 的硬度都比渗碳体的大[16]。900℃ 时 Fe_2O_3、Fe_3O_4 和 FeO 的硬度分别为 516HV、366HV 和 105HV[17]，室温下 FeO 的硬度为 460HV，Fe_3O_4 的硬度为 540HV，Fe_2O_3 的硬度为 1050HV[18]。氧化在二阶段轧制过程中，随着钢板表面温度的降低轧制过程中新形成的三次氧化铁皮的硬度逐渐变大。尤其是在后期，轧制温度较低，三次氧化铁皮的硬度较大，在轧制过程中可能被轧碎后压入到钢板表面。在轧制阶段后期，钢板表面的温度较低，氧化铁皮会产生破碎，形成氧化铁皮颗粒。破碎的氧化铁皮，在后续的平整和传输时会发生脱落，因此，在钢板表面会形成麻坑缺陷。由于在轧制过程中氧化铁皮破碎的位置不固定，因此，由氧化铁皮压入所形成的麻坑缺陷在钢板表面的分布没有明显的规律性。

针对这种由氧化铁皮构成的麻坑的形成机理，提出以下几点措施：通过现场的数据分析，总结出麻坑的形成概率与终轧温度的关系曲线，如图 5-15 所示。

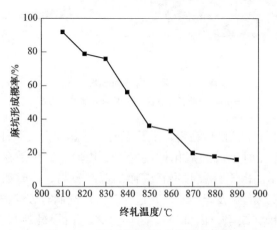

图 5-15　麻坑与终轧温度的关系曲线

终轧温度在 810~850℃ 之间易形成麻坑缺陷,因此在保证钢板性能的情况下,应尽可能提高钢板的终轧温度,使得钢板表面的氧化铁皮的硬度保持在较小的范围内,这样在二阶段轧制过程中氧化铁皮不易压入到钢板表面。为了保证钢板的性能,同时也为了降低氧化铁皮在冷床上的生成厚度,可适当使用层流水冷却。

在中厚板生产过程中,在中间坯进入二阶段轧制时,如果中间坯表面温度允许,要保证第一道次除鳞。在轧制到最后几道次时,为了避免新生成的不均匀的三次氧化铁皮压入到钢板表面形成麻坑缺陷,保证最后几道次除鳞效果同时保持除鳞系统压力为 16~20MPa。

5.1.4 红色氧化铁皮缺陷形成机理及控制

5.1.4.1 常规流程热轧带钢红色氧化铁皮缺陷分析及控制

图 5-16 实验材料为某厂形成红色氧化铁皮缺陷热轧带钢,热轧带钢表面沿轧制方向出现红色带状区域,EDS 结果表明,氧化铁皮靠近表面处的破碎相的 Fe 和 O 原子比接近 2:3,可以判定靠近氧化铁皮外侧的碎化组织为 Fe_2O_3,而靠近内侧氧化铁皮中 Fe、O 原子比接近 3:4,可以判定为 Fe_3O_4。由于带钢表面氧化铁皮层中大量破碎状的 Fe_2O_3 存在,导致了带钢表面出现红色氧化铁皮缺陷。

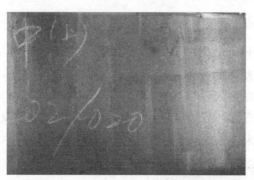

图 5-16 氧化铁皮表面宏观形貌

红色氧化铁皮主要来自两个方面。首先,由于硅在氧化铁皮中的作用,使得轧制工序前的除鳞效果差,带钢表面残留的氧化铁皮较多。这些残留的氧化铁皮在后续的轧制过程中被压入到基体内部,同时氧化铁皮组织出现破碎。高温环境下,由于氧气的持续供应,破碎的氧化铁皮将被继续氧化形成 Fe_2O_3。大量 Fe_2O_3 的形成使得带钢表面出现红色氧化铁皮缺陷,如图 5-17 所示。其次,在轧制阶段,热轧带钢表面形成的氧化铁皮组织为典型的三次氧化铁皮结构,其中大部分为 FeO,约占体积分数的 95%。FeO 存在一个高温塑性区间,在此区间 FeO 可以随带钢一同进行塑性变形而不至于破碎。如图 5-18 所示,当温度低于某一临界温度，FeO 的塑性下降，伸长率下降，在轧制过程中不能随带钢发生协同变形。轧制过程中氧化铁皮无法保证完整性而发生破碎；在热轧过程中，FeO 与空气因发生充分接触而被氧化成 Fe_3O_4，并最终被进一步氧化成 Fe_2O_3。

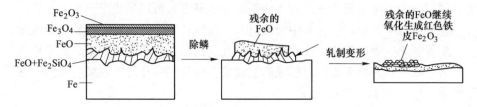

图 5-17　由 Si 富集造成的红色氧化铁皮形成机理示意图

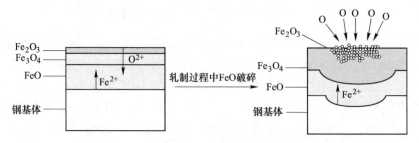

图 5-18　FeO 破裂造成的红色氧化铁皮形成机理示意图

　　综上所述，优化钢中硅元素含量，合理控制除鳞温度，提高除鳞效率避免氧化铁皮残留，在采用"高温快轧"工艺降低氧化铁皮厚度的基础上，为了避免红色氧化铁皮缺陷的形成，将轧制变形温度提高到氧化铁皮的高温塑性区间，从而避免氧化铁皮的破碎。完整的氧化铁皮层可以阻止氧化铁皮的进一步氧化，有效地消除红色氧化铁皮缺陷。图 5-19 所示为工艺改进后表面宏观形貌。

图 5-19　工艺改进后表面宏观形貌

5.1.4.2　短流程热轧无取向硅钢表面红色氧化铁皮缺陷分析及控制

　　短流程热轧无取向硅钢宏观表面一般呈现出如图 5-20 所示的红色氧化铁皮

形貌。在轧制过程中，由于硅钢氧化铁皮中 FeO 较少，因此其氧化铁皮缺乏高温塑性，极易因轧制变形而使氧化铁皮破碎并颗粒化。颗粒化的氧化铁皮能够与氧气反应更加充分，进而形成高价 Fe 氧化物即 Fe_2O_3，使热轧板表面呈现出红色氧化铁皮的形貌。

红色氧化铁皮

图 5-20　CSP 热轧无取向硅钢表面红色氧化铁皮形貌

　　通过实验对上述过程进行验证。首先将无取向硅钢热轧板表面打磨光亮后，放入箱式电阻炉中，在 1100℃ 空气条件下氧化 10min 后，进行三组实验：试样 A 从炉中取出后直接空冷至室温；试样 B 从炉中取出，经单道次轧制后空冷至室温；试样 C 从炉中取出，经单道次轧制后表面喷水使其温度迅速降至 700℃ 左右，而后继续空冷至室温。三组实验得到的表面氧化铁皮宏观形貌如图 5-21 所示，观察发现，试样 A 表面氧化铁皮虽然脱落，但是整体呈现出灰黑色，试样表面没有出现红色氧化铁皮，从氧化铁皮表面微观形貌观察，发现 Fe 的氧化物晶粒排列致密，氧化铁皮均匀且完整；试样 B 表面则出现了大量红色氧化铁皮，与试样 A 不同之处在于，试样 B 经轧制后表面氧化铁皮会破碎，由此说明轧制破碎是红色氧化铁皮产生的一个必要条件；试样 C 表面氧化铁皮在轧制破碎后，对其表面喷水冷却，发现试样 C 的红色氧化铁皮覆盖面积明显低于试样 B，单道次轧制后，试样 C 的氧化铁皮同样出现破碎，但是后续的喷水冷却会降低试样温度，缩短其在高温条件下的氧化时间，进而降低破碎后的氧化铁皮进一步氧化为红色氧化铁皮的速率，由此证明了红色氧化铁皮形成机理的正确性。红色氧化铁皮形成条件为氧化铁皮破碎并在高温条件下进一步氧化。

　　热轧硅钢开卷后，在其表面沿轧制方向会出现大量的黑色条纹，其微观形貌如图 5-23 所示，可以观察到黑色条纹在氧化铁皮表面隆起，并且相对于其他位置的氧化铁皮，其表面更加粗糙。这种黑色条纹缺陷的产生机理如图 5-24 所示。由于在热轧硅钢的氧化铁皮与基体界面处会形成具有钉扎氧化铁皮作用的 Fe_2SiO_4，增加了氧化铁皮的黏附性，使其更加不易被高压水除鳞去除干净，在热轧板表面总会有残留氧化铁皮。残留的氧化铁皮经轧制变形后，会沿着轧制方

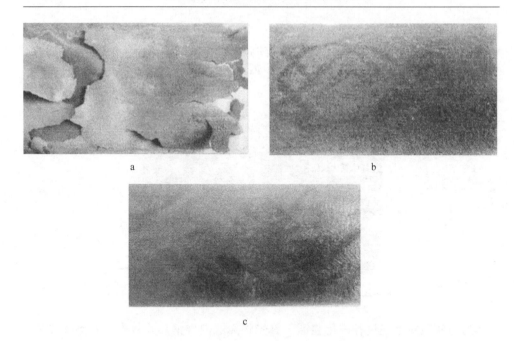

图 5-21 热轧板表面氧化铁皮破碎对其宏观形貌的影响

a—未经轧制破碎；b—轧制破碎后直接冷却至室温；c—轧制破碎后表面喷水而后冷却至室温

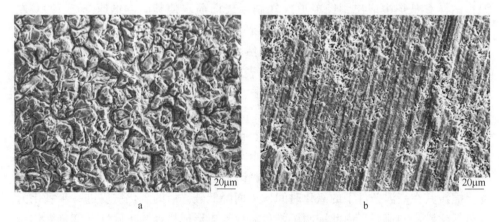

图 5-22 轧制变形对氧化铁皮表面形貌的影响

a—轧制变形前；b—轧制变形后

向拉长并颗粒化，颗粒化的氧化铁皮与空气接触更加充分，容易形成红色氧化铁皮，导致热轧板表面将出现大量的红色条纹。热轧板卷取后，其表面氧化铁皮处于贫氧环境，由于热轧卷温度仍较高，氧化过程将通过消耗高价 Fe 氧化物（Fe_2O_3）的方式继续进行，Fe_2O_3 消耗完毕后，热轧板表面的红色条纹就会逐渐转变为黑色条纹。因此开卷后，就会在热轧板表面发现大量沿轧制方向分布的黑

图 5-23　CSP 热轧无取向硅钢表面黑色条纹缺陷和微观表面形貌

色条纹缺陷。黑色条纹缺陷实际是氧化铁皮残留造成的氧化铁皮压入缺陷在热轧硅钢表面的一种宏观表现。

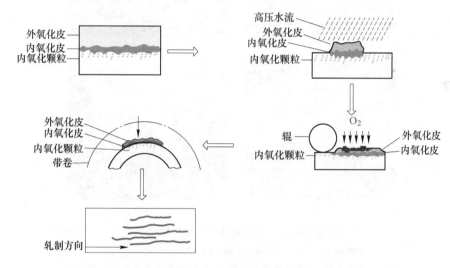

图 5-24　CSP 热轧无取向硅钢氧化铁皮表面黑色条纹的形成机理示意图

　　热轧硅钢表面氧化铁皮难以去除干净，残留的氧化铁皮在热轧阶段容易形成氧化铁皮压入缺陷，除了在热轧板表面表现为黑色条纹缺陷，这种缺陷会遗传至冷轧板表面，热轧板表面的氧化铁皮缺陷经酸洗后脱落，在原始位置留下坑洞等缺陷，这些缺陷在冷轧过程中就会形成起皮或缺肉缺陷，损害冷轧板表面质量。针对上述问题，从短流程产线设备特点出发，首先保证旋转除鳞的正常运行；均热炉均热温度要低于尖晶石液化温度，防止炉内出现极低氧分压的气氛环境，防止外氧化层向内氧化层的快速转变；板坯出均热炉除鳞后的温度高于 1000℃，并在轧制阶段采用快速轧制的方法；在卷取阶段，为了防止外氧化层向内氧化层的转变，采用低温卷取温度，同时卷取后，要保证热轧卷要紧密卷取，充分保证氧化铁皮的贫氧环境的同时降低热轧卷的冷却速率。工艺改进前后的氧化铁皮形貌对比如图 5-25 所示，工艺改进前，板坯出均热炉经高压水除鳞之后，表面仍可见大量的黑色条纹以及块状氧化铁皮残留，其热轧卷表面同样可见大量的红色条纹。而工艺改进之后，板坯出均热炉经高压水除鳞后，表面没有出现黑色条纹和块状氧化铁皮残留，其热轧卷表面红色氧化铁皮条纹消失，热轧板表面质量得到了改善。

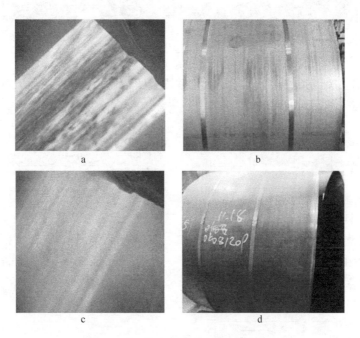

图 5-25　工艺改进前后表面质量对比

a—工艺改进前轧机入口处板坯表面；b—工艺改进前热轧产品表面；

c—工艺改进后轧机入口处板坯表面；d—工艺改进后热轧产品表面

5.1.5　色差缺陷形成机理及控制

热轧板坯经过精轧工序后进行卷取，随后钢卷进行空冷至室温。在板坯精整过程中发现在钢卷冷却后，板坯表面出现颜色差异，靠近中间部分区域呈现浅灰色，靠近边部区域呈现深蓝色，形成"色差"缺陷，如图 5-26 所示。缺陷一般出现在距带钢边部 20~30cm 左右的位置，且呈对称分布。带钢表面出现色差缺陷严重影响产品的表面质量，并对后续酸洗不均匀工序产生不利影响。因此研究色差缺陷的形成原因，在此基础上形成消除色差缺陷的方法，提升热轧带钢表面质量。

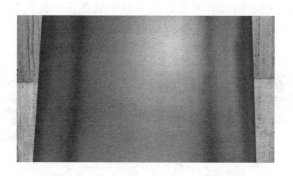

图 5-26　色差氧化铁皮表面宏观形貌

　　分别取存在色差缺陷带钢表面边部和中部氧化铁皮进行组织结构分析，其氧化铁皮断面微观组织结构如图 5-27 所示。带钢边部氧化铁皮宏观形貌呈深灰色，从氧化铁皮断面微观组织形貌可以看出，氧化铁皮靠近外侧为一层较厚的 Fe_3O_4 组织，靠近基体侧是一层片层状共析组织 $Fe_3O_4+\alpha\text{-}Fe$。同时，在氧化铁皮组织中还残留有少量的 FeO 组织。带钢中部氧化铁皮宏观形貌呈浅灰色，从氧化铁皮断面微观组织形貌可以看出，整个氧化铁皮层基本为 Fe_3O_4 层，只在靠近基体侧的氧化铁皮中出现了少量的共析组织。由此可以看出，存在色差缺陷的带钢表面氧化铁皮的组织结构存在较大的差异，氧化铁皮结构不均匀。

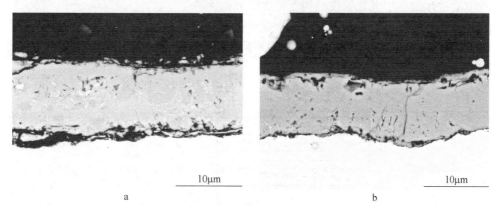

10μm 　　　　　　　　　　　　　　　10μm

a　　　　　　　　　　　　　　　　　b

图 5-27　色差缺陷氧化铁皮微观组织结构
a—带钢边部；b—带钢中部

　　图 5-28 统计了存在色差缺陷的带钢表面氧化铁皮厚度。带钢边部氧化铁皮厚度在 11.5μm 左右，带钢中部氧化铁皮厚度为 9~10μm。带钢在经过卷取以后，在空冷初期中，钢卷边部与空气充分接触，同时钢卷温度较高，处于富氧区的钢卷边部氧化铁皮有进一步生长的条件，因此在冷却过程中钢卷边部表面氧化铁皮将进一步氧化增厚。由于卷取后钢卷中部非常紧凑，空气无法在钢

卷中部停留，因此钢卷中部表面氧化铁皮处于贫氧区，即使处于高温阶段也无法在空冷过程继续生长，造成了钢卷边部表面氧化铁皮比钢卷中部表面氧化铁皮略厚。

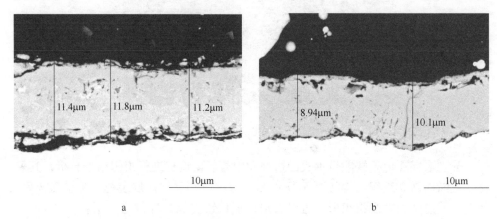

图 5-28　色差缺陷氧化铁皮厚度统计
a—带钢边部；b—带钢中部

　　现场生产的钢卷冷却过程进行 50h 实时测温，从而得到了钢卷卷取后在空冷过程中的平均冷却速率，更直观地了解冷却过程中不同部位的冷却速率，为判断卷取后冷却过程中氧化铁皮结构变化提供数据支持。

　　采用红外测温设备对图中的 3 个点进行测温，钢卷测温位置如图 5-29 所示，带钢卷取温度为 650℃。表 5-3 为钢卷不同位置温降实测结果。

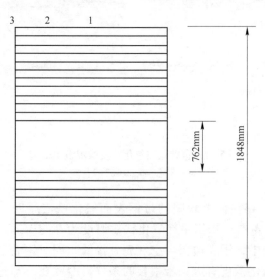

图 5-29　钢卷测温位置示意图

表 5-3 钢卷测温结果

时间/min	位置 1 温度/℃	位置 2 温度/℃	位置 3 温度/℃
34	497	497	390
66	396	387	336
94	367	345	320
124	370	354	296
146	375	340	300
154	370	337	310
186	360	323	270
216	348	318	266
276	320	284	253
308	300	270	245
334	292	240	239
394	275	235	224
514	246	220	219
539	230	224	195
689	230	220	174
878	215	198	143
1058	197	170	105
1238	139	146	97
1269	132	128	108
1297	129	133	104
1540	113	116	96
1694	101	104	85
1884	95	96	80

图 5-30 所示为钢卷不同位置温降曲线。位置 1 处温度从 650℃ 降到 197℃ 一共经历了 1058min，位置 2 处温度从 650℃ 降到 198℃ 一共经历了 878min，位置 3 处温度从 650℃ 降到 195℃ 一共经历了 514min，计算得三个位置的平均冷却速率分别为 0.417℃/min、0.515℃/min、0.844℃/min。位置 1 处位于钢卷中部表面，因此去除钢卷外圈后所取带钢中部试样的平均冷却速率将小于 0.417℃/min。

从冷却速率和模拟卷取温度对氧化铁皮结构的影响关系图 5-31 中可以看到，当卷取温度在 650℃ 时，钢卷中部冷却速小于 0.4℃/min，在这种状态下氧化铁皮冷却到室温得到的组织以先共析 Fe_3O_4 为主，在氧化铁皮层靠近基体处存在 10% 左右的共析组织，不存在残留 FeO。由于冷却速率非常缓慢，钢卷中部表面

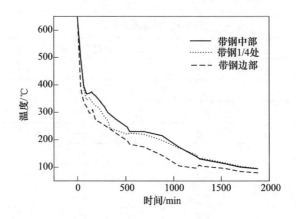

图 5-30　钢卷不同位置温降曲线

氧化铁皮在高温阶段停留时间非常长，FeO 有足够的时间进行先共析反应，形成大量的先共析 Fe_3O_4，仅剩下少量的 FeO 进入到共析点 570℃ 以下的温度区间。这些剩下的 FeO 在共析反应区间进行反应，形成了少量的片层状共析组织 $Fe_3O_4+\alpha$-Fe。钢卷边部冷却速率在 0.6~0.8℃/min，在这种状态下氧化铁皮冷却到室温得到的组织为先共析 Fe_3O_4+片层状共析组织+少量残留 FeO。钢卷边部氧化铁皮所处的环境温度要低于钢卷中部氧化铁皮所处的环境温度，从而使边部氧化铁皮在冷却过程中冷却速率大于中部的冷却速率。在较快冷却速率条件下，原始氧化铁皮组织在高温段经历了一段时间以后，更快的冷却到共析点 570℃ 以下，保留了更多的 FeO。氧化铁皮在共析区间冷却时，有更多的 FeO 进行共析反应，从而得到了更多的片层状共析组织 $Fe_3O_4+\alpha$-Fe。

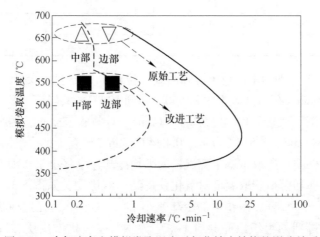

图 5-31　冷却速率和模拟卷取温度对氧化铁皮结构的影响关系

卷取后冷却速率的不同导致冷却到室温后带钢边部与中部表面氧化铁皮组织结构出现差异，中部氧化铁皮基本为 Fe_3O_4 组织，仅在靠近基体侧存在少量的共析组织。边部氧化铁皮组织中出现了较多的片层状共析组织 $Fe_3O_4+\alpha\text{-}Fe$，仅在氧化铁皮层的表面存在一层 Fe_3O_4 组织，同时带钢边部表面氧化铁皮比中部表面氧化铁皮厚，这就造成了带钢表面边部与中部氧化铁皮组织结构和厚度的不均匀，最终导致了带钢宽度方向上的颜色的差异，形成色差缺陷。

合理控制卷取温度，使其在卷取后的空冷过程中，带钢表面边部与中部氧化铁皮将直接进入共析反应区间，高温状态下氧化铁皮层中的 FeO 能充分进行共析反应，在最终得到的带钢表面边部与中部氧化铁皮组织结构中均以共析组织为主，由于钢卷中部与边部的氧化铁皮组织结构均匀相似，同时卷取温度较低，边部氧化铁皮虽处于富氧区，但长大趋势不是很明显，因此带钢表面边部与中部的氧化铁皮厚度基本一致。带钢表面氧化铁皮横向均匀性大大提高，从而使得钢卷表面的色差缺陷得以有效控制。

5.2 高强钢超低掉粉量控制

5.2.1 氧化铁皮结构对氧化铁皮起粉的影响

氧化铁皮结构对其剥离性具有严重影响。如图 5-32 所示，通过连续弯折实验，对脱落的氧化铁皮粉进行收集称重来评价氧化铁皮结构对掉粉情况的影响。实验结果如图 5-33 所示，当氧化铁皮组织中含有大量的先共析 Fe_3O_4 时，氧化铁皮粉脱落量最大，达到 $100\sim140mg/dm^2$；当组织以大量共析组织为主时，掉粉量有了明显的下降，为 $60\sim80mg/dm^2$；而当氧化铁皮组织具有共析组织的同时还有一定的 FeO 残留时，掉粉量达到最小，为 $10\sim20mg/dm^2$。根据以上实验结果，通过获取最优的氧化铁皮结构控制氧化皮剥离形态，可以最大程度地减少钢材在加工过程中的氧化皮掉粉情况。

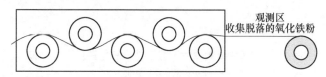

图 5-32 弯折实验示意图

5.2.2 高强钢超低掉粉量控制技术应用

5.2.2.1 700MPa 免酸洗大梁钢的开发应用

原始工艺条件下 8mm 的 700MPa 钢板边部及中部氧化铁皮断面形貌如图 5-34 所示，边部及中部氧化铁皮厚度分别为 $10.41\sim12.12\mu m$ 和 $11.17\sim13.21\mu m$。从

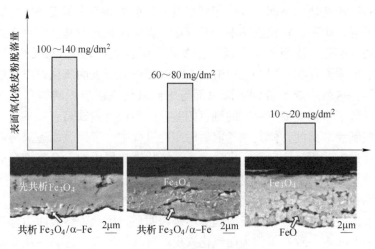

图 5-33　掉粉实验结果

图 5-34 中可以看出，边部与中部氧化铁皮结构类似，均由 Fe₃O₄、未转变 FeO、共析组织及先共析 Fe₃O₄ 组成，边部氧化铁皮相比例组成为 20%Fe₃O₄、40%未转变 FeO、20%共析组织及 20%先共析 Fe₃O₄，中部氧化铁皮的相比例组成为 35%Fe₃O₄、20%未转变 FeO、25%共析组织及 20%先共析 Fe₃O₄。

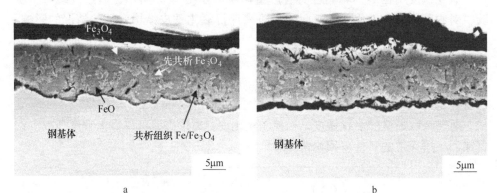

a 边部；b 中部

图 5-34　700MPa 钢原始工艺条件下氧化铁皮断面形貌
a—边部；b—中部

　　钢板在矫直后存在表面氧化铁皮粉化掉落、板面发黑的情况。如图 5-35 所示，在矫直后发现板面掉粉情况严重。对原始工艺条件下收集的氧化铁皮粉进行称重，掉粉量为 139mg/dm²。从以上数据可以看出，原始状态下表面氧化铁皮粉化掉落的情况较为严重。

　　通过对原始工艺的多轮优化调整与试制过程获得最优工艺下所生产的热轧带钢，其边部与中部的氧化铁皮结构如图 5-36 所示。经检测，最优工艺下所生产

图 5-35　试制工艺下的板面掉粉情况

的热轧带钢，其边部与中部的氧化铁皮结构如图 5-36 所示。由图 5-36a 可以看出，其结构由大量的 Fe_3O_4、少量的共析组织、未转变 FeO 和极少量的先共析 Fe_3O_4 组成，其中 Fe_3O_4 约占氧化铁皮总体积的 63%，未转变 FeO 约占氧化铁皮总体积的 20%，共析组织约占氧化铁皮总体积的 13%，先共析 Fe_3O_4 约占氧化铁皮总体积的 4%。如图 5-36b 所示，中部氧化铁皮结构主要由大量的 Fe_3O_4、少量共析组织、未转变 FeO 以及极少量先共析 Fe_3O_4 组成，Fe_3O_4 约占氧化铁皮总体积的 72%，FeO 约占氧化铁皮总体积的 10%，共析组织约占氧化铁皮总体积的 13%，先共析 Fe_3O_4 约占氧化铁皮总体积的 5%。

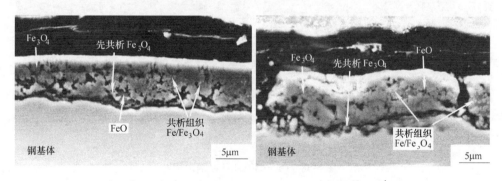

a　　　　　　　　　　　　　　　b

图 5-36　8~10mm 的 510L 最优工艺下氧化铁皮断面结构
a—边部；b—中部

通过对下游用户使用情况进行跟踪，发现板卷成分及工艺优化后的 8mm 700L 表面质量良好。如图 5-37 所示，在开平矫直后表面氧化铁皮粉脱落量较少，经过测量氧化铁皮掉粉量达到了 3mg/dm² 以下，与工艺优化前相比大为改观，优化后的厚规格 700L 的表面质量得到下游用户的认可。

图 5-37   工艺优化后的 700L 在开平矫直后的表面质量情况

5.2.2.2   QStE650TM 免酸洗大梁钢的开发应用

国内某钢厂热轧产线 QStE650TM 的原始生产工艺条件下试样的断面形貌如图 5-38 所示。其边部氧化铁皮厚度为 $10.9 \sim 11.9 \mu m$，结构由共析 $Fe_3O_4/\alpha\text{-}Fe$ 和外侧少量的 Fe_3O_4 组成；中部氧化铁皮厚度为 $9.75 \sim 10.2 \mu m$，氧化铁皮结构以共析 $Fe_3O_4/\alpha\text{-}Fe$ 为主。

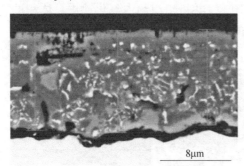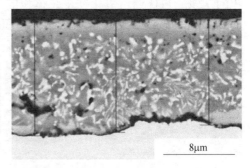

a   b

图 5-38   QStE650TM 的断面形貌

a—边部；b—中部

对现场厚度 8mm 的 QStE650TM 在开平矫直后扫粉，对矫直后的钢板尾部进行检查并针对掉粉情况进行扫粉称重，扫粉位置定为距尾部 16m 和 24m 位置处。2 卷钢的扫粉状况分别如图 5-39 所示。经过测量与计算，在各个位置处其单位面积铁粉质量均在 $100mg/dm^2$ 以上。可见在当时的工艺条件下，QStE650TM 在经过开平矫直后掉粉情况严重。

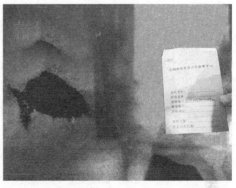

a　　　　　　　　　　　　　　　　　b

图 5-39　原始工艺下 QStE650TM 钢板表面扫粉情况

a—带尾 16m 处；b—带尾 24m 处

氧化铁粉脱落量大的最主要原因是氧化铁皮厚度偏厚以及铁皮结构不合理。通过多轮试制调整，采用最优工艺生产的 8mm 厚 QStE650TM，其掉粉情况见图 5-40 及表 5-4，最终的氧化铁皮结构如图 5-41 所示。其中，其氧化铁皮厚度为 $7 \sim 8 \mu m$，结构主要由共析 $Fe_3O_4/\alpha\text{-}Fe$ 和外侧的少量 Fe_3O_4 组成，同时有 FeO 保留。对于氧化铁皮组织结构对比，最优工艺条件下的试样氧化铁皮厚度减薄 $2 \mu m$ 左右。在工艺改进后，掉粉情况得到明显改善。热轧高强钢在冷成型过程中粉尘得到了有效抑制，氧化掉粉量由 $100 mg/dm^2$ 以上下降到 $3 mg/dm^2$ 以下，表面状态得到极大改善。

a　　　　　　　　　　　　　　　　　b

图 5-40　工艺优化后的扫粉情况

a—带尾 16m 处；b—带尾 24m 处

表 5-4　工艺改进后 QStE650TM 氧化铁皮粉称重结果

距尾部位置/m	重量/g	袋重/g	净重/g	单位面积重量/mg·dm^{-2}
16	2. 5042	2. 3373	0. 1669	1. 669
24	2. 4735	2. 4364	0. 0371	0. 371

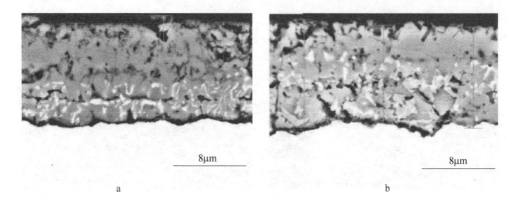

图 5-41　最优工艺下钢板的氧化铁皮断面形貌

a—边部；b—中部

5.3　氧化铁皮/基体界面平直度控制

5.3.1　热变形工艺对氧化铁皮/基体界面平直度的影响

合理制定热轧工艺是改善热轧产品表面质量的关键，通过在 950~1050℃ 高温条件下进行压缩变形实验，得到了氧化铁皮的热变形规律，明确了氧化铁皮的高温形变机理。实验钢的化学成分见表 5-5。具体的实验步骤为：将实验样品在氩气环境下以 100℃/s 升温，升到目标温度（950℃、1050℃ 和 1150℃）后向炉腔内充入空气，在目标温度下保温 1800s，生成初始氧化铁皮。之后在氩气环境下以 $0.1s^{-1}$ 的速率进行压缩变形，达到目标变形量（10%、30% 和 50%）；热变形实验结束后以 50℃/s 冷却到室温。实验结束后，对试样氧化铁皮的断面显微形貌和元素分布进行观测，并对氧化铁皮的晶体结构进行表征。

表 5-5　实验钢的化学成分（质量分数）　　　　（%）

C	Si	Mn	P	S	Cr	Fe
0.028	0.03	0.22	0.013	0.007	0.41	Bal.

实验钢初始氧化铁皮断面微观组织如图 5-42~图 5-44 所示。氧化铁皮厚度分别为 384~410μm、295~319μm 和 214~234μm。氧化铁皮呈现出了典型的分层结构，分别是靠近基体的 FeO 层，中间的 Fe_3O_4 层和最外侧的 Fe_2O_3 层。其中，FeO 是一种金属离子缺乏的 p 型半导氧化物，在此类结构中会存在大量的金属空位和电子穴，用来维持金属离子的向外扩散，因此 FeO 层比 Fe_3O_4 层和 Fe_2O_3 层更疏松，同时 FeO 层的厚度也更厚。

对 950℃、1050℃、1150℃ 下压缩变形前后的氧化铁皮厚度统计如图 5-45 所示。从图 5-45 中可以看出，随着变形率的增加，各个温度下氧化铁皮都有减薄

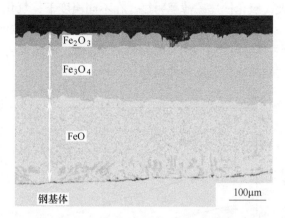

图 5-42 实验钢氧化铁皮在 1150℃的初始断面形貌

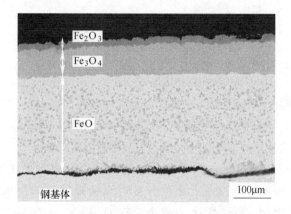

图 5-43 实验钢氧化铁皮在 1050℃的初始断面形貌

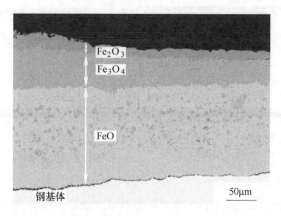

图 5-44 实验钢氧化铁皮在 950℃的初始断面形貌

趋势，变形率越大，氧化铁皮减薄越明显。在不同温度下，氧化铁皮随基体变形而减薄的程度不一；设定变形率为 50% 时，氧化铁皮在 1150℃ 下减薄约 159μm，在 1050℃ 下减薄约 116μm，在 950℃ 时减薄约 96μm。由此表明，温度影响氧化铁皮的塑性，温度越高氧化铁皮塑性越好。

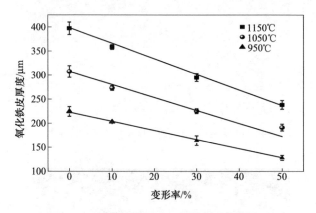

图 5-45　氧化铁皮厚度与基体变形率的关系

在 950℃ 变形率 30% 和 50% 后试样氧化铁皮的断面形貌如图 5-46 所示。在这两种工艺条件下，靠近基体界面氧化铁皮在热变形时会产生较大的内应力，该应力作用会使氧化铁皮产生塑性变形，当内应力超过氧化铁皮的塑性变形抗力时，就会造成氧化铁皮的破裂。在 1150℃ 变形率 50% 后试样氧化铁皮断面形貌和元素分布如图 5-47 所示。通过氧元素的分布可以清晰地反映出氧化铁皮的结构，与原始氧化铁皮相比，FeO 层比例减小，Fe_2O_3 层和 Fe_3O_4 层比例增大。因为 FeO 具有较好的塑性，在压缩过程中可以随着基体一起变形，氧化铁皮主要的塑性变形均发生在 FeO 层。

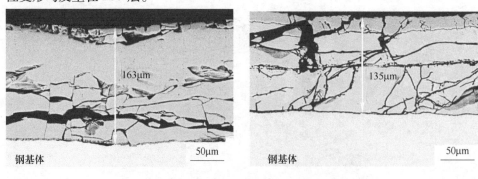

图 5-46　实验钢氧化铁皮在 950℃ 压缩变形后的断面形貌

a—变形率 30%；b—变形率 50%

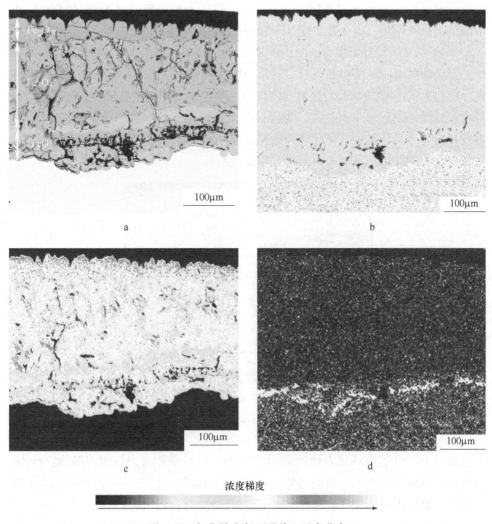

图 5-47　氧化铁皮断面形貌和元素分布

a—显微形貌；b—Fe；c—O；d—Cr

与 FeO 层相比，Fe_3O_4 层和 Fe_2O_3 层塑性较差，在变形过程中这两层容易破裂，使 O_2 更容易进入氧化铁皮中，从而使得 Fe_2O_3 层和 Fe_3O_4 层的生长速率迅速增加。这是由于在高温下 FeO 的晶体结构是疏松粗大的柱状晶，同时 FeO 是金属离子缺乏的 p 型半导氧化物，在其中充斥着大量的金属空位和电子穴，可以释放较多的塑性应变能，使得金属基体与氧化铁皮在高温变形后仍能牢固结合。1150℃变形率 50%后 Cr 元素的分布如图 5-47d 所示。在基体和氧化铁皮之间存在富 Cr 的尖晶石层，尖晶石是由 FeO 和 Cr_2O_3 形成的固溶体，该固溶体与基体的缝隙极小，可以在高温条件下随着氧化铁皮和基体一起变形，并且在变形的过程中随着 FeO 层也发生了相同的变形趋势，但未出现破裂，表明 Cr 在 FeO 层中形成的尖晶石结构具有一定的塑性和较好的黏附性。

　　实验钢在 1050℃保温 10min 后的氧化铁皮显微结构如图 5-48 所示。最外侧是一层极薄的 Fe_2O_3 细小晶粒，中间是一层连续紧密的 Fe_3O_4 等轴晶，靠近基体是一层粗大的 FeO 柱状晶。在氧化铁皮中晶粒越细小的区域晶界的数量越多，晶界对位错滑移的阻力也就越大，为使材料变形所施加的切应力就要增加。因此，拥有相对较小晶粒结构的氧化物开始发生塑性变形时所需的形变应力值越高，尺寸相对较大的晶粒在受到外力时更容易发生滑移。

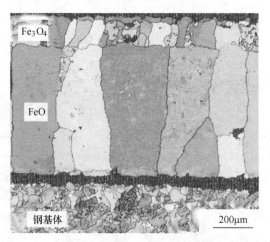

图 5-48　氧化铁皮的断面结构图

　　室温下 FeO 的破坏应力约为 0.4MPa，Fe_3O_4 的破坏应力约为 40MPa，Fe_2O_3 的破坏应力约为 10MPa。由此可见，在室温下氧化铁皮的三种氧化物破坏应力都非常小，钢材表面的氧化铁皮在室温下呈现脆性。所以，当热轧钢材在室温下变形时，表面的氧化铁皮非常容易出现破碎和脱落等现象。产生这种现象是由于钢材表面氧化铁皮通常是由 Fe 的三种氧化物组成的复相结构，多晶体的协调变形需要至少 5 个独立的滑移系同时开动，室温下 Fe 的氧化物的独立滑移系少于 5 个，氧化铁皮内部不能存储大量的塑性变形能。此时，如若氧化铁皮内部受到较大的应力，不仅导致氧化铁皮与基体分离，而且氧化铁皮本身也会发生破碎。但是与室温下截然不同，在高温条件下氧化铁皮具有一定的塑性。FeO 是氯化钠型结构，由 O^{2-} 和 Fe^{2+} 构成的面心立方结构，共有 12 个滑移系。Fe_3O_4 具有反尖晶石结构，Fe^{3+} 占据了四面体间隙的 1/8，剩余的 Fe^{3+} 和 Fe^{2+} 占据了八面体间隙位置的一半，同样也具有 12 个滑移系。而 Fe_2O_3 是菱形六面体结构，O^{2-} 占据密排六方晶格，Fe^{3+} 占据间隙位置，只具有 3 个滑移系。三种 Fe 的氧化物中，FeO 的塑性最好，Fe_3O_4 次之，Fe_2O_3 塑性最差。高温时氧化铁皮在受到外力作用时，由晶粒的位错滑移运动产生塑性变形。高温时氧化铁皮发生塑性变形与它的晶体结构有密不可分的关系，从晶体学角度来讲，晶体宏观的塑性变形是通过位错滑移运动实现的。

不同温度下氧化铁皮塑性变形率的对比如图 5-49 所示。通过不同工艺条件下的氧化铁皮变形率的对比，可以发现在变形率小于 30% 时，氧化铁皮的变形程度与设定的目标变形率大体相当，但超过 30% 时氧化铁皮的变形率均要低于所设定的变形率。通过比较 1150℃ 基体和氧化铁皮的变形率，发现在此温度下，氧化铁皮塑性较好。在 1050℃ 压缩变形 50%、950℃ 压缩变形 30% 和 50% 时，氧化铁皮内部所释放的应变能满足不了变形的需要，从而导致氧化铁皮破裂。在 950~1050℃ 变形 10%~15% 时，氧化铁皮能够与基体近似 1∶1 变形。氧化铁皮在变形率大而加热温度相对较低时，由于变形引起的硬化过程占优势，随着热变形过程的进行，氧化铁皮的强度和硬度上升而塑性逐渐下降，金属内部的晶格畸变得不到完全恢复，变形阻力越来越大，氧化铁皮内部就会发生断裂。从氧化铁皮的变形情况来看，变形率较小、变形温度较高时，由于 Fe^{2+} 和 O^{2-} 的扩散速率随着温度的升高而加快，氧化铁皮中塑性最好的 FeO 层生长最快，氧化铁皮受到切变应力时能够与基体紧密地黏合在一起发生塑性变形，而不会出现断裂。

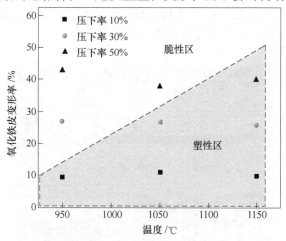

图 5-49　氧化铁皮的变形率与温度之间的关系

如图 5-50 所示为利用热轧模拟实验得到的不同终轧温度下的氧化皮断面，其中 915℃ 终轧氧化铁皮与基体的界面平整，而 845℃ 终轧的界面明显地出现了凹凸不平的情况。在界面的长度方向上，915℃ 终轧的界面长度要明显小于 845℃ 终轧。由此可以得出，通过提高终轧温度，可以提高基体界面的状态，达到增加界面平直度、降低界面弯曲度的目的。

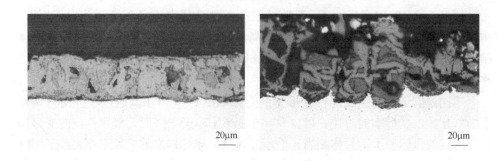

a　　　　　　　　　　　　　　　　　　b

图 5-50　实验室试轧不同终轧温度下氧化皮结构
a—终轧温度 915℃；b—终轧温度 845℃

5.3.2　冷却工艺对氧化铁皮/基体界面平直度的影响

　　轧制之后钢板通常在空气中直接进行冷却过程。由于钢板表面的氧化铁皮在轧制过程中存在着一定的显微裂纹，这些显微裂纹在空冷的过程中会发生扩展，部分裂纹也会因此形成贯通裂纹，如图 5-51 所示。贯通裂纹在钢板的冷却过程中成为氧离子的输送通道，此时会形成氧离子向内扩散的氧化物生长机制。在原氧化物与基体界面处向基体内部生长，易引起界面长度增大，界面的平直度降低，增大抛丸的难度，引发钢板表面的缺陷问题。

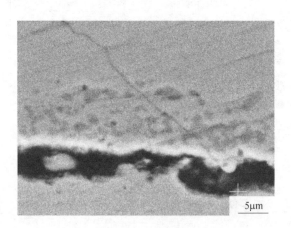

图 5-51　显微裂纹

　　在较高的轧制温度条件下，氧化铁皮与基体界面平直，利于后续的抛丸过程。钢板经轧制后，要经过水冷和冷床上的空冷。在冷却过程中氧化铁皮会因热应力而发生开裂或者裂纹扩展，导致生成界面氧化物，增大界面的不平度。氧化铁皮中热应力为：

$$\sigma_1 = \frac{E_{ox}\Delta T(\alpha_m - \alpha_{ox})}{(1-\gamma)\left(1 + \dfrac{E_{ox} \cdot \xi}{E_m \cdot h}\right)} \tag{5-1}$$

式中　E_{ox} ——氧化铁皮的弹性模量，MPa；

　　　E_m ——高强船板的弹性模量，MPa；

　　　ΔT ——温差，℃；

　　　α_m ——基体金属的热膨胀系数；

　　　α_{ox} ——氧化铁皮的热膨胀系数；

　　　γ ——Poisson 比；

　　　ξ ——氧化铁皮厚度，μm；

　　　h ——试样厚度，μm。

$E_{ox}/E_m \approx 1.5$，$\xi/h = 0.05/50 = 1 \times 10^{-3}$，因此，公式（5-1）可变为：

$$\sigma_1 = \frac{E_{ox}\Delta T(\alpha_m - \alpha_{ox})}{1-\gamma} \tag{5-2}$$

通过式（5-2）可知，减小 ΔT，即提高水冷的终冷温度（返红温度），有利于降低氧化铁皮中的热应力，进而减少氧化铁皮中裂纹的扩展，有效地防止了氧离子在氧化铁皮中的向内扩散。

5.3.3 矫直工艺对氧化铁皮/基体界面平直度的影响

受到钢种以及实际工况的影响，氧化铁皮的塑性根据矫直温度的实际变化情况会有所变化，为此设计了以下的实验对这一问题进行论证。先将试件放置于900℃的电阻加热炉中，保温 5min；然后将试件取出空冷，并用测温枪进行实时测温，直至冷却到设定的模拟矫直温度；进行矫直实验，并冷却至室温。设定的模拟矫直温度分别为50℃、150℃、250℃、350℃、450℃、550℃、600℃，模拟压下率设定为 5%。

图 5-52 为不同矫直温度下试样的断面形貌。从图 5-52 中可以观测到，当设

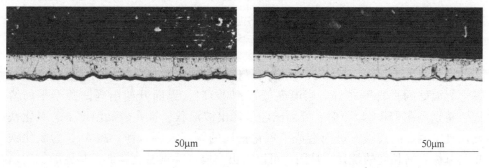

a　　　　　　　　　　　　　　　　　b

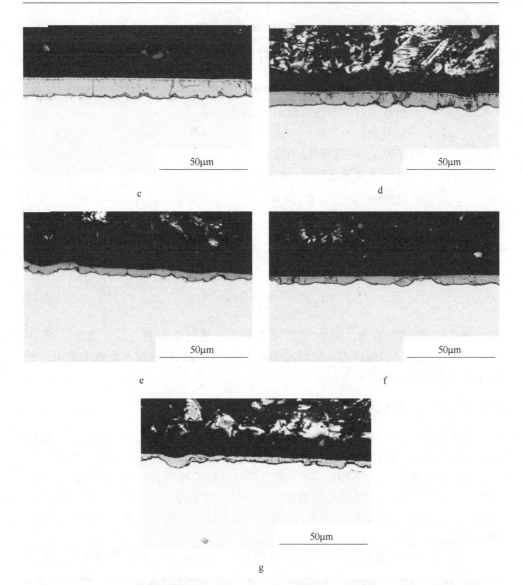

图 5-52　模拟矫直后各温度下试件的断面形貌

a—600℃；b—550℃；c—450℃；d—350℃；e—250℃；f—150℃；g—50℃

定的矫直温度为 450℃ 以上时，生成的氧化铁皮较厚，且组织均匀；氧化铁皮与基体界面处的平直度较好。当温度低于 450℃ 时，界面开始出现凹凸不平的情况，特别是在 150℃ 以下时，界面已经呈现出波浪状；且在较低温度下，氧化铁皮出现了明显的破裂，进而造成了氧化铁皮的厚度大幅减薄。图 5-53 为氧化铁皮与基体界面长度的统计，从图中可以看出，模拟矫直温度越低，其界面长度越大，相应的界面平直度也随之变差。

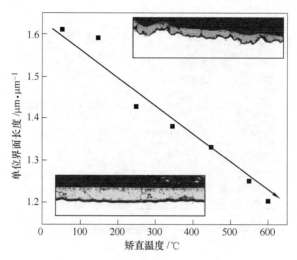

图 5-53　界面长度与矫直温度的关系

5.3.4　氧化铁皮/基体界面平直度控制技术及应用

控制热轧钢材基体界面的平直度是改善钢材表面状态的共性问题。基于以上的研究成果，从氧化铁皮的高温特性入手，总结出氧化缺陷的类型、影响因素和形成机理。氧化铁皮与基体界面平直度的主要控制方法如下：

（1）轧制过程中氧化铁皮/基体界面结构控制。在轧制阶段适当降低开轧温度，通过机架间冷却水提高轧制节奏，高温终轧，提高轧制节奏减薄氧化铁皮，防止氧化铁皮破碎。

（2）冷却过程中氧化铁皮/基体界面结构控制。适当提高终冷温度降低氧化铁皮中热应力，减少氧化铁皮裂纹密度，提高氧化铁皮界面平直度。

（3）矫直过程中氧化铁皮/基体界面结构控制。基于板坯厚度和力学性能，适当提高矫直温度，防止矫直过程中氧化铁皮发生破裂，被压入到钢板表面。

5.3.4.1　氧化铁皮/基体界面平直度控制

图 5-54 为某厂中板产线生产的 Q345，从图中能够明显看出钢板表面有较多的花斑缺陷存在，表面黑色区域为表面正常处，红色区域为缺陷处。红色区域呈多边形或长条状。可以看出，缺陷处氧化铁皮与基体的结合面凹凸不平。

图 5-55 为花斑缺陷的断面形貌，氧化铁皮出现了明显的堆叠，同时伴有不同程度的破碎。三个试样中正常位置与缺陷位置氧化铁皮厚度的统计结果见表 5-6。在该工艺条件下，Q345 原始氧化铁皮厚度在 $9.4 \sim 13.5 \mu m$ 之间，而附着的氧化铁皮厚度在 $26 \sim 40 \mu m$ 之间。

图 5-54　Q345 钢板抛丸前的表面状态

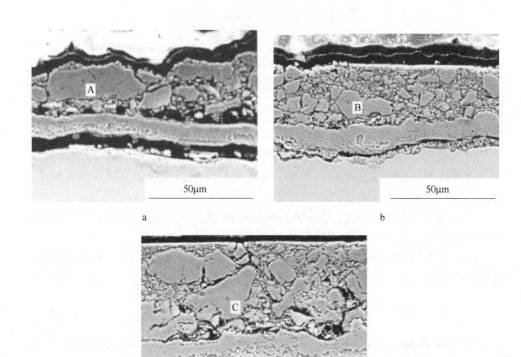

图 5-55　中板表面花斑缺陷断面形貌

a—试样 1 断面形貌；b—试样 2 断面形貌；c—试样 3 断面形貌

表 5-6 缺陷位置氧化铁皮平均厚度

试样	缺陷位置氧化铁皮平均厚度/μm
1	35.60~35.82
2	41.42~41.48
3	53.10~53.16

造成界面遗传类缺陷的原因是存在剥落部分的氧化铁皮，在除鳞过程中难以除净；在后续抛丸的过程中，轧制过程中如果氧化铁皮被压入钢基体，基体表面出现凹凸不平，界面长度增加，形成系列缺陷。通过对此类缺陷成因的分析，结合现场的实际情况，使用降低钢坯中 Si 的质量分数、改进加热炉制度、优化除鳞工艺和轧制工艺的控制思路，制定了控制此类界面遗传性缺陷的最优工艺。

使用最优工艺生产的钢板的表面状态如图 5-56 所示。由图 5-56 可以明显地看出，随着除鳞水道次的增加，钢板上表面的质量有明显的改善。根据机理分析、工艺试制结果，产品表面质量得到了显著提高。

图 5-56　工艺改进后钢板表面的宏观形貌

5.3.4.2　酸洗板表面色差缺陷控制

图 5-57 为某钢厂 1810 线生产的带有色差缺陷的 SPHC 酸洗板的宏观形貌，可以看出，缺陷处存在着大量沿轧向分布的亮暗相间的条状区域。通过不同酸洗温度、酸液浓度和酸洗速度的模拟酸洗实验可知，酸洗后试样表面明暗程度与其表面粗糙度（氧化铁皮/基体界面平直度）有关。如图 5-58 所示，对比酸洗速度 30m/min、120m/min 的试样断面微观形貌，氧化铁皮均已除净。酸洗速度 30m/min 的试样基体界面平直度明显恶化，而酸洗速度 120m/min 的试样界面平直度良好。

图 5-57　SPHC 酸洗板表面色差缺陷

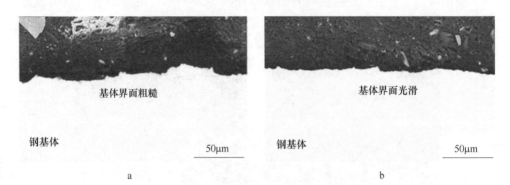

图 5-58　不同酸洗速度下 SPHC 断面微观形貌

a—30m/min；b—120m/min

如图 5-59 所示，经过实验验证，随酸洗速度的增加，试样表面粗糙度逐渐下降，酸洗后试样宏观表面呈现亮暗色，是由于试样表面粗糙度不同而造成的。

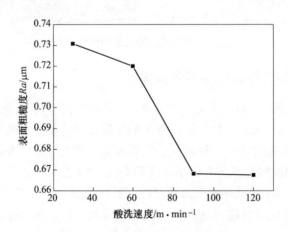

图 5-59　表面粗糙度随酸洗速度的变化

随酸洗速度加快，酸洗时间短，酸液对于基体的腐蚀作用小，所以表面粗糙度小，宏观表面呈现亮白色；得到目标钢种在酸液温度 65℃、酸液浓度 170g/L 条件下的最佳酸洗速度为 120m/min。

　　基于以上的机理进行了多次的工业试制，经过对酸洗工艺不断改进，最终确定最优的酸洗工艺为酸洗速度最高 140m/min，最低 30m/min。通过多次对酸洗板的跟踪试制生产，最终酸洗板表面状态如图 5-60 所示，可以看出其表面质量良好，原有的表面色差缺陷问题得以有效解决。

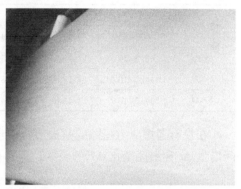

图 5-60　批量生产酸洗板表面形貌

5.4　喷淋裂化高效除鳞技术与装备开发

5.4.1　冷却条件下氧化铁皮热应力产生机理

　　冷却过程中氧化铁皮裂纹的产生和剥落取决于临界冷速、氧化铁皮收缩系数、氧化铁皮的厚度、生长速率、应力状态、界面能和氧化铁皮的力学特性等多个参数。本节建立了冷却过程中氧化铁皮破裂产生的数学模型。

　　氧化铁皮剥离临界应变（ε_c）可以表示为：

$$\varepsilon_c = \sqrt{\frac{B\gamma}{hE}} \tag{5-3}$$

式中　ε_c ——界面能；

　　　h ——氧化铁皮的厚度；

　　　E ——氧化铁皮的杨氏模量；

　　　B ——模型参数，可以表示为：

$$B = \frac{2}{1-\nu} \tag{5-4}$$

　　　ν ——泊松比。

氧化铁皮剥离临界温度变化可由下式计算得出:

$$\Delta T_c = \frac{\varepsilon_c}{\alpha_{MET} - \alpha_{OX}} \tag{5-5}$$

式中　α_{MET}, α_{OX} ——金属和氧化铁皮的热膨胀系数, 氧化铁皮不同温度下热膨胀系数见表 5-7。

表 5-7　不同温度下氧化铁皮膨胀系数　　　　　　　(m/℃)

氧化物	温度/℃					
	600~650	700~750	800~850	900~950	1000~1050	1100~1150
FeO	13.5×10⁻⁶	17.1×10⁻⁶	17.2×10⁻⁶	16.9×10⁻⁶	17.5×10⁻⁶	17.7×10⁻⁶
Fe₃O₄	14.4×10⁻⁶	15.1×10⁻⁶	14.8×10⁻⁶	14.7×10⁻⁶	14.6×10⁻⁶	15.0×10⁻⁶
Fe₂O₃	11.7×10⁻⁶	12.4×10⁻⁶	12.4×10⁻⁶	12.2×10⁻⁶	12.1×10⁻⁶	12.3×10⁻⁶

在没有考虑应力松弛的前提下, 由于时间间隔很小, 界面处的应变率 $\dot{\varepsilon}$ 是时间增量 Δt 和温度变化 ΔT 的函数, 即:

$$\dot{\varepsilon} = (\alpha_{MET} - \alpha_{OX}) \frac{\Delta T}{\Delta t} \tag{5-6}$$

依据 Wagner 模型, 氧化层从 h_{i-1} 生长到 h_i 的时间增量可以表示为:

$$\Delta t_i = \frac{h_i^2 - h_{i-1}^2}{kp_i} \tag{5-7}$$

此处, $i = 1, 2, 3, \cdots, N$。结合方程 (5-6) 和方程 (5-7), 可以得到:

$$\varepsilon = \frac{h_i^2 - h_{i-1}^2}{kp_i} \dot{\varepsilon} \tag{5-8}$$

考虑到内能的变化是由应变引起的, 即:

$$\frac{dU}{d\varepsilon} = \sigma Ah \tag{5-9}$$

式中　U ——氧化铁皮生长的能量;

　　　　σ ——体积 Ah 内的氧化铁皮中的应力。

氧化铁皮剥离所需的能量取决于氧化铁皮的生长条件和力学, 在氧化铁皮剥离期间, Δt_i 可以通过下式计算:

$$U = \frac{4}{15} \frac{\dot{\varepsilon} EAh^5}{K_T^4} \tag{5-10}$$

因此, 氧化铁皮破碎的临界厚度可以表示为:

$$h_C = \left(\frac{4}{15} \frac{K_T^4 \gamma}{\dot{\varepsilon} E} \right)^{0.2} \tag{5-11}$$

式中，$\gamma = \dfrac{U}{2A}$ 为界面能。

氧化铁皮破碎临界厚度公式（5-11）表示，一旦氧化铁皮达到临界厚度，就会发生破碎，此临界值受氧化铁皮的物理性质和力学性能的影响。

由基体与氧化铁皮热膨胀系数之间的差异而引起的界面应力是导致氧化铁皮破裂的主要原因。如图 5-61 所示，由于氧化铁皮各层的热膨胀系数均小于相同温度条件下钢基体的热膨胀系数，因此在喷淋工艺造成的冷却过程中，基体相对于氧化铁皮会产生更大的体积收缩，从而导致氧化铁皮处于钢基体施加的拉应力场中，此拉应力会使氧化层中产生大量的裂纹源，并使裂纹不断萌生、扩展，最后使氧化铁皮中产生大量的微裂纹。

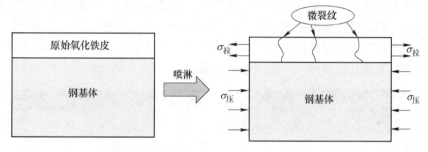

图 5-61　氧化铁皮中微裂纹产生示意图

5.4.2　高效除鳞技术开发及实验研究

目前，常规热轧板带除鳞方法如图 5-62a 所示，通过增加高压水压力提高除鳞效果，但氧化铁皮残留问题未得到根本解决。为此，通过氧化铁皮的高温力学特性和热应力变化规律的研究，为提高现有热轧生产线除鳞效率，我们开发出了"预喷淋+高压水打击"清除氧化铁皮的高效除鳞技术方案，如图 5-62b 所示。该技术方案的理论基础是：由于相同温度下氧化铁皮的收缩率与基体材料收缩率存在差异，钢坯表面附着的氧化铁皮表面急冷后产生快速收缩，在氧化铁皮内部产生拉应力的作用而形成大量微裂纹，从而破坏了氧化铁皮的完整性。在后续高压水除鳞过程中，喷淋产生的裂纹中高压水的动压力变成流体的静压力而打入氧化铁皮底部，使氧化铁皮在切应力的作用下从钢坯表面剥落，达到了清除氧化铁皮的目的。

本节对"预喷淋+高压水打击"的两阶段除鳞工艺对氧化铁皮除鳞效果进行了实验室模拟实验研究。喷淋前后氧化铁皮断面形貌如图 5-63 所示。通过对比可以看出，喷淋前原始氧化铁皮较厚且完整，没有发现裂纹，且与基体结合紧密，因此直接在高温水打击下很难保证除鳞的完整性。在经过喷淋处理之后，氧

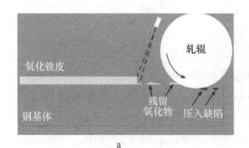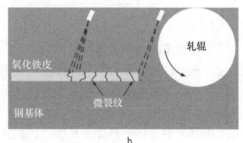

图 5-62　热轧钢材除鳞过程示意图

a—传统高压水去除氧化铁皮；b—预喷淋+高压水去除氧化铁皮

化铁皮断面产生大量的贯穿至基体的微裂纹。这是因为初始氧化铁皮是完整致密的氧化层，但在经过喷淋处理之后，氧化铁皮和基体同时遇冷产生收缩，由于基体的热膨胀系数大于氧化铁皮的收缩系数，所以氧化铁皮受到钢基体对其的拉应力，最终导致氧化铁皮内部产生大量的微裂纹。

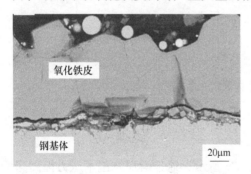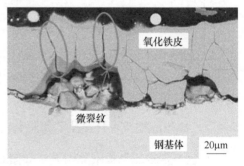

图 5-63　喷淋前后原始氧化铁皮断面形貌

a—喷淋前；b—喷淋后

为了对比原始除鳞工艺与"预喷淋+高压水打击"高效除鳞技术除鳞的完整性，分别对喷淋前后的钢板表面施加 $1.2N/mm^2$ 的打击力来模拟除鳞过程。原始单阶段除鳞与"预喷淋+高压水打击"两阶段除鳞后残留的氧化铁皮进行对比如图 5-64 所示，发现原始工艺除鳞后残留了大量的氧化铁皮，而采用新工艺除鳞后氧化铁皮全部被除干净。

5.4.3　喷淋裂化除鳞装置研发

基于上述研究，我们开发设计了预喷淋装置，采用上下对称布置的小压力水喷嘴实现对钢板表面快速降温，因氧化铁皮急冷内部产生大量拉应力而开裂。为后续高压除鳞时除净钢板表面的氧化铁皮创造有利条件。预喷淋装置每组喷嘴集

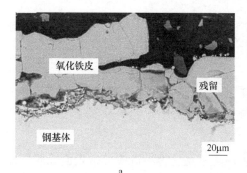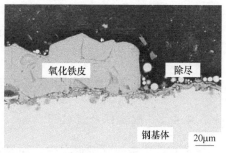

图 5-64 除鳞后氧化铁皮断面形貌

a—原始除鳞工艺；b—预喷淋+高压水除鳞工艺

管的上下集管采用同步控制，即每根喷嘴集管各采用两个控制单元，即供水管路，供水管路单独可控。在水泵和喷淋集管之间设计有稳压的蓄能装置，保证喷淋水压力稳定及喷淋水量。当喷淋水管道阀门打开时，冷却水能快速使钢板表层的氧化铁皮冷却而产生裂纹，同时控制冷却水量，防止因水量过大而使钢板温度下降太快。在生产中根据预喷淋装置安装的位置不同，此时钢坯氧化铁皮的厚度也不相同，喷淋水所需要的用水量和压力也不一样。为了保证钢坯喷淋效果，采用调整蓄能装置的压力来调节喷淋水量和压力，如图 5-65 所示。

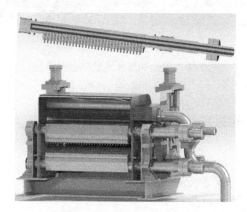

图 5-65 预喷淋装置设计图

预喷淋装置的主要技术参数：

（1）预喷淋装置结构：独立的封闭箱体结构，保证了喷淋效果和防止高压除鳞水对其的影响。

（2）预除鳞装置长度：根据生产钢板宽度设定。

（3）预喷淋装置安装高度：距离钢板表面 100~200mm，位置可调。

（4）预除鳞组数：1 组。

（5）喷嘴调节范围：0~30°。

（6）预除鳞水量：总流量 30~100m³/h。

（7）水压：0.6~1.2MPa。

5.4.4　喷淋裂化高效除鳞技术现场应用

5.4.4.1　短流程产线应用

短流程产线由于除鳞道次少、除鳞水压力不足，容易造成带钢表面除鳞不净而引发压入缺陷。针对某钢厂短流程产线热轧酸洗板出现的氧化铁皮压入缺陷，图 5-66 是热轧酸洗板典型氧化铁皮压入缺陷的宏观形貌，缺陷处出现分布不均、深浅不一的黑色针孔状小凹坑。

图 5-66　氧化铁皮压入缺陷表面形貌

a—宏观表面形貌；b—微观表面形貌

SEM 分析表明，钢板表面粗糙平直度较差。如图 5-67 所示的 EDS 分析表明，

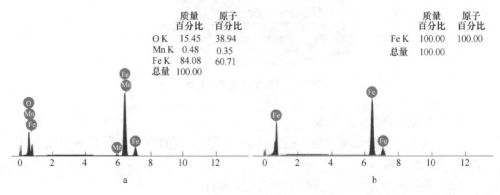

图 5-67　氧化铁皮压入缺陷表面 EDS 图

a—A 点位置；b—B 点位置

凹坑处含有 O、Fe、Mn 元素，而正常区域的成分以 Fe 为主。图 5-68 所示为压入缺陷处的断面形貌，试样部分位置存在氧化铁皮压入，该处的氧化铁皮较厚（约为 30μm），且氧化铁皮破碎程度较大。图 5-68b 为氧化铁皮压入位置局部放大图，从图 5-69 中可以观察到，该处的氧化铁皮与基体结合得比较紧密。

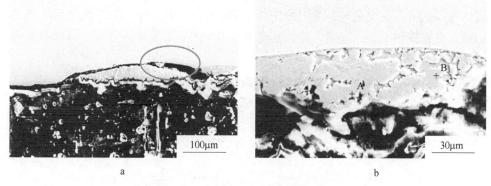

图 5-68 氧化铁皮压入缺陷断面形貌

a—缺陷位置；b—放大区域

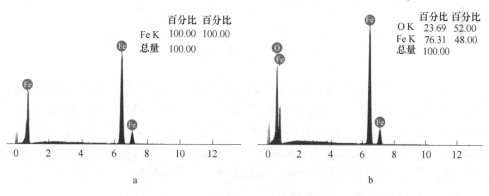

图 5-69 氧化铁皮压入缺陷断面 EDS 图

a—A 点位置；b—B 点位置

结合短流程产线特点，可以发现产线除鳞道次较少，钢坯在轧制过程中长期处于高温阶段，表面会形成很厚的氧化铁皮，除鳞道次少造成这些氧化铁皮未能在后续除鳞过程中被完全除净；在随后的轧制过程中，氧化铁皮会被压入基体内，形成凹坑缺陷。因此，消除该缺陷的核心是开发新的除鳞工艺，减少除鳞残余量，可以采用以下改进工艺：

（1）增加喷淋装置，使致密的氧化铁皮受冷之后形成大量的微裂纹，在除鳞过程中更易于从基体上剥离。

（2）针对隧道炉加热特点，合理控制加热温度和加热时间，有利于提高氧化铁皮可除鳞性，降低氧化烧损。

（3）在产线设备方面，在精轧入口前添加反喷水梁，防止精轧除鳞后氧化铁皮伴随除鳞水进入精轧过程，造成氧化铁皮压入缺陷。对产线上的漏水点进行及时检测和维修。

图 5-70 为工艺优化后生产的钢板室温下的氧化铁皮断面形貌。从图 5-70 中可以看出，氧化铁皮是较为均匀的先共析 Fe_3O_4。综上所述，工艺优化后生产的钢板，有效控制了表面缺陷，并显著改善了钢板的表面质量，室温下得到的氧化铁皮结构均匀。

图 5-70　试制工艺条件下的氧化铁皮结构

优化工艺条件下酸洗板表面质量如图 5-71 所示，氧化铁皮压入缺陷基本消除。通过对加热炉及轧制工艺的调整，酸洗板表面均匀性得到了很大的提高，表面质量满足用户要求。"预喷淋+高压水"高效除鳞技术成功应用在国内某厂短流程生产线，这种两阶段的复合除鳞方式极大地提高了除鳞效率，显著地改善了短流程生产线上热轧酸洗板表面由于氧化铁皮压入造成的酸洗后缺陷问题。

a　　　　　　　　　　　　　　b

图 5-71　试制钢板表面宏观形貌
a—钢卷；b—钢板表面

5.4.4.2 中厚板产线应用

凹坑缺陷是中厚板的一种典型表面缺陷，具体表现为中厚板抛丸之后，板面出现明显的具有一定深度的凹陷缺陷。图 5-72 为中板产线所生产的 Q345 表面的凹坑缺陷，凹坑呈不规则锥形，其大小、深度都不同。图 5-73 为凹坑缺陷的断面形貌。

图 5-72　Q345 钢板表面凹坑缺陷

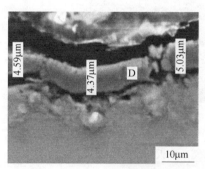

a

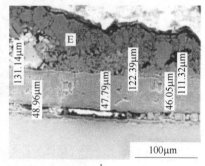

b

图 5-73　中板表面凹坑缺陷断面形貌

a—试样 1 断面形貌；b—试样 2 断面形貌；c—试样 3 断面形貌

　　结合现场工艺条件，认为产生凹坑缺陷的主要原因是除鳞不净，有一定量的氧化铁皮残留，在后续热轧过程中氧化铁皮压入基体，最终在抛丸去除表层氧化铁皮后残留下表面的凹坑。因此，提高除鳞效率是解决氧化铁皮凹坑缺陷的关键。

　　针对以上问题，以提高热轧中厚板产线除鳞效率、减少氧化铁皮压入、消除凹坑缺陷为目标，合理制定全流程的工艺制度。在轧制前，采用"预喷淋+高压水"高效除鳞技术，提高除鳞效率，降低轧制过程中和氧化铁皮压入造成的界面凸凹不平，尽可能消除轧前的氧化铁皮残留；适当提高热轧温度，保证轧制时氧化铁皮具有较好塑性；加快辊道运行速率，尽可能减少氧化铁皮生长时间，减薄氧化铁皮厚度。在此控制方案下可以提高后续喷砂效果，消除凹坑缺陷。

　　对试制钢板面质量进行现场跟踪，抛丸前微观形貌如图 5-74 所示，其界面平直，没有较大的起伏；如图 5-75 所示，最优工艺试制生产的各个钢板经后续抛丸工序后，表面均平整洁净，表面颜色均匀，凹坑缺陷得到有效控制。

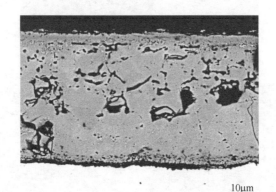

10μm

图 5-74　最优工艺下试制后钢板的断面形貌

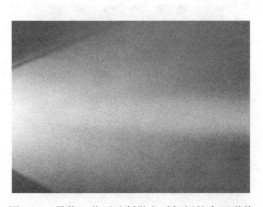

图 5-75　最优工艺下试制抛丸后钢板的表面形貌

参 考 文 献

[1] 王国栋. 加强钢铁行业与装备制造业协同创新推进行业转型升级与绿色发展 [J]. 冶金设备, 2016, 38 (4): 1~9.

[2] 王国栋. 中国钢铁轧制技术的进步与发展趋势 [J]. 钢铁, 2014, 49 (7): 23~29.

[3] 崔风平, 房轲, 唐愈. 几种典型中厚板材外观缺陷的种类、形态及成因 [J]. 宽厚板, 2006, 12 (5): 16~20.

[4] 沈黎晨. 热轧宽厚板表面氧化铁皮的研究 [J]. 宽厚板, 1996, 2 (5): 9~11.

[5] 曹光明, 孙彬, 邹颖, 等. 板带热连轧过程氧化铁皮厚度变化的数值模拟 [J]. 钢铁研究学报, 2010, 22 (8): 13~16.

[6] 孙彬, 曹光明, 邹颖, 等. 热轧低碳钢氧化铁皮厚度的数值模拟及微观形貌的研究 [J]. 钢铁研究学报, 2011, 23 (5): 34~38.

[7] 孙彬, 曹光明, 刘振宇, 等. 不同热连轧工艺参数条件下三次氧化铁皮的分析 [J]. 物理测试, 2010, 28 (6): 1~5.

[8] 曹光明, 孙彬, 李成刚, 等. 热轧汽车大梁钢氧化铁皮结构的控制 [J]. 钢铁研究学报, 2011, 23 (10): 24~28.

[9] 曹光明, 石发才, 孙彬, 等. 汽车大梁钢的氧化铁皮结构控制与剥落行为 [J]. 材料热处理学报, 2014, 35 (17): 162~167.

[10] 孙彬. 热轧低碳钢氧化铁皮控制技术的研究与应用 [D]. 沈阳: 东北大学, 2011.

[11] Kiyoshi Kusabiraki, Ryoko Watanabe, Tomoharu Ikehat. High-temperature oxidation behavior and scale morphology of Si-containing steel [J]. ISIJ International, 2007, 47 (9): 1329~1334.

[12] 郭秀莉, 杨大军, 高晓龙. SS400 热轧带钢表面麻点缺陷攻关 [J]. 鞍钢技术, 2003, 5 (2): 49~52.

[13] Kiyoshi Kusabiraki, Ryoko Watanabe, Tomoharu Ikehat. High-temperature oxidation behavior and scale morphology of Si-containing steel [J]. ISIJ International, 2007, 47 (9): 1329~1334.

[14] 李对廷, 路艳平, 王宇. 邯钢 CSP 生产线麻面翘皮缺陷的分析与控制 [J]. 轧钢, 2005, 5 (4): 35~37.

[15] 邵广丰, 李欣波, 夏晓明. 梅钢热轧带钢粗条状氧化铁皮压入攻关 [J]. 梅山科技, 2009, 7 (1): 37~43.

[16] Stevens P G, Iven K P, Harper P. Increased work-roll life by improved roll-cooling practice [J]. Journal of the Iron and Steel Institute, 1971, 209 (1): 1~11.

[17] Loung L H S, Heijkoop T. The influence of scale on friction in hot metal working [J]. Wear,

　　　　1981, 71（1）: 93~102.

［18］Lundberg S E, Gustafsson T. The influence of rolling temperature on roll wear investigated in a new high temperature testing［J］. Journal of Materials Processing Technology, 1994, 42（3）: 239~291.

［19］徐蓉. 热轧氧化铁皮形成表面状态研究与控制工艺开发［D］. 沈阳: 东北大学, 2012.

6 热轧线材氧化铁皮控制技术

线材产业作为钢铁产业中的一个重要分支,在工业化快速发展的时代,其应用越来越广泛,市场需求量日益增加。线材在热轧生产过程中,由于长时间处于高温有氧环境,将不可避免地发生氧化行为,在线材表面形成一层氧化铁皮;若氧化铁皮的厚度与结构控制不合理,会造成出加热炉时的除鳞不净,继而在后续轧制过程中造成线材表面氧化铁皮压入等缺陷,极大地降低了热轧线材的表面质量。线材表面氧化铁皮常采用酸洗法,但随着全球环境的日益恶化,全世界越来越重视生产与环境的平衡,我国更加重视绿色制造,倡导节能减排,并出台了多项相关法律法规。

为响应国家节能减排的号召,线材行业纷纷放弃传统酸洗除鳞工艺,采用机械除鳞的新工艺。虽然我国工业化水平日益提高,线材生产技术不断成熟,在尺寸精度及线材性能方面均已实现了高水平生产,但目前针对线材机械除鳞方面仍存在诸多不足:线材机械除鳞效果不佳,氧化铁皮无法去除干净,使线材在后续拉拔过程中表面所残留的氧化铁皮会造成模具的损害,也会严重降低中间产品甚至最终产品的表面质量。氧化铁皮控制不合理是造成机械除鳞不净的主要原因,这同时也极易造成线材的表面缺陷,降低线材的成材率及表面质量。此外,线材表面氧化铁皮若以小片状或细末状形式脱落,则易产生磁性吸附在盘条表面不易清除,危害身体健康。因此,通过研究线材生产全流程氧化铁皮的演变规律,对全流程生产工艺进行优化,实现氧化铁皮结构和厚度的合理控制,可使线材表面氧化铁皮以大片状或长条状形式脱落,也可生产出易于机械除鳞且表面质量良好的线材,对提高我国线材产品竞争力,促进线材产品的绿色生产具有重要意义。

6.1 热轧线材氧化铁皮演变行为

6.1.1 热轧线材高温氧化行为

6.1.1.1 82B 线材高温氧化行为

如图 6-1 所示为 82B 线材在干燥空气气氛条件下 1050~1250℃温度范围内氧化 1h 的氧化增重曲线[1],可看出各温度条件下的氧化增重随氧化时间的增加而逐渐增大，即试样表面生成的氧化铁皮逐渐增厚。在氧化初期，各温度下氧化增重曲线均呈线性关系，这是由于要将试样在惰性气体气氛下升高到设定温度后，再将炉内气氛换成空气，在这个排气过程中试样表面处的氧气浓度较低，使得氧分子扩散到试样表面的过程较为缓慢，气相扩散控制了此阶段的氧化反应速率，因此其速率方程呈线性[2~5]。

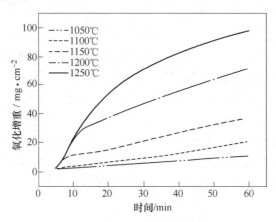

图 6-1　实验用钢氧化增重曲线

根据氧化增重曲线可知，随着氧化过程的进行，在相对低温区间，即 1050~1150℃ 范围内恒温氧化时，氧化增重呈现近似直线的增长规律，而在相对较高氧化温度 1200℃ 和 1250℃ 时，氧化增重曲线逐渐呈现近似抛物线增长规律。这是在钢基体上形成了一层完整致密的氧化膜，而针对研究的实验钢种高碳线材 82B，因其成分设计中碳含量较高，在高温氧化过程中会生成大量气体，在气体逸出过程中造成了严重的起泡现象，从而在氧化铁皮中产生大量裂纹。

在相对高温区间（1200℃ 以上）氧化时，由于温度较高，氧化铁皮快速生长，氧化铁皮的生长速率大于氧化铁皮中裂纹扩展速率，从而造成裂纹的愈合，形成了相对较为完整而致密的氧化铁皮。氧化铁皮逐渐将钢基体表面覆盖，起到了一定的阻隔作用，此时的氧化铁皮的生长过程主要依靠铁氧离子的交互扩散，氧化速率随氧化铁皮厚度的增加而逐渐降低，在相对较高温度范围之内（1200℃ 以上），其氧化增重呈现出抛物线规律。

在相对较低温度区间（1050~1150℃）氧化时，由于氧化铁皮的生长速度达不到裂纹扩展的速度，因此在此温度范围条件下实验钢表面生成的氧化铁皮中存在大量的贯穿裂纹，外界氧化性气体可沿裂纹进入到氧化铁皮内部；此条件下的氧化过程已不再遵循抛物线增重规律，此时的氧化速率并不是由离子扩散所控制，而是由多种因素，包括气相扩散、离子扩散以及裂纹扩展等复合控制的复杂氧化过程，并呈现出近似直线增长的氧化增重规律。

利用图 6-1 中氧化增重曲线，分别按照直线规律和抛物线规律的氧化增重式进行拟合。如图 6-2a、b 所示分别为直线规律和抛物线规律的拟合结果，可以得到相应的氧化速率常数，氧化速率常数可以反映在相应的氧化条件下的氧化过程的快慢程度[6]。

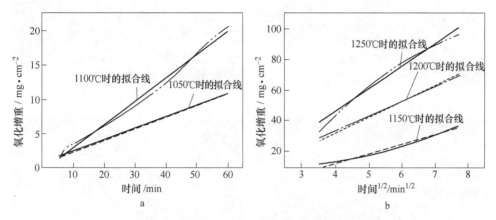

图 6-2　实验用钢氧化增重规律拟合结果

a—直线规律拟合；b—抛物线规律拟合

表 6-1、表 6-2 分别列出了实验钢在不同温度条件下的线性及抛物线氧化速率常数。可以看出，在线性或抛物线氧化增重规律中，氧化温度对于实验钢种的氧化过程均存在显著的影响，氧化速率常数均随氧化温度的升高而增加，氧化速率常数越大，说明金属的氧化过程越剧烈，氧化越严重，金属基体的消耗量就越多，也说明了在加热过程中金属的烧损越大。

表 6-1　82B 不同温度下实验钢的线性氧化速率常数

温度/℃	时间/min	氧化动力学曲线	K_1/mg · $(cm^2 \cdot min)^{-1}$
1050	60	线性	0.17
1100	60	线性	0.34
1150	60	线性	0.55

表 6-2　82B 不同温度下实验钢的抛物线氧化速率常数

温度/℃	时间/min	氧化动力学曲线	K_p/mg^2 · $(cm^4 \cdot min)^{-1}$
1200	60	抛物线	123.09
1250	60	抛物线	287.44

图 6-3 所示为 82B 线材在 1050~1250℃范围内氧化 1h 后的氧化铁皮表面

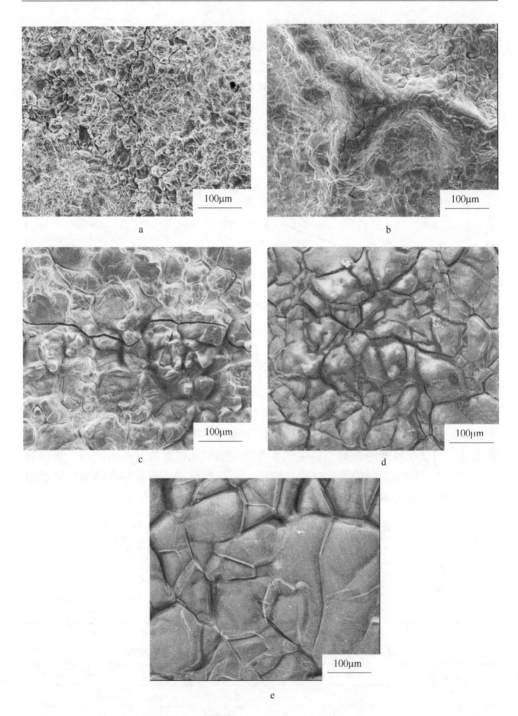

图 6-3　不同氧化温度条件下实验钢氧化铁皮表面形貌

a—1050℃；b—1100℃；c—1150℃；d—1200℃；e—1250℃

形貌。从图 6-3 中可以看出，各温度条件下试样表面氧化铁皮的形貌均呈现不同尺寸的多边形晶粒状。随着等温氧化温度的升高，实验钢表面氧化铁皮的晶粒尺寸明显增大，并且氧化铁皮逐渐变得致密。Fe_2O_3 在不同的氧化温度条件下会呈现出三种不同的生长形式，分别为片层状、晶须状以及多边形晶粒状。不同条件下 Fe_2O_3 的生长方式的变化，并不会影响氧化铁皮中 Fe_3O_4 和 FeO 的生长，以及 Fe_3O_4 和 FeO 的相对含量。通常情况下，在氧化温度 860℃ 以上，Fe_2O_3 就会呈现出多边形晶粒的生长形式，并且随着氧化温度升高逐渐横向生长，即多边形晶粒尺寸逐渐增加[7,8]。

从图 6-3a、b 和 c 可以发现，在氧化温度相对较低的情况下，实验钢氧化铁皮表面存在局部起泡现象，甚至产生了明显的裂纹，而在 1200℃ 和 1250℃ 时，氧化铁皮表面较为平坦，氧化铁皮晶粒排布紧实，未观察到明显的裂纹，如图 6-3d、e 所示。这正与氧化增重曲线的变化规律相符，因实验钢含碳量较高产生了剧烈的气泡逸出作用，而相对低温区间（1050~1150℃），实验钢表面氧化铁皮的生长速率小于裂纹扩展速率，同时，在氧化铁皮的生长应力及热应力的作用下，造成了起泡以及裂纹的出现；而在较高的氧化温度时，氧化铁皮的生长速率较快，并且氧化铁皮较为致密，因而未产生明显的裂纹以及起泡现象。

图 6-4 所示为实验钢在干燥空气气氛下 1050~1250℃ 温度范围内氧化 1h 后的氧化铁皮断面结构。从图 6-4a、b 和 c 可以看出，与氧化增重曲线和氧化铁皮表面形貌相对应，在氧化温度为 1050~1150℃ 范围内，氧化铁皮断面结构遭到严重破坏，由此可进一步推断，在该温度范围内，由于实验钢高碳的特性，在高温氧化过程中会产生大量气体，在气体逸出作用力的作用下，会促使大量的裂纹以及起泡现象的产生，而氧化铁皮的生长与裂纹的扩展之间存在一个临界的平衡值。在 1050~1150℃ 范围内，由于氧化速率相对较慢，氧化铁皮的生长速率较慢，造成了大量的裂纹萌生与扩展，以此来释放氧化铁皮所受的应力，从而严重地破坏了氧化铁皮的完整性，即破坏了氧化铁皮的结构，氧化铁皮呈现出破碎形态，无法区分不同的氧化物相。同时，可以发现，该温度范围内的氧化铁皮与基体结合得较为紧密，氧化铁皮与基体间没有明显的缝隙。

1200℃ 和 1250℃ 氧化时，可以看出氧化铁皮的断面结构相对于 1050~1150℃ 氧化时保持得较为完整，具有相对良好的致密性，并且可以观察到氧化铁皮的三层结构。采用能谱分析法（EDS）对三层结构的氧化铁皮物相组成进行了分析，能谱结果见表 6-3。通过对图 6-4d 中 1200℃ 氧化 1h 的氧化铁皮断面结构中的点 1、2 和 3 进行能谱分析，可以得到点 1、2 和 3 处 O 的质量分数分别为 30.2%、27.7% 和 23.1%，Fe 的质量分数分别为 69.8%、72.3% 和 76.9%；对图 6-4e 中 1250℃ 氧化 1h 的氧化铁皮断面结构中的点 4、5 和 6 进行能谱分析，可以得到点 4、5 和 6 处 O 的质量分数分别为 29.5%、27.1% 和 24.2%，Fe 的质量分数分别

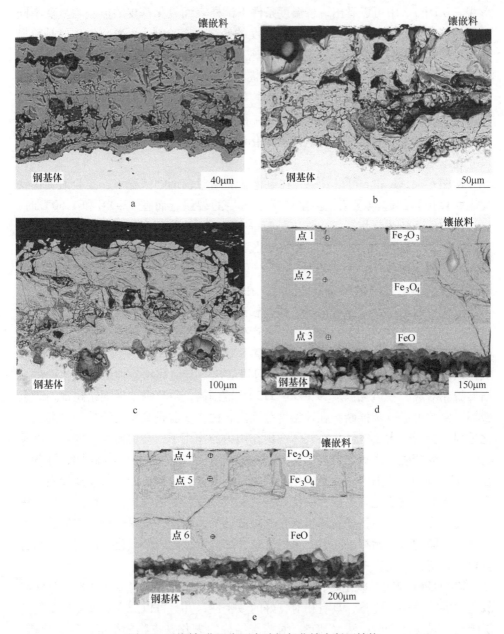

图 6-4　不同氧化温度下实验钢氧化铁皮断面结构

a—1050℃；b—1100℃；c—1150℃；d—1200℃；e—1250℃

为 70.5%、72.9% 和 75.8%。结合能谱结果及断面形貌可断定，实验钢在 1200℃ 和 1250℃ 氧化 1h 后氧化铁皮的断面结构为典型的三层结构，即最外层的 Fe_2O_3，中间层的 Fe_3O_4 和最内层的 FeO。

表 6-3 图 6-4 中不同位置的能谱分析结果 （质量分数,%）

位置	Fe	O	位置	Fe	O
点 1	69.8	30.2	点 4	70.5	29.5
点 2	72.3	27.7	点 5	72.9	27.1
点 3	76.9	23.1	点 6	75.8	24.2

通过观察不同氧化温度下实验钢氧化铁皮与基体界面形貌，可以发现，在 1050~1150℃氧化温度范围内，实验钢的氧化铁皮与基体结合得较为紧密，氧化铁皮与基体之间未发现明显缝隙；而当实验钢在 1200℃和 1250℃氧化时，氧化铁皮与基体之间存在较大缝隙，氧化铁皮呈现明显的剥离形态。结合前述不同氧化温度条件下的氧化增重规律以及氧化铁皮表面形貌演变规律分析，在 1050~1150℃氧化温度范围内，氧化铁皮的起泡作用造成了氧化铁皮内部大量的裂纹扩展，使得实验钢在氧化过程中生成的气体得以逸出，有效地释放了气体逸出作用力、生长应力以及热应力；而在 1200℃和 1250℃氧化时，因氧化铁皮的生长速率较快，使得裂纹难以扩展，气体难以依靠氧化铁皮内的微裂纹而逸出，从而富集于氧化铁皮与基体的界面处。随着氧化的进行，当实验钢氧化铁皮与基体之间气体的压力大于氧化铁皮与基体的结合力时，氧化铁皮就会与基体发生剥离，从而在氧化铁皮与基体之间产生一条缝隙，如图 6-4d、e 所示。

图 6-5 所示为实验钢在干燥空气条件下 1050~1250℃范围内氧化 1h 后的氧化铁皮厚度统计结果。在实验温度范围内，实验钢在 1050℃氧化时氧化铁皮的厚度最小，为 125.6~143.2μm；当氧化温度升高至 1250℃，氧化铁皮的厚度达到最大，为 654~698μm。氧化铁皮厚度随温度升高呈现近似直线的上升趋势。

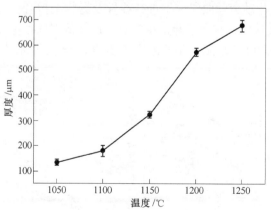

图 6-5 不同氧化温度下实验钢氧化铁皮厚度统计

6.1.1.2 72A 线材高温氧化行为

实验钢在 1050~1250℃范围内空气条件下氧化 60min 后的氧化动力学曲线如

图 6-6 所示[9]。可以发现，在相同氧化温度下，随氧化时间推移，单位面积氧化增重增加。此外，单位面积氧化增重随氧化温度的升高而显著增加，且在 1250℃时达到最大，为 69.69mg/cm²。

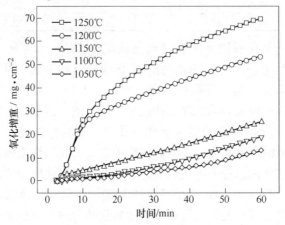

图 6-6　实验钢高温氧化动力学曲线

在氧化初期，单位面积氧化增重与氧化时间呈线性关系，这是由于高温下氧分子碰撞试样并产生吸附现象，吸附在表面的氧分子解离为氧离子，氧离子与自由电子形成化学吸附，且与基体内部扩散而来的铁离子形成氧化物晶核，初始的氧化物通过离散晶核的横向扩展而逐渐生长。此时气/固界面化学反应控制氧化速度，氧化增重曲线遵循线性规律。

对图 6-6 中氧化动力学曲线分别进行线性及抛物线拟合，为简化问题，去除 0~10min 氧化增重数据，有利于验证相对高温段及低温段增重曲线是否符合相应规律，拟合结果如图 6-7 所示。不同温度下曲线拟合相关系数 R^2 均较高，即氧

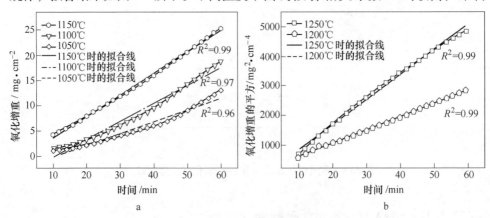

图 6-7　实验钢氧化动力学曲线拟合图
a—线性拟合；b—抛物线拟合

化增重曲线在相对高温段遵循抛物线规律，相对低温段遵循线性规律。氧化速率常数见表6-4，可以发现两种不同增重规律下氧化速率常数均与氧化温度呈正相关。氧化速率常数可表征氧化反应的快慢程度，在相同氧化时间内，较快的氧化速率所生成的氧化产物越多，但同时也增加基体的损耗量。

表6-4　实验钢在不同温度条件下氧化速率常数

温度/℃	时间/min	氧化动力学曲线	$K_P/mg^2 \cdot (cm^4 \cdot min)^{-1}$	$K_l/mg^2 \cdot (cm^2 \cdot min)^{-1}$
1250	60	抛物线	83.16	—
1200	60	抛物线	44.45	—
1150	60	线性	—	0.43
1100	60	线性	—	0.36
1050	60	线性	—	0.23

实验钢在1050~1250℃范围内恒温氧化60min后氧化铁皮表面微观形貌如图6-8所示。可以看出，在1050℃下的氧化铁皮表面凹凸不平，局部存在微裂纹，

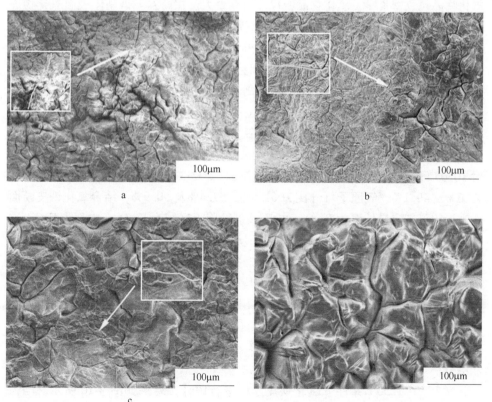

a

b

c

d

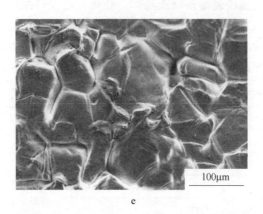

e

图 6-8　不同温度条件下氧化铁皮表面微观形貌
a—1050℃；b—1100℃；c—1150℃；d—1200℃；e—1250℃

表面氧化物晶粒呈多边形且形状不规则。当氧化温度升高至1150℃时，氧化物晶粒尺寸增加，表面微裂纹尺寸逐渐减小。当氧化温度继续升高至1250℃时，表面氧化物晶粒致密紧凑，氧化物晶粒尺寸达到最大。在高温下钢基体表面氧化物通常为 Fe_2O_3 晶粒，Fe_2O_3 优先在 Fe_3O_4 晶界处形核并生长，这是由于晶界处具有较高的能量，易满足形核所需条件。此外，晶界处晶格缺陷较多，可作为铁氧离子的扩散通道，导致铁氧离子的扩散迁移速度较高。当晶核形成之后铁离子通过在氧化层中的线缺陷进行扩散并形成岛状，晶核生长至相互接触并覆盖整个 Fe_3O_4 层表面[10]。

　　在 1050~1250℃条件下实验钢氧化铁皮断面微观形貌如图 6-9 所示，可以看出，在 1050~1150℃范围内的氧化铁皮破碎严重，内部存在大量孔洞及微裂纹。对 1050℃下氧化铁皮进行能谱分析，点 1、2 及 3 处铁原子百分比为 38.2%、42.6%及 49.1%，氧原子百分比为 61.8%、57.4%及 50.9%，结合氧化铁皮断面微观形貌可判定最外层为 Fe_2O_3、中部及裂纹附近区域为 Fe_3O_4、内部为 FeO。这是由于氧化铁皮在生长过程中，外部环境中的氧气沿微裂纹扩散至氧化铁皮内部，将低价态 FeO 氧化成高价态 Fe_3O_4，并分布在微裂纹两侧。在 1200~1250℃范围内的氧化铁皮断面结构相对于低温段较完整致密，且呈典型三层结构。对氧化铁皮三层结构进行能谱分析，由外层向内层铁原子百分比分别为 39.1%、42.3%及 50.6%，氧原子百分比分别为 60.9%、57.7%及 49.4%。结合氧化铁皮断面形貌可知，氧化铁皮最外层为 Fe_2O_3、中间层为 Fe_3O_4 及靠近基体侧为 FeO。能谱分析结果见表 6-5。

　　对 1050~1250℃条件下氧化铁皮厚度进行统计，结果如图 6-10 所示。当氧化温度为 1050℃时，氧化铁皮厚度为 85.5~101.1μm；当氧化温度为 1100℃时，

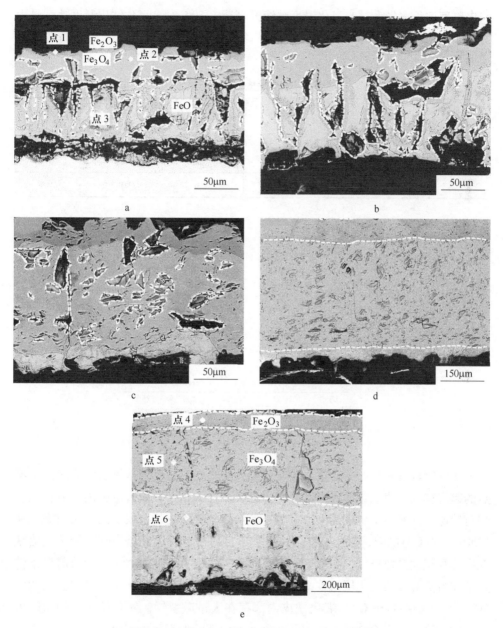

图 6-9　不同温度条件下氧化铁皮断面微观形貌

a—1050℃；b—1100℃；c—1150℃；d—1200℃；e—1250℃

氧化铁皮厚度为 136.4 ~ 157.2μm；当氧化温度升高至 1150℃时，氧化铁皮厚度为 166.2 ~ 196.5μm；当氧化温度为 1200℃时，氧化铁皮厚度显著增加，与1150℃下氧化铁皮厚度相比增加 280μm 左右，为 448.7 ~ 469.3μm，此阶段氧化铁皮厚度增长率最大；当氧化温度继续升高至1250℃时，氧化铁皮厚度达到最大为573.1~598.5μm。在相同氧化时间下，氧化铁皮厚度随氧化温度升高而逐渐增加。

表6-5 氧化铁皮能谱分析结果   （原子百分比，%）

位置	Fe	O	位置	Fe	O
点1	38.2	61.8	点4	39.1	60.9
点2	42.6	57.4	点5	42.3	57.7
点3	49.1	50.9	点6	50.6	49.4

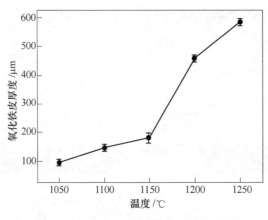

图6-10 不同温度下氧化铁皮厚度统计

实验钢具有较高的碳含量，当实验钢处于高温状态时，基体表面势必产生剧烈的起泡现象，使氧化铁皮内部产生微裂纹。在1050~1150℃范围内，氧化温度相对较低，铁氧离子扩散迁移速率较小，导致氧化铁皮具有较小的生长速率。在1050~1150℃范围内，氧化铁皮生长速率不足以使微裂纹完全愈合，导致氧化铁皮内部存在大量微裂纹，如图6-9a~c所示。Wagner经典抛物线理论的前提条件是基体表面形成的氧化层需致密完整，且离子扩散控制着氧化反应进程。在相对低温段（1050~1150℃），氧化铁皮内部存在大量微裂纹，外界环境中的氧气可通过微裂纹扩散到钢基体表面，并在表面发生氧的吸附及离子化，氧离子向内部扩散并与铁离子形成晶核。此外，无裂纹处的氧化铁皮阻碍了外界环境与基体进行物质传输，无裂纹处的氧化进程取决于铁离子在氧化铁皮中的扩散速度，但气相与基体界面反应在实验钢的氧化进程中起主导作用。因此，1050~1150℃下的氧化铁皮不符合Wagner抛物线理论的基本条件，单位面积质量增重与氧化时间遵循线性规律。

由菲克扩散定律及扩散系数定义可知，随氧化温度升高，离子扩散系数呈指数增长，增长的趋势为先缓慢后快速。在 1200~1250℃ 条件下，铁离子及氧离子的交互扩散系数显著升高，使氧化铁皮具有较大的生长速率，可促进微裂纹进行愈合，导致氧化铁皮内部较为致密完整，如图 6-9d、e 所示。致密完整的氧化铁皮可阻隔气体与基体直接接触，此时氧化铁皮的生长只能依靠内部铁离子沿垂直方向上的扩散行为，符合抛物线规则的前提条件。在高温和长时间两者共同作用下，生成的氧化铁皮变厚。亚铁离子通过氧化铁皮的扩散通量与氧化铁皮厚度成反比，随氧化铁皮厚度增加，通过氧化铁皮扩散到气相/氧化铁皮界面上的铁离子量减少，导致铁离子不能与界面上吸附的全部氧离子反应，氧化速率降低，导致氧化动力学曲线符合抛物线规律，氧化速率由离子在氧化铁皮中的扩散所控制。

6.1.1.3 45 线材高温氧化行为

图 6-11 为 45 盘条在 1050~1250℃ 温度范围内等温氧化 60min 后氧化增重曲线，可以看出，不同氧化温度下的氧化增重速率各不相同，各温度下的单位面积氧化增重均随等温氧化温度的升高而逐渐增加，当氧化温度升高至 1250℃ 时，单位面积氧化增重达到最大，为 68.25mg/cm²。

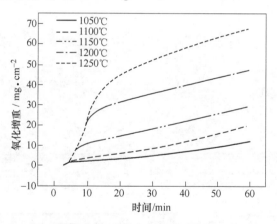

图 6-11 45 盘条氧化增重曲线

45 盘条氧化增重曲线与 82B 钢相似，在氧化前期，气相扩散决定反应速率，此阶段增重极低，可忽略不计。随着氧化进行，由于起泡现象的产生及各温度下氧化速率的不同，使氧化增重曲线在低温段单位面积增重与氧化时间遵循线性规律，而在高温段氧化增重曲线符合抛物线规律。对抛物线规律及线性规律进行拟合，得到抛物线氧化速率常数及线性氧化速率常数，见表 6-6、表 6-7，可以看出，无论在高温段或低温段，氧化速率的大小与温度均呈正相关，即温度越高，氧化速率越快，表明氧化产物的量随温度的上升而增加。

表 6-6　45 盘条不同温度的线性氧化速率常数

温度/℃	时间/min	氧化动力学曲线	$K_1/\text{mg} \cdot (\text{cm}^2 \cdot \text{min})^{-1}$
1050	60	线性	0.19
1100	60	线性	0.31

表 6-7　45 盘条不同温度的抛物线氧化速率常数

温度/℃	时间/min	氧化动力学曲线	$K_P/\text{mg}^2 \cdot (\text{cm}^4 \cdot \text{min})^{-1}$
1150	60	抛物线	14.47
1200	60	抛物线	31.89
1250	60	抛物线	73.31

　　图 6-12 为 45 盘条在 1050~1250℃ 范围内氧化 60min 后氧化铁皮表面微观形貌，可以看出，在 1050℃ 下，表面氧化铁皮存在明显的微裂纹，随温度的升高，氧化物变得致密、紧凑。各氧化温度下表面氧化物晶粒呈不规则多边形状，晶粒尺寸随氧化温度的升高而逐渐增加，当氧化温度升高至 1250℃ 时，多边形晶粒尺寸达到最大。

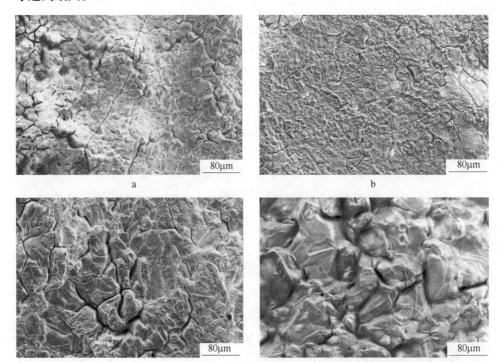

a　　　　　　　　　　　　　　　b

c　　　　　　　　　　　　　　　d

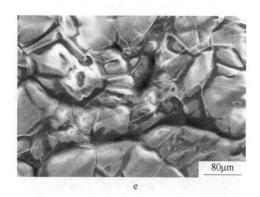

e

图 6-12　不同温度下试样表面微观形貌
a—1050℃；b—1100℃；c—1150℃；d—1200℃；e—1250℃

图 6-13 为 45 钢在 1050~1250℃范围内氧化 60min 后氧化铁皮断面微观形貌，可以看出，各温度下氧化铁皮分别由最外侧的 Fe_2O_3、中间层的 Fe_3O_4 及靠近基体侧的 FeO 所组成。在 1050~1100℃时，氧化速率常数较小，氧化层生长速率小于裂纹扩散速率，导致氧化铁皮破碎严重。在 1150~1200℃时，氧化速率常数较大，氧化层的生长速率较快，使氧化铁皮较为致密。当氧化温度为 1050℃时，氧

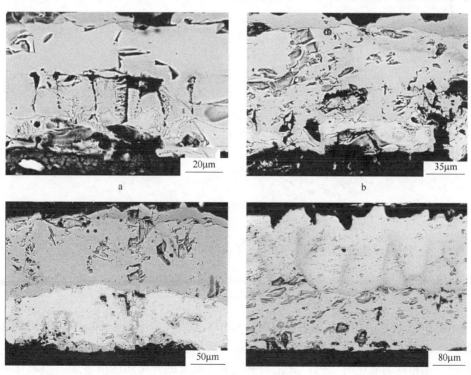

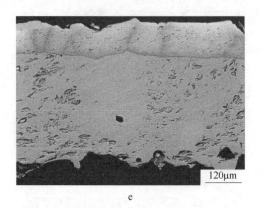

图 6-13　不同温度下试样断面微观形貌

a—1050℃；b—1100℃；c—1150℃；d—1200℃；e—1250℃

化铁皮厚度为 74.5~81.1μm；随氧化温度逐渐升高至 1250℃时，氧化铁皮厚度达到最大，为 448~474μm。氧化铁皮厚度统计结果如图 6-14 所示，氧化铁皮厚度随氧化温度的升高而增加，在低温段氧化铁皮厚度增长速率较低，在高温段氧化铁皮厚度增长速率显著增加。

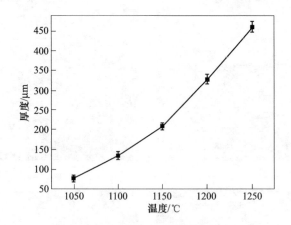

图 6-14　氧化铁皮厚度随温度变化曲线

6.1.1.4　H08A 线材高温氧化行为

图 6-15 所示为 H08A 盘条在 1050~1250℃范围内等温氧化 60min 后的氧化增重曲线，可以看出，氧化温度相同时，单位面积质量增重随氧化时间的增加逐渐上升。在相同的氧化时间内，氧化增重随氧化温度的升高而逐渐增加，当氧化温度达到 1250℃时，氧化增重达到最大，为 94.82mg/cm^2。

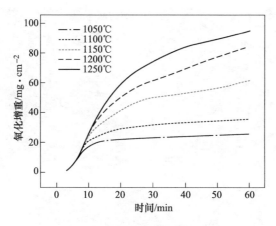

图 6-15 H08A 盘条氧化增重曲线

随着氧化的进行，氧化层覆盖在实验钢表面，隔断了气相传质，此时氧化层内离子的扩散控制着氧化速率，氧化增重曲线遵循抛物线规律。对氧化增重曲线进行抛物线拟合得出氧化速率常数，见表6-8。

表 6-8 H08A 不同温度的抛物线氧化速率常数

温度/℃	时间/min	氧化动力学曲线	$K_p/\mathrm{mg}^2 \cdot (\mathrm{cm}^4 \cdot \mathrm{min})^{-1}$
1050	60	抛物线	5.34
1100	60	抛物线	13.07
1150	60	抛物线	55.98
1200	60	抛物线	118.81
1250	60	抛物线	158.29

图 6-16 为 H08A 盘条在 1050~1250℃ 范围内干燥空气气氛条件下等温氧化

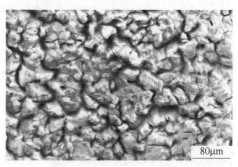

a   b

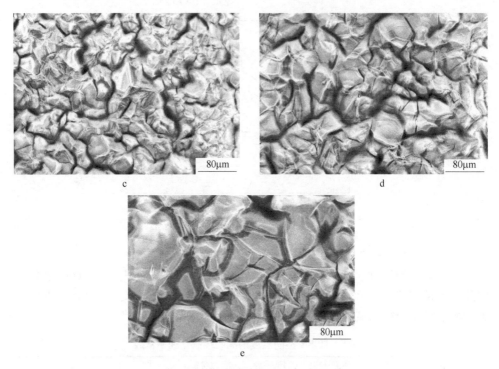

图 6-16　不同温度下试样表面微观形貌

a—1050℃；b—1100℃；c—1150℃；d—1200℃；e—1250℃

60min 后的氧化铁皮表面微观形貌，可以看出，在 1050~1150℃范围内，试样表面氧化物呈粗大的颗粒状生长，且随着温度的升高，颗粒状氧化物逐渐增大，并且粗大颗粒状氧化物变得致密、紧凑。当氧化温度继续升高至 1200℃时，试样表面氧化物以不规则多边形的形式存在，且随着氧化温度升高，不规则多边形尺寸变大，当氧化温度达到 1200℃时，表面氧化物晶粒尺寸达到最大。

图 6-17 为 H08A 在 1050~1250℃范围内氧化 60min 后氧化铁皮断面微观形

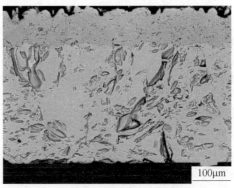

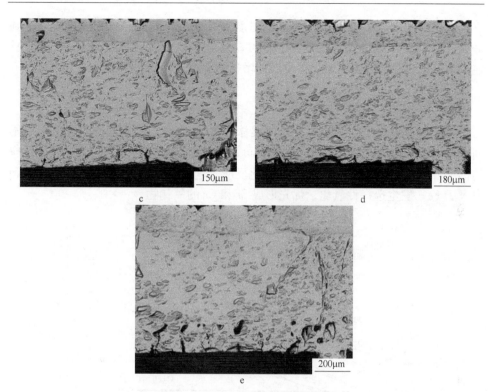

图 6-17 不同温度下试样断面微观形貌

a—1050℃；b—1100℃；c—1150℃；d—1200℃；e—1250℃

貌。由于热镶嵌时热胀冷缩作用、研磨及机械抛光时外力作用，导致氧化层发生破碎。氧化铁皮由最外侧已破碎剥离的 Fe_2O_3、中间层的 Fe_3O_4 及靠近基体侧大量的 FeO 所组成。

　　氧化铁皮厚度随氧化温度变化曲线如图 6-18 所示。当氧化温度为 1050℃时，

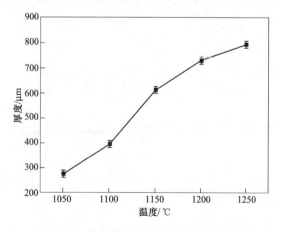

图 6-18 氧化铁皮厚度随温度变化曲线

氧化铁皮厚度为 269~286μm，当氧化温度升高至 1250℃时，氧化铁皮厚度达到最大，为 787~803μm。在 1100~1150℃范围内，氧化铁皮厚度增长速率最快，在 1150~1250℃范围内，氧化铁皮厚度增长速率趋于平缓。

6.1.2　氧化铁皮生长过程原位观察

图 6-19 所示为部分典型氧化物的埃林厄姆-理查森图，可利用图解法判断不同金属发生氧化的可能性及优先次序，可以看出，实验钢中 Si 和 Cr 的氧化反应的标准吉布斯自由能始终低于 Fe 的氧化反应。这是由于 Si 和 Cr 元素对氧的亲和力大于 Fe，发生选择性氧化，优先形成 Si 和 Cr 的氧化物。

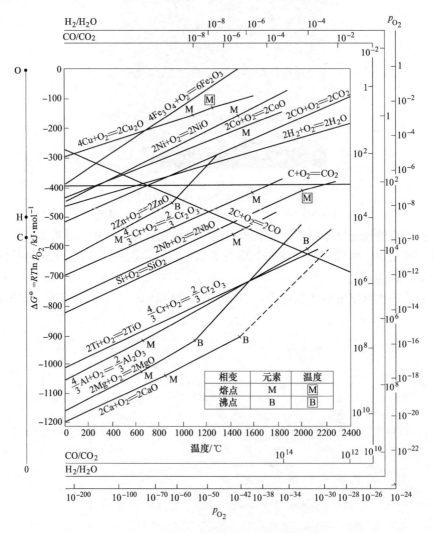

图 6-19　典型氧化物的埃林厄姆-理查森图

　　图 6-20 所示为实验钢在氧化铁皮生长前期的晶界氧化过程。如图 6-20a 所示为 200℃时实验样品表面，仍然保持着抛光后的原始表面状态；当温度升高到 280℃时，如图 6-20b 所示，样品表面的晶界开始显露出来；如图 6-20c 所示，当炉腔内的温度升高到 310℃时，大部分晶界已显露出来，实验钢基体组织的晶粒已清晰可见。由于晶界上的原子或多或少地偏离其平衡位置，因而就会具有一定的晶界能，晶界能越高，晶界就越不稳定。晶界上的空位和位错等缺陷浓度较高，因此原子的扩散速度较快，晶界往往易于氧化；同时由于晶界能的存在，为相变提供了所需的能量起伏，新相往往优先在晶界上形核[11]。随着氧化温度升高到 360℃时，实验钢基体组织的晶界逐渐变得模糊，基体表面逐渐附着一层点状氧化物，这层氧化物中包含 Si 和 Cr 的氧化物。

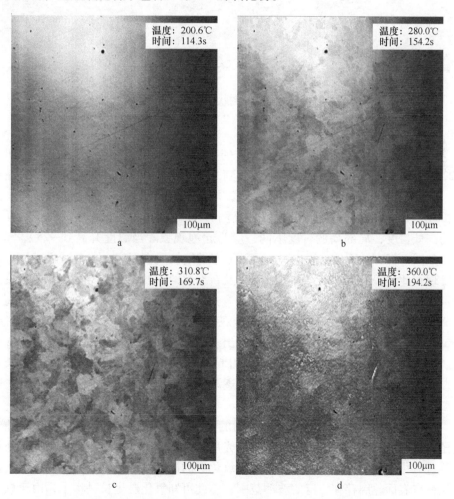

图 6-20　氧化铁皮生长前的晶界氧化过程原位观察图

a—原始表面；b—晶界氧化开始；c—晶界基本显露；d—Si、Cr 选择性氧化

　　图 6-21 所示为氧化铁皮生长初期形貌，此时还可观察到少量基体组织晶界痕迹。当氧化温度升高到约 627℃时，氧化铁皮的生长形貌呈现蜂窝状，观察到此时的结构相对较为疏松。当氧化温度升高到约 750℃时，蜂窝状形态消失，氧化铁皮表面形貌变得致密，此时氧化铁皮表面形貌的衬度差异不大，因此视野成像较暗。

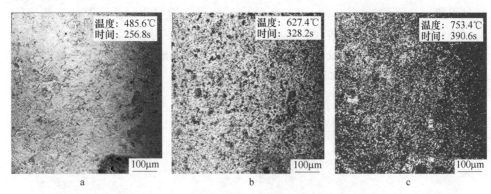

图 6-21　氧化铁皮蜂窝状生长过程原位观察图

a—生长初期；b—蜂窝状生长；c—形貌致密化

　　当温度大约在 870℃时，氧化铁皮的生长形态发生转变并迅速扩展，如图 6-22a、b 所示。在约 18s 后，温度升高到 910℃，氧化铁皮形貌呈现细小的晶粒状，并且已扩展覆盖视场中一半的区域[10,12]。同时，也可以明显观察到裂纹开始扩展，如图 6-22c 所示。在光学显微镜下，试样表面的亮暗程度反映了试样表面的高低衬度，局部高低衬度不同，应为起泡现象。当温度升高到 925 ~ 950℃时，如图 6-22d ~ f 所示，氧化铁皮晶粒形态继续扩展直至完全覆盖试样表面，可以发现在此过程中伴随着裂纹的愈合以及新裂纹的扩展，裂纹的愈合使得裂纹的数目逐渐减少，而这一裂纹的扩展与愈合过程持续了约 25s。当氧化温度升高到约 975℃时，在试样氧化铁皮表面基本观察不到明显的裂纹，结构变得相对致密，此时可以分辨出氧化铁皮表面呈现出多边形晶粒的生长形式，如图 6-22g 所示。随着温度升高到约 1000℃时，如图 6-22h 所示，氧化铁皮晶粒横向生长加快，晶粒逐渐粗大。氧化铁皮表面形貌逐渐变得更加致密，但仍存在一定数量的微裂纹，如图 6-22i 所示。

　　图 6-23 所示为实验钢表面氧化前后的三维形貌。图 6-23a 为样品在氧化前经过抛光之后的三维形貌，可以看出，抛光后的样品表面非常平整。图 6-23b 为样品经过氧化之后的三维形貌，明显看出氧化后的试样表面较氧化前更为粗糙，其氧化铁皮表面轮廓存在一定的波动范围；由此可知氧化层生长过程中，由于氧化条件及离子扩散情况的影响，无法实现绝对均匀地生长。对氧化前后的试样进行了粗糙度的测量，其对比结果统计见表 6-9。氧化前的试样表面的算术平均粗糙

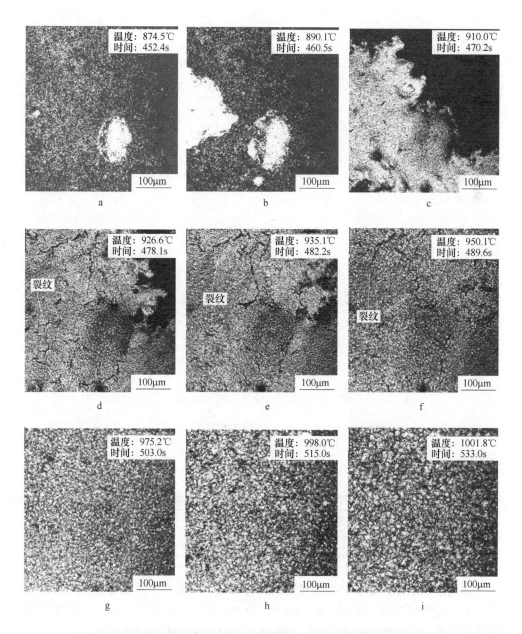

图 6-22 氧化铁皮晶粒生长及裂纹扩展过程原位观察图

a~c—氧化铁皮生长形态转变；d~f—裂纹扩展与愈合；g~i—氧化铁皮晶粒长大

度 Ra 为 7.298μm，均方根粗糙度 Rq 为 11.347；氧化后的试样表面的算术平均粗糙度 Ra 为 20.097μm，均方根粗糙度 Rq 为 23.873。根据相关表面粗糙度值的变化，定量表明了实验钢氧化后的表面粗糙度增加。

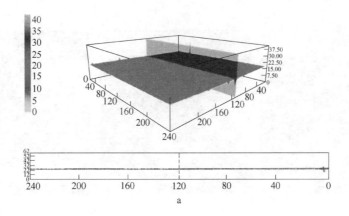

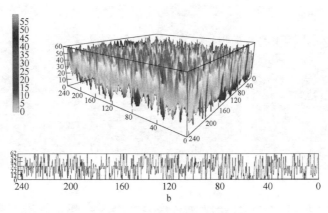

图 6-23　实验钢表面三维形貌

a—氧化前；b—氧化后

表 6-9　试样氧化前后的表面粗糙度对比

试样	检测面积/μm²	Ra/μm	Rq/μm
氧化前	58248.232	7.298	11.347
氧化后	58307.887	20.097	23.873

采用高温激光共聚焦显微镜观察了实验钢在空气条件下的氧化过程。对于氧化后的试样进行 XRD（X-ray diffraction）分析，结果如图 6-24 所示，试样表面氧化铁皮中所存在的物相包括 Fe_2O_3、Fe_3O_4、FeO、Fe_2SiO_4 和 $FeCr_2O_4$。

6.1.3　氧化铁皮生长过程中起泡行为

高碳线材 82B 的成分设计中较高的含碳量造成了在高温氧化过程中严重的表面氧化铁皮起泡现象，图 6-25 所示为实验钢在干燥空气条件下 1050℃氧化 1h 的氧化铁皮表面起泡形貌，起泡现象造成了氧化铁皮的生长不均匀，试样表面凹凸不平。

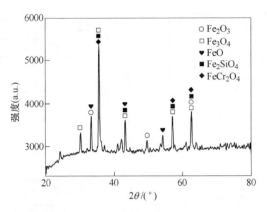

图 6-24 试样表面氧化铁皮 XRD 分析

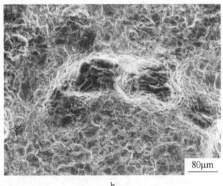

a b

图 6-25 实验钢干燥空气条件下 1050℃ 氧化 1h 的氧化铁皮起泡形貌

a—宏观形貌；b—微观形貌

氧化铁皮起泡过程共分为三个阶段，即气泡形核阶段、气泡长大阶段和气泡破裂阶段。实验钢氧化铁皮的起泡机理如图 6-26 所示。随着氧化的进行，Fe^{2+} 不断地通过 FeO 层向外扩散，而碳原子无法通过 FeO 向外扩散，从而在基体靠近界面附近逐渐形成了一层富碳层，如图 6-26b 所示，碳原子的活性逐渐增加，促进了如下化学反应的进行：

$$FeO+C \longrightarrow Fe+CO \tag{6-1}$$

$$2FeO+C \longrightarrow 2Fe+CO_2 \tag{6-2}$$

研究表明[13,14]，氧化铁皮的气体渗透性较差，生成的 CO 和 CO_2 无法通过氧化铁皮扩散至外界，因此在氧化铁皮与基体界面处产生一定的压力，CO 和 CO_2 的气体分压平衡了式（6-1）和式（6-2）中碳原子的反应活性。

Krzyzanowski 等人的研究结果表明[15]，在 850~950℃ 温度范围内，氧化铁皮

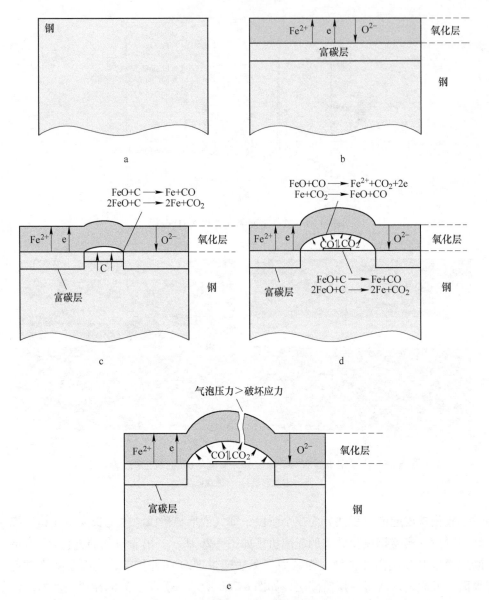

图 6-26　实验钢氧化铁皮起泡机理示意图

a—原始试样；b—富碳层的形成；c—气泡形核；d—气泡长大；e—气泡破裂

与基体的界面结合力为 1~2MPa，且随着温度的升高，氧化铁皮与基体的界面结合力逐渐降低。在高温条件下，氧化铁皮的结构主要为 FeO，Hidaka 等人[16]证实了在 900~1000℃时，FeO 的屈服强度为 1~4MPa。对比发现，在 900~1000℃，FeO 的屈服强度始终大于氧化铁皮与基体界面的结合力，因此气泡的形核条件主要受氧化铁皮与基体界面结合力所控制。由于铁氧化物的摩尔体积大于铁基金属的摩尔体积，即氧化铁皮与基体的摩尔体积比（PBR）大于1，因此在氧化铁皮的生长过程中，氧化铁皮与基体的界面处存在着一定的生长应力。同时，由于氧化铁皮与基体的热膨胀系数存在差异，在氧化铁皮与基体的界面处会产生一定的热应力。在这种情况下，当氧化铁皮与基体界面处的气体压力、生长应力和热应力的总和大于界面结合力时，气泡则开始形核，即为气泡的形核阶段，如图6-26c所示。

气泡形核后，氧化铁皮即与基体分离，化学反应式（6-1）和式（6-2）将受到抑制。所生成的CO可作为还原剂，与氧化铁皮的内层FeO发生式（6-3）的氧化还原反应，再次生成CO_2。

$$FeO+CO \longrightarrow Fe^{2+}+CO_2+2e \tag{6-3}$$

气泡内的CO_2会有一部分扩散至基体的表面，作为氧化剂，与基体中的Fe发生氧化还原反应（式（6-4）），生成了CO，并且在基体上会生成新的FeO，提供了新的氧化剂与还原剂。

$$Fe+CO_2 \longrightarrow FeO+CO \tag{6-4}$$

新生成的FeO又会与由基体扩散来的碳原子继续发生式（6-1）和式（6-2）的化学反应，继续生成新的CO和CO_2，为下一轮的反应提供新的氧化剂和还原剂。如此循环往复，促进了气泡的逐渐长大，此为气泡的长大阶段，如图6-26d所示。同时，在气泡的长大阶段，氧化铁皮的生长应力和热应力也起着一定的推动作用。氧化铁皮在高温条件下具有一定的塑性，但随着气泡的逐渐长大，一旦氧化铁皮所受的应力大于氧化铁皮的破坏应力或变形超过了塑性变形的临界值，应力就会以裂纹的形式释放，继而扩展；该过程正如高温激光共聚焦所观察的一样，在裂纹的扩展过程中，伴随着因氧化铁皮在高温氧化条件下的生长而造成的裂纹愈合的现象。氧化铁皮气泡破裂的临界条件在于气泡的压力与氧化铁皮的破坏应力的关系，当气泡压力小于氧化铁皮的破坏应力时，可抑制裂纹的贯穿扩展，即抑制气泡的破裂；若气泡压力大于氧化铁皮的破坏应力，则发生了气泡的破裂，氧化铁皮所受的应力也得以释放。

6.1.4 轧制过程中的氧化铁皮演变

6.1.4.1 轧制温度对氧化铁皮的影响

对82B不同粗轧开轧温度下氧化铁皮的厚度进行测量，统计结果如图6-27a所示。当粗轧开轧温度为1030℃时，氧化铁皮的厚度为$10.6 \sim 11.1 \mu m$；当粗轧开轧温度继续升高至1070℃后，氧化铁皮厚度达到最大，为$16.7 \sim 17.8 \mu m$。随着粗轧开轧温度的升高，氧化铁皮的厚度呈显著增加的趋势。经过对不同精轧开轧温度条件下氧化铁皮的厚度进行测量，得到氧化铁皮的厚度随精轧开轧温度的变化规律，如图6-27b所示。当精轧开轧温度为910℃时，氧化铁皮的厚度为

$10.0 \sim 11.8 \mu m$；当精轧开轧温度继续升高至 $950 ℃$ 后，氧化铁皮厚度达到最大，为 $16.2 \sim 17.5 \mu m$。随着粗轧开轧温度的升高，氧化铁皮的厚度也近似呈直线增加的变化规律。

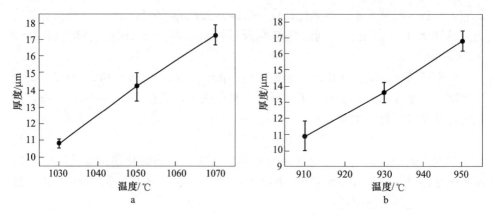

图 6-27　氧化铁皮厚度随轧制温度的变化规律
a—不同粗轧开轧温度；b—不同精轧开轧温度

氧化铁皮厚度随着粗轧及精轧开轧温度的升高而增加，其原因在于氧化铁皮的生长过程即为氧化铁皮中铁氧离子的交互扩散过程。在氧化铁皮的生长过程中，Fe^{2+} 不断地向外扩散，O^{2-} 也同时向内不断扩散，从而发生一系列的氧化还原反应，促进了氧化铁皮的增厚。粗轧及精轧开轧温度的升高，加快了离子的热运动，即加快了离子的扩散速率，促进了铁氧离子的交互扩散，从而促进了氧化铁皮的生长过程，氧化铁皮的厚度显著增加。

不同粗轧开轧温度条件下的氧化铁皮断面形貌如图 6-28 所示。氧化铁皮断面结构主要包括最外层极薄的 Fe_2O_3、中间层 Fe_3O_4 和最内层 FeO，由于 Fe_2O_3 层极薄，在统计相比例时忽略不计，可以发现，不同粗轧开轧温度下氧化铁皮均与基体发生严重剥离。当粗轧开轧温度为 $1030 ℃$ 时，氧化铁皮中 Fe_3O_4 所占比例（体积分数）约为 79.5%，FeO 所占比例约为 20.5%；当粗轧开轧温度为 $1050 ℃$ 时，温度升高了 $20 ℃$，氧化铁皮中 Fe_3O_4 所占比例随之降低至约 59.8%，而 FeO 所占比例显著增加，约为 40.2%；当粗轧开轧温度继续升高至 $1070 ℃$ 时，氧化铁皮中 Fe_3O_4 约占 32.5%，而 FeO 约占 67.5%。不同粗轧开轧温度条件下的氧化铁皮的相组成统计结果如图 6-29 所示，可以明显看出，随着粗轧开轧温度的升高，氧化铁皮中 Fe_3O_4 所占比例呈现出明显降低的趋势，而 FeO 所占比例呈现显著增加的趋势。

不同精轧开轧温度条件下的氧化铁皮断面形貌如图 6-30 所示。氧化铁皮的断面结构同样由最外层极薄的 Fe_2O_3、中间层 Fe_3O_4 和最内层 FeO 组成。经过对氧化铁皮相组成统计，当精轧开轧温度为 $910 ℃$ 时，氧化铁皮中 Fe_3O_4 所占比例

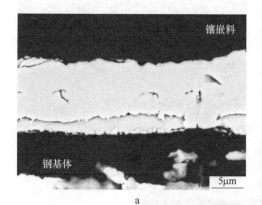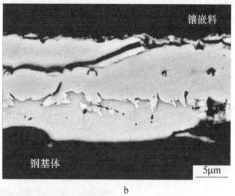

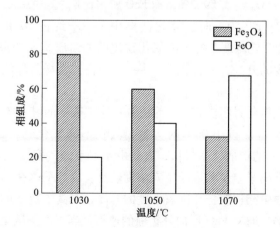

图 6-28 不同粗轧开轧温度氧化铁皮断面形貌

a—1030℃；b—1050℃；c—1070℃

图 6-29 氧化铁皮相组成随粗轧开轧温度的变化规律

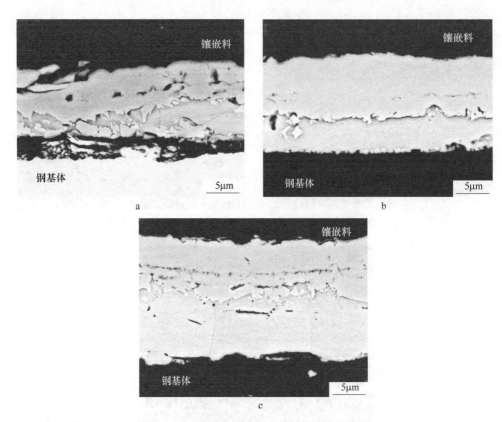

图 6-30　不同精轧开轧温度氧化铁皮断面形貌
a—910℃；b—930℃；c—950℃

（体积分数）约为 71.9%，FeO 所占比例约为 28.1%；当精轧开轧温度为 930℃
时，氧化铁皮中 Fe_3O_4 约占 59.2%，而 FeO 所占比例显著增加，约为 40.8%；当
精轧开轧温度升高至 950℃ 时，氧化铁皮中 Fe_3O_4 约占 37.8%，而 FeO 约占
62.2%。不同精轧开轧温度条件下的氧化铁皮的相组成统计结果如图 6-31 所示，
随着精轧开轧温度的升高，氧化铁皮中 Fe_3O_4 所占比例显著降低，而 FeO 所占比
例显著增加。

　　实验钢在高温氧化过程中，Fe^{2+} 不断地向外扩散，而其在不同的氧化物相中
的扩散能力有所差异。以 1000℃ 时为例，其在不同氧化物中的扩散系数见表
6-10。Fe^{2+} 在 FeO 中的扩散速率最快，这是由于 FeO 是一种金属不足的 p 型半导
体氧化物，其中阳离子空位和电子空穴浓度较高，因此 Fe^{2+} 在 FeO 中的扩散速率
与其他两种氧化物中相比较快。随着温度的升高，提高了离子的扩散能力，从而
更显著地促进了 Fe^{2+} 通过 FeO 层向外扩散的速率。当 Fe^{2+} 扩散至 FeO 与 Fe_3O_4 的
界面处，会与 Fe_3O_4 发生还原反应，将 Fe_3O_4 还原为 FeO。粗轧及精轧开轧温度

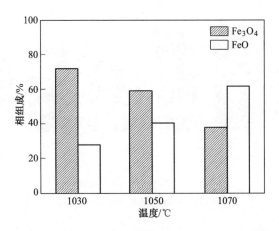

图 6-31　氧化铁皮相组成随粗轧开轧温度的变化规律

的升高同样促进了该还原反应的进行，因此造成了 FeO 所占比例升高，而 Fe_3O_4
所占比例显著降低的趋势。

表 6-10　1000℃时氧化物中铁离子的扩散系数

氧化物	扩散系数/$cm^2 \cdot s^{-1}$
FeO	9×10^{-8}
Fe_3O_4	2×10^{-9}
Fe_2O_3	2×10^{-15}

6.1.4.2　氧化铁皮热变形行为

轧制温度为 850℃和 950℃时经不同压下量轧制变形后的试样宏观形貌如图
6-32 所示，图 6-32a、b 中从左到右试样的压下量逐渐增加，通过测量得到轧制
温度为 850℃时各试样的实际压下率分别为 0%、13.6%、20.3%和 27.0%，轧制
温度为 950℃时各试样的实际压下率分别为 0%、16.0%、22.9%和 31.1%。可以
看出，850℃和 950℃条件下未经轧制变形的试样表面均呈现为亮灰色。850℃和
950℃条件下轧制的试样表面呈现出相同变化趋势，首先在较小压下量时试样呈
现淡红色，随着轧制压下量的增加，试样表面红色逐渐加深，并且红色的区域逐
渐增加。试样表面呈现出红色的原因在于 Fe_2O_3 的生成。由于在轧制过程中造成
了试样表面的氧化铁皮破碎，外界氧化性气氛可以沿着破碎处的裂纹扩散，将铁
的较低价的氧化物进一步氧化，从而促进了高价氧化物 Fe_2O_3 的形成；由于
Fe_2O_3 呈现红色，随着 Fe_2O_3 的生成量的增加，试样表面逐渐呈现红色。

轧制温度为 850℃时不同压下率条件下氧化铁皮微观表面形貌如图 6-33 所
示。可以看出，当试样未经轧制变形时，试样表面相对较为平整，未观察到明显

图 6-32　轧制变形后试样宏观形貌

a—850℃；b—950℃

的裂纹，如图 6-33a 所示。当对试样进行轧制变形，并且实际压下率为 13.6%
时，试样表面氧化铁皮开始出现一定数量且垂直于轧制方向的裂纹，此时裂纹呈
现为无规则、较细小的波浪状，分布较为密集，如图 6-33b 所示。随着轧制压下
量的增加，实际压下率增加至 20.3%，如图 6-33c 所示，可以观察到试样表面氧
化铁皮的裂纹更深、更加明显，同时，裂纹的数量也显著增加；与前者相同的
是，裂纹的方向同样是垂直于试样的轧制方向，此时未见明显的氧化铁皮脱落的

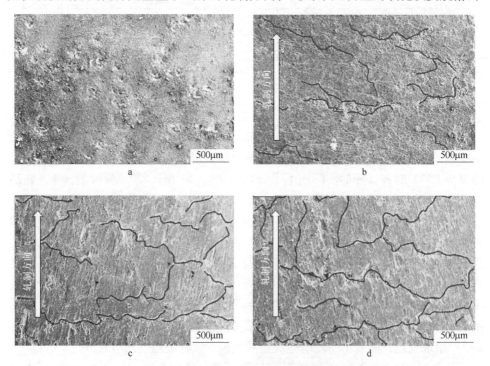

图 6-33　850℃不同压下率条件下氧化铁皮微观表面形貌

a—0%；b—13.6%；c—20.3%；d—27.0%

现象。进一步增加轧制压下量试样氧化铁皮表面微观形貌如图 6-33d 所示，此时，试样的实际压下率为 27.0%，试样表面氧化铁皮同样存在大量的垂直于轧制方向的裂纹；相比于前两个压下率条件下的表面形貌，此条件下的氧化铁皮裂纹最为明显、数量最多且最为密集，同时可观察到部分位置出现氧化铁皮脱落现象。

　　轧制温度为 950℃时不同压下率条件下氧化铁皮微观表面形貌如图 6-34 所示。图 6-34a 所示为 950℃未经轧制变形的试样表面微观形貌，试样表面氧化铁皮未观察到明显的裂纹。当对试样进行轧制变形，并且实际压下率为 16.0%时，如图 6-34b 所示，试样表面氧化铁皮同样开始出现了细小的波浪状裂纹，裂纹的方向垂直于试样的轧制方向；相比于轧制温度为 850℃的条件，裂纹的数量较少，较为稀疏。随着轧制压下量的增加，试样的压下率增加至 22.9%，如图 6-34c 所示，试样表面氧化铁皮的裂纹加深，数量显著增加，同时，裂纹的长度有所增加。图 6-34d 所示为压下率为 31.1%的试样氧化铁皮表面微观形貌，可以看出，相比于前两个压下率条件，此时的裂纹痕迹最明显、数量最多；与轧制温度为 850℃时近似压下率情况相类似，此时的氧化铁皮同样出现了部分脱落的现象。

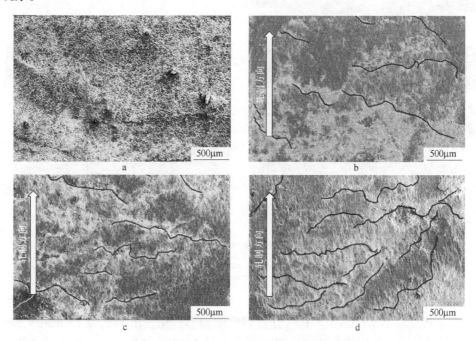

图 6-34　950℃不同压下率条件下氧化铁皮微观表面形貌
a—0%；b—16.0%；c—22.9%；d—31.1%

　　轧制温度 850℃时不同压下率条件下试样氧化铁皮断面形貌如图 6-35 所示。可以看出，实验钢在该温度下未经轧制变形的原始试样氧化铁皮断面结构保留得较为完整，虽然氧化铁皮与基体发生了严重的剥离，但其断面结构依旧清晰可见，主要包括最外层极薄的 Fe_2O_3、中间层 Fe_3O_4 和内层 FeO，同时在 FeO 层中存在着弥散分布的岛状先共析 Fe_3O_4，如图 6-35a 所示。相比之下，对于经过不同压下率轧制变形后的试样，由于氧化铁皮破碎严重，无法识别其断面结构，如图 6-35b、c 和 d 所示，并且随着压下率的增加，氧化铁皮的破碎愈加严重。同时发现，氧化铁皮外层结构的破碎程度比内层结构的破碎程度较高，呈现出更加细小的块状破碎情况。

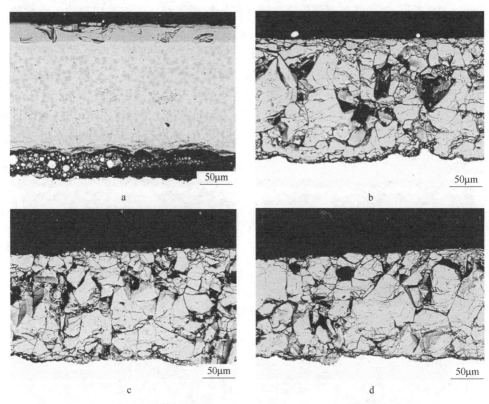

图 6-35　850℃不同压下率条件下氧化铁皮断面形貌
a—0%；b—13.6%；c—20.3%；d—27.0%

　　通过对试样氧化铁皮厚度进行测量，得到未经轧制变形的原始试样氧化铁皮厚度为 193.5~195.5μm；当对试样进行轧制变形，并且压下率为 13.6% 时，相比于原始试样，氧化铁皮的厚度显著降低，为 168.0~172.1μm；当轧制变形压下率达到最大为 27.0% 时，氧化铁皮的厚度降至最低，为 150.2~153.3μm。对轧制温度 850℃时不同压下率条件下试样氧化铁皮的统计结果如图 6-36 所示，可以看出，随着压下率的逐渐增加，实验钢表面氧化铁皮的厚度显著降低，呈现近似直线降低的变化规律。

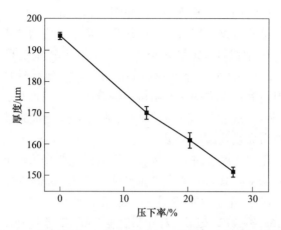

图 6-36 轧制温度 850℃氧化铁皮厚度随压下率的变化规律

轧制温度 950℃时不同压下率下试样氧化铁皮断面形貌如图 6-37 所示。实验钢在 950℃未经轧制变形的原始试样氧化铁皮断面结构仍然保留得较为完整，断面结构包括最外层极薄的 Fe_2O_3、中间层 Fe_3O_4 和内层 FeO，同样在 FeO 层中存

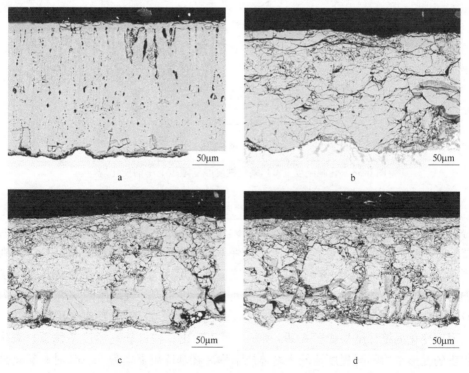

图 6-37 950℃不同压下率条件下氧化铁皮断面形貌

a—0%；b—16.0%；c—22.9%；d—31.1%

在着弥散分布的小岛状的先共析 Fe_3O_4，如图 6-37a 所示；同时可以观察到氧化铁皮内部存在着少量的裂纹，这可能是由氧化铁皮生长应力或者在试样的制备过程中造成的。对于轧制温度 950℃ 时经过不同压下率轧制变形后的试样，如图 6-37b、c 和 d 所示，与 850℃ 轧制变形后的试样对比，氧化铁皮破碎程度相对减小，但仍然无法识别氧化铁皮的断面结构。随着压下率的增加，氧化铁皮的破碎程度逐渐增加。同时，氧化铁皮外层结构逐渐趋于颗粒状的破碎情况；相比之下，内层结构呈现出大块状破碎情况。

通过对试样氧化铁皮厚度进行测量，得到未经轧制变形原始氧化铁皮厚度为 243.1~246.2μm；当对试样进行轧制变形且压下率为 16.0% 时，氧化铁皮厚度达到 205.0~209.5μm；当轧制变形量最大，即压下率为 31.1% 时，氧化铁皮的厚度降至最低，为 168.3~172.7μm。对轧制温度 950℃ 时不同压下率条件下试样氧化铁皮的统计结果如图 6-38 所示，随压下率逐渐增加，实验钢氧化铁皮的厚度呈现近似直线降低的变化规律。

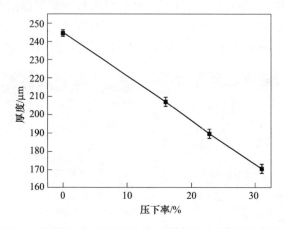

图 6-38　轧制温度 950℃ 氧化铁皮厚度随压下率的变化规律

轧制温度为 850℃ 时，实验钢氧化铁皮的厚度随压下率的增加呈现降低的趋势，由原始未经轧制变形时的 193.5~195.5μm 降低至轧制压下率为 27.0% 时的 150.2~153.3μm。通过对不同压下率条件下的氧化铁皮的变形率进行计算，得到当基体的轧制压下率为 13.6% 时，氧化铁皮的变形率为 12.6%；当基体压下率增加至 20.3% 时，氧化铁皮的变形率随之增加至 17.0%；当基体的实际压下率为 27.0% 时，氧化铁皮的变形率为 22.1%。轧制温度 850℃ 氧化铁皮变形率随基体变形率变化的统计结果如图 6-39a 所示，可以看出，在该轧制温度条件下，氧化铁皮的变形率均不同程度地低于基体压下率。在基体压下率为 13.6% 时，氧化铁皮可与基体呈近似等比例变形，随着基体压下率的增加，氧化铁皮变形率与基体压下率的偏移量显著增加。

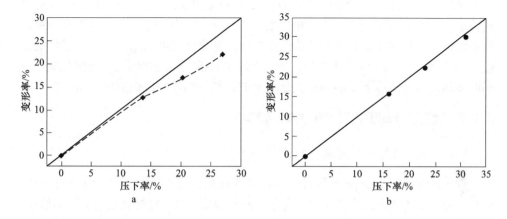

图 6-39 不同轧制温度条件下氧化铁皮变形率随压下率的变化规律
a—850℃；b—950℃

随轧制压下率的增加，轧制温度为 950℃ 时实验钢氧化铁皮的厚度同样呈现降低趋势，由原始未经轧制变形时的 243.1～246.2μm 降低至轧制压下率为 31.1% 时的 168.3～172.7μm。通过对氧化铁皮的变形率进行计算，得到当基体的轧制压下率为 16.0% 时，氧化铁皮的变形率为 15.9%；当基体压下率增加至 22.9% 时，氧化铁皮的变形率随之增加至 22.5%；随着轧制压下率的增加，当基体的实际压下率为 31.1% 时，氧化铁皮的变形率为 30.3%。轧制温度 950℃ 氧化铁皮变形率与基体变形率的关系如图 6-39b 所示，可以看出，在轧制温度 950℃ 条件下，氧化铁皮变形率与基体压下率均呈现近似 1∶1 的关系，说明此条件下氧化铁皮与基体可基本实现等比例变形的趋势。

研究表明，在室温条件下，Fe_2O_3 的破坏应力约为 10MPa，Fe_3O_4 的破坏应力约为 40MPa，FeO 的破坏应力约为 0.4MPa，室温条件下组成氧化铁皮的氧化物的破坏应力均较小，因此氧化铁皮在室温条件下表现为脆性材料。而在高温条件下，铁的三种氧化物会呈现出不同程度的高温热塑性，使得氧化铁皮具备一定的高温热塑性，因此在热轧过程中，氧化铁皮会与基体发生一定程度的协调变形。氧化铁皮中的 FeO 层因其内部的缺陷浓度较高从而呈现出较为疏松的结构，因此在高温热变形的过程中其承受了较大的形变应力，成为氧化铁皮变形的主要区域。在热轧过程中，因轧辊的作用力导致氧化铁皮的内部会产生较大的内应力，高温条件下氧化铁皮具有一定的塑性，在如此内应力的作用下，促进了氧化铁皮中晶粒的位错滑移运动，从而促进了其随基体的协调变形。若氧化铁皮所受的内应力超过了其塑性变形抗力时，氧化铁皮即发生破碎。随轧制压下率的增加，氧化铁皮内应力随之增加，因此氧化铁皮的破碎程度越严重[17~19]。

对比分析两种轧制温度条件下的氧化铁皮变形率随基体变形率的变化趋势，

可以确定，轧制温度为 850℃ 和 950℃ 时，氧化铁皮均具有一定的热塑性，可以随着基体发生不同程度的变形。相比之下，在 950℃ 轧制时，氧化铁皮具有更好的热塑性，氧化铁皮具有良好的协调变形性，氧化铁皮可以基本实现与基体的近似 1:1 变形。而在 850℃ 轧制时，氧化铁皮虽具备一定的热塑性，但随轧制压下率的增加，与基体压下率的偏移量显著增加，其与基体的协调变形性相对较差。

6.1.5　吐丝及冷却工艺对氧化铁皮的影响

6.1.5.1　吐丝工序对氧化铁皮的影响

针对冷却工艺 1 条件下不同吐丝温度的氧化铁皮断面形貌进行观察，如图 6-40 所示。图 6-40a 为冷却工艺 1 条件下吐丝温度 850℃ 时的氧化铁皮断面形貌，对氧化铁皮的厚度进行测量，其厚度范围为 $27.7 \sim 28.2\mu m$。对图中标明的三个点分别进行 EDS 分析，得到点 1、2 和 3 的 O 的质量分数分别为 27.9%、23.5% 和 27.5%，Fe 的质量分数分别为 72.1%、76.5% 和 72.5%，见表 6-11。结合氧化铁皮断面形貌，确定其断面结构包括外层 Fe_3O_4 和内层 FeO，在 FeO 层中分布有大量的大块状先共析 Fe_3O_4，其中外层 Fe_3O_4 所占比例（体积分数）约为

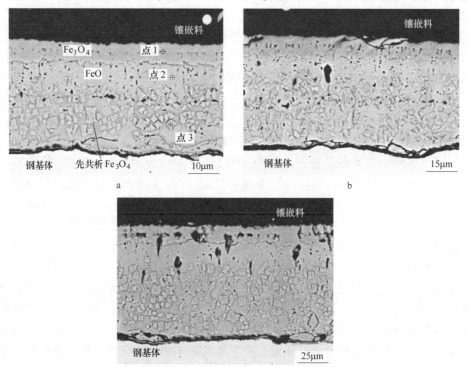

图 6-40　冷却工艺 1 条件下不同吐丝温度的氧化铁皮断面形貌

a—850℃；b—900℃；c—950℃

24.1%；图 6-40b 为该冷却工艺条件下吐丝温度为 900℃时氧化铁皮断面形貌，经测量，氧化铁皮厚度为 53.4~56.7μm，外层 Fe_3O_4 比例约为 20.3%；相同冷却工艺下吐丝温度为 950℃时氧化铁皮断面形貌如图 6-40c 所示，得到氧化铁皮厚度为 84.7~87.5μm，外层 Fe_3O_4 约占整个氧化铁皮的 16.9%。氧化铁皮厚度及外层 Fe_3O_4 比例的统计结果如图 6-41 所示，随吐丝温度升高，氧化铁皮厚度逐渐增加，外层 Fe_3O_4 比例逐渐降低。

表 6-11 图 6-35 中不同位置的能谱分析结果 （质量分数，%）

位置	Fe	O
点 1	72.1	27.9
点 2	76.5	23.5
点 3	72.5	27.5

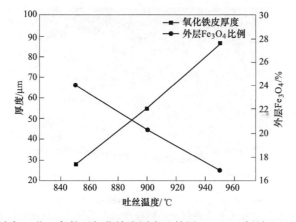

图 6-41 冷却工艺 1 条件下氧化铁皮厚度及外层 Fe_3O_4 比例随吐丝温度的变化

对冷却工艺 2 条件下不同吐丝温度的氧化铁皮断面形貌进行了观察，如图 6-42 所示，可以看出，不同吐丝温度下的氧化铁皮断面结构均由外层的 Fe_3O_4 和内层的 FeO 所组成，并且在 FeO 层中分布着块状的先共析 Fe_3O_4。图 6-42a 为冷却工艺 2 条件下吐丝温度为 850℃时的氧化铁皮断面形貌，通过对氧化铁皮的厚度进行测量，得到其厚度范围为 26.5~27.6μm。同时，通过对其断面结构进行分析，其中外层 Fe_3O_4 所占比例（体积分数）约为 23.8%；图 6-42b 为相同冷却工艺条件下吐丝温度升高为 900℃时的氧化铁皮断面形貌，测量后得到其氧化铁皮的厚度升高至 52.3~55.1μm，外层 Fe_3O_4 所占比例约为 20.6%；在冷却工艺 2 条件下吐丝温度升高至 950℃时的氧化铁皮断面形貌如图 6-42c 所示，经测量得到氧化铁皮的厚度为 80.5~86.1μm，外层 Fe_3O_4 约占整个氧化铁皮的 17.2%。不同吐丝温度条件下氧化铁皮厚度及氧化铁皮中外层 Fe_3O_4 所占比例的统计结果如图 6-43 所示，同样随着吐丝温度的升高，氧化铁皮的厚度逐渐增加，而氧化铁皮中外层 Fe_3O_4 所占比例逐渐降低。

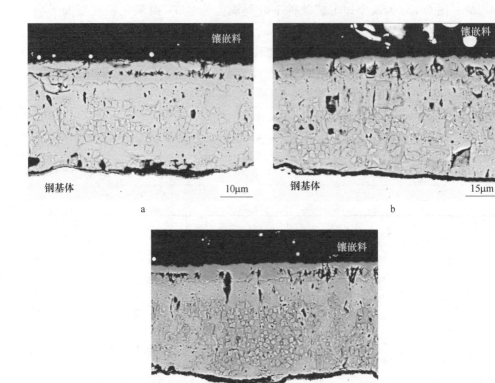

图 6-42　冷却工艺 2 条件下不同吐丝温度的氧化铁皮断面形貌
a—850℃；b—900℃；c—950℃

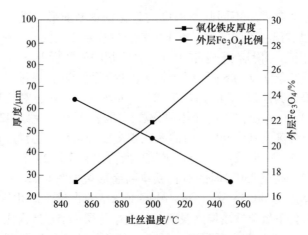

图 6-43　冷却工艺 2 条件下氧化铁皮厚度及
外层 Fe_3O_4 比例随吐丝温度的变化

　　图 6-44 所示为冷却工艺 3 条件下不同吐丝温度的氧化铁皮断面形貌，可以看出，与前两个冷却工艺的结果相似，冷却工艺 3 条件下不同吐丝温度的氧化铁皮断面结构均由外层 Fe_3O_4 和内层 FeO 所组成，同时在 FeO 层中弥散分布着小岛状的先共析 Fe_3O_4。图 6-44a 所示为冷却工艺 3 条件下吐丝温度为 850℃时的氧化铁皮断面形貌，经过测量得到其氧化铁皮厚度范围为 24.2~25.1μm。对氧化铁皮断面结构进行统计分析，结果表明，外层 Fe_3O_4 所占比例（体积分数）约为 23.2%；图 6-44b 所示为相同冷却工艺条件下吐丝温度为 900℃时的氧化铁皮断面形貌，测量后得到其氧化铁皮的厚度为 48.6~52.2μm，氧化铁皮断面结构中外层 Fe_3O_4 所占比例约为 20.8%；在冷却工艺 3 条件下吐丝温度为 950℃时的氧化铁皮断面形貌如图 6-44c 所示，经过测量得到氧化铁皮的厚度范围为 76.5~83.1μm，外层 Fe_3O_4 约占整个氧化铁皮的 16.1%，相比于吐丝温度为 900℃时的统计结果，氧化铁皮厚度增加了 30μm 左右，而外层 Fe_3O_4 所占比例降低了约 3%。对于不同吐丝温度条件下的氧化铁皮厚度及氧化铁皮断面结构中外层 Fe_3O_4 所占比例进行了对比分析，结果如图 6-45 所示；与前两个冷却工艺条件下的结果具有相似的变化趋势，氧化铁皮的厚度与吐丝温度成正比，而氧化铁皮中外层

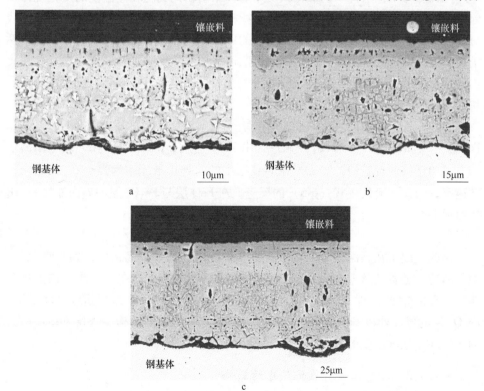

图 6-44　冷却工艺 3 条件下不同吐丝温度的氧化铁皮断面形貌

a—850℃；b—900℃；c—950℃

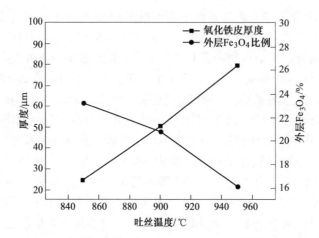

图 6-45　冷却工艺 3 条件下氧化铁皮厚度及外层 Fe_3O_4 比例随吐丝温度的变化

Fe_3O_4 所占比例与吐丝温度成反比。

　　三种冷却工艺条件下的氧化铁皮厚度和原始相比例随吐丝温度的变化规律与郭大勇等人的研究结果一致，均是随着线材热轧生产过程中吐丝温度的增加，线材表面氧化铁皮的厚度近似呈直线增长的规律。此外，氧化铁皮中 FeO 含量逐渐增加。这是由于吐丝温度升高，离子扩散速率加快，促进了铁氧离子在氧化铁皮内的交互扩散，即促进了实验钢的高温氧化过程的进行，在氧化铁皮厚度方面表现为随吐丝温度的升高呈正比例增加。

　　另外，各条件下的氧化铁皮的断面结构均由外层 Fe_3O_4 和内层 FeO，以及在 FeO 层中分布的先共析 Fe_3O_4 所组成。由于 FeO 空位浓度较高，在 FeO 中阳离子和电子的迁移速度较快[20]，Fe^{2+} 在 FeO 层中的向外扩散速率远大于 O^{2-} 的向内扩散速率，因此就会发生式（6-5）的反应，在 FeO 层与 Fe_3O_4 层的界面处将 Fe_3O_4 还原成 FeO。

$$Fe^{2+}+2e+Fe_3O_4 \longrightarrow 4FeO \tag{6-5}$$

　　由此造成了在高温段时，氧化铁皮中 FeO 层的比例最高，可达到 90% 以上。如前所述，随着吐丝温度的升高，离子扩散速率增加，Fe^{2+} 在 FeO 中的向外扩散速率也随之增加，进一步促进了式（6-5）反应的进行，即促进了 FeO 层与 Fe_3O_4 层的界面处将 Fe_3O_4 的还原。因此，氧化铁皮断面结构中外层 Fe_3O_4 所占的比例随着吐丝温度的升高而呈现出下降的趋势。

6.1.5.2　冷却工序对氧化铁皮的影响

　　对比吐丝温度 850℃ 三种冷却工艺条件的氧化铁皮断面形貌，如图 6-40a、图 6-42a 和图 6-44a 所示，分析冷却工艺对氧化铁皮断面结构的影响。对比三个图后可以发现，在冷却工艺 1 条件下的氧化铁皮断面结构中先共析 Fe_3O_4 呈大块状；在冷却工艺 2 和 3 条件下的氧化铁皮断面结构中先共析 Fe_3O_4 同样呈块状，但尺寸相比工艺 1 逐渐减小。对吐丝温度为 850℃时不同冷却工艺条件下氧化铁皮断面结构中先共析 Fe_3O_4 所占比例（体积分数）进行统计，结果如图 6-46a 所示。当吐丝温度为 850℃时，在冷却工艺 1 条件下的氧化铁皮断面结构中先共析 Fe_3O_4 所占比例约为 28.3%；相同吐丝温度时，冷却工艺由工艺 1 变为工艺 2，先共析 Fe_3O_4 所占比例约为 24.5%，约下降了 3.8%；吐丝温度保持相同的条件下，冷却工艺 3 条件下的氧化铁皮断面结构中先共析 Fe_3O_4 约占 19.2%，相比工艺 1 和工艺 2，其所占比例约降低了 9.1% 和 5.3%。随着中间段冷速的增大，先共析 Fe_3O_4 所占比例逐渐降低，并且随着冷速差异的增大，先共析 Fe_3O_4 所占比例的差异也越来越大。

对比吐丝温度 900℃三种冷却工艺条件的氧化铁皮断面形貌，分别如图 6-40b、图 6-42b 和图 6-44b 所示。与吐丝温度 850℃的情况相似，不同冷却工艺条件下氧化铁皮断面结构中先共析 Fe_3O_4 均呈块状，随着中间段冷速的增加，先共析 Fe_3O_4 尺寸逐渐减小。对氧化铁皮断面结构中先共析 Fe_3O_4 所占比例的统计结果如图 6-46b 所示。在冷却工艺 1 条件下的氧化铁皮断面结构中先共析 Fe_3O_4 所占比例约为 36.5%；由工艺 1 变为工艺 2，先共析 Fe_3O_4 所占比例约下降了 9.3%，约为 27.2%；吐丝温度相同的条件下，冷却工艺 3 条件下的氧化铁皮断面结构中先共析 Fe_3O_4 约占 17.6%，与工艺 1 和工艺 2 相比，其先共析 Fe_3O_4 所占比例约降低了 18.9% 和 9.6%。同样，随着中间段冷速的增大，先共析 Fe_3O_4 所占比例逐渐降低，并且先共析 Fe_3O_4 所占比例变化程度随冷速差的增大而略有增大。

吐丝温度 950℃三种冷却工艺条件的氧化铁皮断面形貌，见图 6-40c、图 6-42c 和图 6-44c，对比发现，随着冷却工艺由工艺 1 变为工艺 2，再到工艺 3，氧化铁皮断面结构中先共析 Fe_3O_4 尺寸同样逐渐减小。对于吐丝温度为 950℃时不同冷却工艺条件下氧化铁皮断面结构中先共析 Fe_3O_4 所占比例进行统计，结果如图 6-46c 所示。当吐丝温度为 950℃时，冷却工艺 1 的氧化铁皮断面结构中先共析 Fe_3O_4 所占比例约为 36.3%；相同吐丝温度时，冷却工艺由工艺 1 变为工艺 2，先共析 Fe_3O_4 所占比例变为 30.5%，约下降了 5.8%；冷却工艺 3 的氧化铁皮断面结构中先共析 Fe_3O_4 约占 20.1%，相比工艺 1 和 2，其所占比例约降低了 16.2% 和 10.4%。先共析 Fe_3O_4 所占比例的变化趋势与吐丝温度 850℃和 900℃条件的趋势相同，均随中间段冷速的增大而逐渐降低，并且随着冷速差的增大，先共析 Fe_3O_4 所占比例变化幅度越来越大。

氧化铁皮在连续冷却过程中往往会发生 $Fe_{1-x}O$ 的先共析和共析转变[21,22]。根据 Fe-O 二元相图可知，在 570℃以下时，$Fe_{1-x}O$ 的化学稳定性较差，发生共析

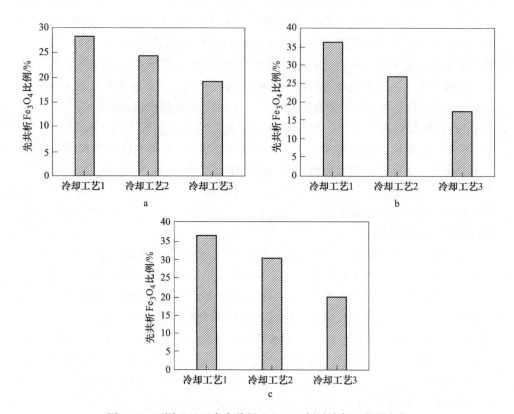

图 6-46　不同吐丝温度先共析 Fe_3O_4 比例随冷却工艺的变化

a—850℃；b—900℃；c—950℃

反应生成 Fe 与 Fe_3O_4 交替片层状分布的共析组织（$Fe+Fe_3O_4$）。由于线材生产工艺中冷速较快，抑制了共析反应的发生，因此各工艺条件下的氧化铁皮断面结构中均未产生共析组织[23]。在 570℃ 以上相对较为稳定，仍会发生 $Fe_{1-x}O$ 先共析转变。研究表明，在连续冷却过程中，$Fe_{1-x}O$ 的先共析转变是不可避免的[24]。

　　$Fe_{1-x}O$ 的先共析转变也包括形核与长大的过程，$Fe_{1-x}O$ 发生先共析转变的机理示意如图 6-47 所示。$Fe_{1-x}O$ 是一种金属不足的非化学计量的氧化物，不同温度下的非化学计量数及阳离子缺陷浓度存在一定的差异，在氧化铁皮与基体界面、$Fe_{1-x}O$ 与 Fe_3O_4 界面处的阳离子缺陷浓度同样存在差异，这为 Fe^{2+} 源源不断地向外扩散提供了驱动力。$Fe_{1-x}O$ 在成分上存在一个变化的范围。研究表明[25]，$Fe_{1-x}O$ 中的含氧量在 912℃ 时最低，原子分数为 51.19% 或质量分数为 23.10%，在 1424℃ 最高，原子分数为 54.57% 或质量分数为 25.60%。

　　在氧化铁皮的连续冷却过程中，$Fe_{1-x}O$ 层中的平衡阳离子浓度随温度的降低而逐渐减小。同时，由 Fe-O 相图中 $Fe_{1-x}O$ 中氧的溶解度曲线可知，高温条件下，$Fe_{1-x}O$ 中的含氧量较高，随着温度的降低，$Fe_{1-x}O$ 中氧的溶解度显著降低，从而

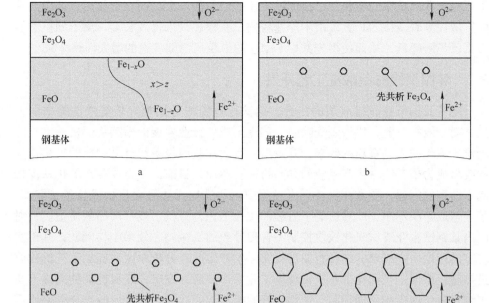

图 6-47 $Fe_{1-x}O$ 层组织结构转变机理示意图

a—FeO 中 Fe^{2+} 扩散；b—先共析 Fe_3O_4 形核；c—快冷速下先共析 Fe_3O_4 长大受阻；
d—慢冷速下先共析 Fe_3O_4 长大

使 $Fe_{1-x}O$ 中氧含量达到过饱和状态。此时，由于 $Fe_{1-x}O$ 中的缺陷浓度较高，在缺陷浓度较高的位置处能够满足 $Fe_{1-x}O$ 发生相变所需的结构起伏，从而促进了先共析 Fe_3O_4 的优先形核，继而在扩散驱动力下逐渐长大[26]。

综合三种吐丝温度条件下先共析 Fe_3O_4 所占比例随冷却工艺的变化可知，先共析 Fe_3O_4 所占比例均随中间段冷速的增大而逐渐降低。这是由于 $Fe_{1-x}O$ 的先共析转变是一种扩散型相变，离子的扩散过程控制着相变过程的进行，当中间段冷速降低时，为离子的扩散提供了相对足够的时间，从而在一定程度上促进了先共析转变过程。因此，随中间段冷速的增加，先共析 Fe_3O_4 所占比例逐渐降低。

另外，冷速增大，即过冷度增加，促进了先共析 Fe_3O_4 的形核，增加了形核率。但先共析 Fe_3O_4 形核率由两方面的因素控制，其一是受形核功控制，形核功与过冷度的平方成反比，随过冷度的增加，先共析 Fe_3O_4 形核功逐渐降低，形核率逐渐增大；其二是受离子的扩散能力控制，随着温度的降低，离子扩散能力逐渐降低，形核率逐渐降低。由于实验工艺冷速较快，过冷度的变化起主导作用，主要控制着形核率的变化，形核率随冷速的增加而增大。而在形核后，则由离子的扩散控制着新核的长大，由于冷速较快，新核还没来得及长大，离子的扩散能力就已显著降低，从而使得先共析 Fe_3O_4 的形貌尺寸随冷速的增大而逐渐减小。

6.2　环保型线材免酸洗工艺开发

随着我国节能减排政策的出台，钢铁行业纷纷开始摒弃传统酸洗除鳞的方法，对于线材行业，机械剥壳除鳞工艺逐渐成为行业发展的新趋势。机械剥壳除鳞对于氧化铁皮具有新的要求，开发出具有大片状或长条状且易剥落的氧化铁皮的线材成为了各线材生产企业的共同目标。然而，目前诸多企业存在氧化铁皮控制不合理的问题，导致在机械剥壳过程中氧化铁皮无法呈大片状或长条状剥离，甚至造成除鳞不净，严重影响了后续的拉拔工艺，降低了线材产品的质量。针对国内某钢铁企业线材氧化铁皮控制不合理导致的机械剥壳效果不佳问题，基于实验室的理论研究成果，结合企业现场实际生产工况，分析原因并提出工艺优化改进措施；根据工艺优化方案进行现场工业生产试制，在保证线材性能的前提下实现线材氧化铁皮的合理控制，达到良好的机械剥壳效果，满足下游客户的使用需求，提高线材产品竞争力。

6.2.1　现存问题及原始工艺分析

国内某钢铁企业得到多家下游客户反馈，所生产的高碳钢 82B 线材在开坯后的机械剥壳过程中，氧化铁皮呈小块状剥落，并且线材表面存在明显的氧化铁皮残留，严重降低了线材产品质量；其产品竞争力与其他钢企线材产品相比显著降低，机械剥壳效果如图 6-48 所示。

　　　　　　　a　　　　　　　　　　　　　　　　　b

图 6-48　线材机械剥壳后氧化铁皮剥离及残留形貌

a—小块状剥离形貌；b—氧化铁皮残留情况

原始工艺条件下的氧化铁皮断面形貌如图 6-49 所示，可以看出，原始工艺的氧化铁皮的结构由外层 Fe_3O_4 和内层 FeO 两层组成，并且在 FeO 中和 FeO 与基体界面处零星分布着岛状先共析 Fe_3O_4。氧化铁皮的厚度与结构统计结果见表6-12。

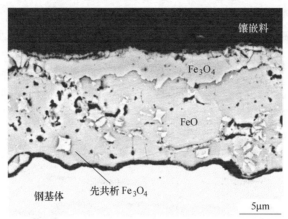

图 6-49　原始工艺下 82B 线材氧化铁皮断面形貌

表 6-12　原始工艺下 82B 线材氧化铁皮厚度与结构统计

工艺	直径/mm	氧化铁皮厚度/μm	氧化铁皮相组成（体积分数）
原始工艺	12.5	13.6~15.2	24.3%Fe_3O_4+75.7%FeO

　　FeO 结构疏松，具有一定塑性，可以达到缓冲外力的作用；而 Fe_3O_4 破坏应力远大于 FeO，呈现脆性。Fe_3O_4 的比例若超过一定范围，则会导致氧化铁皮呈粉状剥落[27]；若 Fe_3O_4 比例低于一定程度，FeO 比例较高时，机械剥壳过程中，氧化铁皮会呈小块状，甚至不易剥离而黏附在线材表面，机械剥离效果较差；若此时的氧化铁皮较厚，则加剧了氧化铁皮在线材表面的残留。因此，将线材氧化铁皮的厚度与结构的合理控制，尤其是 FeO 与 Fe_3O_4 比例的合理分配，对于改善机械剥壳性能具有重要意义。

6.2.2　工艺优化试制

　　工艺改进方案的提出依据实验室的理论研究成果，结合目标钢种氧化铁皮的控制方向。线材的加热炉、热轧、吐丝和冷却工艺均对氧化铁皮产生不同的影响，根据前期实验室基础研究成果，随轧制温度的升高，氧化铁皮厚度逐渐增加，Fe_3O_4 比例逐渐降低，FeO 比例逐渐增加；在实验室条件下 950℃ 以上轧制时，实验钢表面氧化铁皮具有良好的热塑性，氧化铁皮与基体可基本实现 1:1 变形，与基体具有良好的变形协调性；冷却工艺主要影响了 $Fe_{1-x}O$ 的先共析转变。随中间段冷速的增加，$Fe_{1-x}O$ 的先共析转变受到抑制，先共析 Fe_3O_4 含量随之降低，先共析 Fe_3O_4 的形貌呈大块状、较小尺寸块状以及弥散的小岛状的变化趋势。结合现场的实际生产工况，经多轮试制后，得到 82B 高碳钢线材优化改进工艺。对于加热炉和热轧工艺进行了合理地调整，工艺改进后氧化铁皮断面形貌如图 6-50 所示，氧化铁皮与基体界面平直度明显改善。经统计，工艺优化后的氧化铁皮厚度显著降低，氧化铁皮的结构明显改变，Fe_3O_4 比例明显增加，见表 6-13。

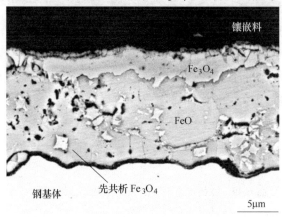

图 6-50　优化工艺下 82B 线材氧化铁皮断面形貌

表 6-13　优化工艺下 82B 线材氧化铁皮厚度与结构统计

工艺	直径/mm	氧化铁皮厚度/μm	氧化铁皮相组成（体积分数）
优化工艺	12.5	8.02~10.3	36.4%Fe_3O_4+63.6%FeO

对于原始工艺和优化工艺下所生产 82B 线材的组织和性能进行了对比分析，分别见图 6-51 和表 6-14。工艺改进后的线材组织与原始工艺条件下的组织无明

a　　　　　　　　　　　　　　　　　b

图 6-51　工艺优化前后 82B 线材基体组织

a—原始工艺；b—优化工艺

显差别，索氏体率均达到了90%以上，性能基本无变化，均满足企业标准和下游客户的使用要求。在保证线材组织性能的前提下，分析了机械剥壳性能。工艺改进后线材机械剥壳效果如图6-52所示，可以看出氧化铁皮呈明显的长条状剥落，线材表面基本无氧化铁皮残留，机械剥壳性能显著提高，满足了下游客户的免酸洗使用要求。

表6-14 原始及优化工艺后82B线材的性能对比

试样	平均直径/mm	原始标距/mm	断后标距/mm	断后直径/mm	抗拉强度/MPa	断面收缩率/%	断后伸长率/%
原始工艺	12.54	100	110	10.5	1158	30	10
优化工艺	12.59	100	110	10.39	1165	32	10

 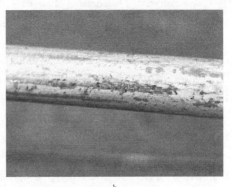

a b

图6-52 工艺改进后线材氧化铁皮剥离及残留形貌
a—长条状剥离形貌；b—氧化铁皮残留情况

参 考 文 献

[1] 林飞. 环保型高碳钢线材82B高温氧化行为及氧化铁皮控制研究 [D]. 沈阳：东北大学，2018.

[2] 曹光明，李志峰，王皓，等. 热轧钢材免酸洗还原退火热镀锌技术进展 [J]. 钢铁研究学报，2019，31 (2)：74~82.

[3] 曹光明，林飞，李志峰，等. X80管线钢的高温氧化行为 [J]. 东北大学学报 (自然科学版)，2018，39 (9)：1237~1241.

[4] Li Z F, Cao G M, He Y Q, et al. Effect of chromium and water vapor of low carbon steel on oxidation behavior at 1050℃ [J]. Steel Research International, 2016, 87 (11): 1469~1477.

[5] Cao G M, Liu X J, Sun B, et al. Morphology of oxide scale and oxidation kinetics of low carbon steel [J]. Journal of Iron and Steel Research International, 2014, 21 (3): 335~341.

［6］ Wei L L，Chen L Q，Ma M Y，et al. Oxidation behavior of ferritic stainless steels in simulated automotive exhaust gas containing 5vol.% water vapor ［J］. Materials Chemistry & Physics，2018，205：508~517.

［7］ Aballas I，Elraghy S，Gleitzer C. Oxidation kinetics of fayality and growth of hematite whiskers ［J］. Journal of Materials Science，1978，13（1）：1971~1976.

［8］ Markworth A J. On the kinetics of anisothermal oxidation ［J］. Metallurgical Transactions A，1977，8（12）：2014~2015.

［9］ 于聪. 环保型高碳钢盘条氧化铁皮形成机理与控制研究 ［D］. 沈阳：东北大学，2019.

［10］ Goursat A G，Smeltzer W W. Kinetics and morphological development of the oxide scale on iron at high temperatures in oxygen at low pressure ［J］. Oxidation of Metals，1973，6（2）：101~116.

［11］ 崔忠圻，覃耀春. 金属学与热处理 ［M］. 北京：机械工业出版社，2007：27~45.

［12］ Melfo W M，Dippenaar R J. In situ observations of early oxide formation in steel under hot-rolling conditions ［J］. Journal of Microscopy，2007，225（2）：147~155.

［13］ Kondo Y，Tanei H，Suzuki N，et al. Blistering behavior at oxide scale formation during hot rolling ［J］. Steel Research International，2012，83（11）：1015~1018.

［14］ Kondo Y，Tanei H，Suzuki N，et al. Blistering behavior during oxide scale formation on steel surface ［J］. ISIJ International，2011，51（10）：1696~1702.

［15］ Krzyzanowski M，Beynon J H. Modelling the behaviour of oxide scale in hot rolling ［J］. ISIJ International，2006，46（11）：1533~1547.

［16］ Hidaka Y，Nakagawa T，Anraku T，et al. High temperature tensile behavior of FeO scale ［J］. Journal of the Japan Institute of Metals，2000，64（5）：291~294.

［17］ 李志峰，何永全，曹光明，等. 热轧钢材氧化铁皮的高温形变机理研究 ［J］. 材料导报，2018，32（1）：259~262.

［18］ Suarez L，Vanden Eynde X，Lamberigts M，et al. Temperature evolution during plane strain compression of tertiary oxide scale on steel ［C］// Aip Conference，2007，907（1）：1233~1238.

［19］ Ruan J L，Pei Y，Fang D. Residual stress analysis in the oxide scale/metal substrate system due to oxidation growth strain and creep deformation ［J］. Acta Mechanica，2012，223（12）：2597~2607.

［20］ 李铁藩. 金属高温氧化和热腐蚀 ［M］. 北京：化学工业出版社，2003：5~20.

［21］ 何永全. 热轧碳钢氧化铁皮的结构转变、酸洗行为及腐蚀性能研究 ［D］. 沈阳：东北大学，2011.

［22］ Cao G M，Wu T Z，Xu R，et al. Effects of coiling temperature and cooling condition on transformation behavior of tertiary oxide scale ［J］. Journal of Iron and Steel Research International，2015，22（10）：892~896.

［23］ 曹光明，孙彬，刘小江，等. 热轧高强钢氧化动力学和氧化铁皮结构控制 ［J］. 东北大学学报（自然科学版），2013，34（1）：71~74.

［24］ Chen R Y，Yuen W Y D. Review of the high-temperature oxidation of iron and carbon steels in air or oxygen ［J］. Oxidation of Metals，2003，59（5-6）：433~468.

［25］ Chen R Y，Yuen W Y D. A study of the scale structure of hot-rolled steel strip by simulated coi-
ling and cooling ［J］. Oxidation of Metals，2000，53（5-6）：539~560.

［26］ Chen R Y，Yuen W Y D . Oxide-scale structures formed on commercial hot-rolled steel strip and
their formation mechanisms ［J］. Oxidation of Metals，2001，56（1-2）：89~118.

［27］ 曹光明，石发才，孙彬，等．汽车大梁钢的氧化铁皮结构控制与剥落行为 ［J］. 材料热
处理学报，2014，35（11）：161~167.

索　引